国家重大出版工程项目

U0830391

MAKING GOOD WINE

酿造优质葡萄酒

[澳] BRYCE RANKINE 著

马会勤　邵学东　陈尚武　主译

本书的英文版由加州大学戴维斯分校葡萄栽培与酿酒系前系主任、荣誉退休教授梅纳德·阿麦因作序。

中国农业大学出版社

翻 译 人 员

主 译 马会勤 邵学东 陈尚武

参 译 孙卉卉 代 茹 舒小梅

审 校 赵 凡

本书简体中文版本翻译自 Bryce Rankine 主编的“MAKING GOOD WINE, Revised Edition, 2004”。

Translation From the English language edition:

MAKING GOOD WINE, Revised Edition By Bryce Rankine

The Original English Edition Was Published by PAN MACMILLAN AUSTRALIA PTY LTD

著作权合同登记图字: 01-2006-2592

博伊斯·兰金(Bryce Rankine)博士出生于南澳，在阿德莱德大学(1945年获学士学位，1953年获硕士学位)、美国加利福尼亚和南非的斯泰伦布齐(1971年获博士学位)完成了他的学业。兰金作为细菌学家在阿德莱德的一家公司工作了4年之后，于1950年加盟了位于Waite农业研究中心的CSIRO葡萄酒研究机构，这个机构后来发展成为澳大利亚葡萄酒研究院。随后的27年，他一直从事澳大利亚葡萄酒产业的研究和推广工作。1978年他成为罗斯沃斯农学院的一员，并担任了葡萄栽培与酿酒学院的负责人，后被任命为酿酒学院的院长。他于1986年退休，目前担任澳大利亚葡萄酒产业的顾问，1995年之前他还一直担任澳大利亚葡萄酒教育委员会的主任。至今已经发表了200多篇的科学与技术论文，出版了7部专著。1986年他被授予澳大利亚骑士勋章，还获得过其他各种各样的荣誉和嘉奖。兰金教授目前居住在阿德莱德，并仍然致力于葡萄酒产业的发展。

献给今天和未来的酿酒师、学生以及所有致力于了解优质葡萄酒和如何酿造优质葡萄酒的人行走在那路上，满怀喜悦地吃那食粮，以快乐之心饮用那葡萄酒。

传道书 9,7

目　录

Contents

序

Introduction

葡萄酒酿造技术在20世纪的进步超越了以往的任何时代。葡萄原料的质量通过栽培更加抗病的品种、更好的栽培管理措施、更仔细地控制采收时间以及采后更快地进行破碎而获得了提高。人们对葡萄酒厂进行了全新的设计,装配了各种高效设备,减少了有害金属元素向葡萄酒中的溶解。在葡萄园和酒厂工作的员工也都变成了经过良好训练的专业人士。

产业的最终目标当然是用现有的原料生产出品质尽可能优异的葡萄酒。随着葡萄成本的不断上升,必须把葡萄酒生产中质量或产量的损失降到最低。在世界范围内,消费者要求葡萄酒无懈可击的色泽和澄清度,适宜的果香,有时还包括陈酿的酒香,一样都不能少。

本书主要为年轻的酿酒师而撰写,特别是澳大利亚和新西兰的酿酒师。它对葡萄原料以及如何设计和装备葡萄酒厂提供了详尽的建议,阐述了不同类型的葡萄酒以及它们的生产过程、稳定处理和后续的工艺。有关防止氧化、苹果酸-乳酸发酵和葡萄酒澄清等章节,无论是对年轻的酿酒师,还是对有经验的酿酒师都特别有用。有关感官评价和各种实验室操作的内容也都轻重适宜。对世界其他地方的酿酒师来说,将会了解到有关澳大利亚和新西兰葡萄酒生产法律的内容。

这是一本紧跟时代步伐,为澳大利亚和新西兰的酿酒师所撰写的包含了葡萄酒酿造各个方面的技术书籍。它将成为澳大利亚和新西兰酿酒师每天翻阅的手册式书籍,而世界其他地方的酿酒师也将因它而受益。

梅纳德·阿麦因(Maynard A. Amerine)
于美国加州圣海伦娜
1988年10月

鸣 谢

Acknowledgements

本书是我50多年来在澳大利亚葡萄酒产业从事研究、酿酒和推广，以及在罗斯沃斯农学院培养学生承担葡萄酒产业的技术和营销岗位的结晶。其中所涉及的知识来源广泛，既有我在澳大利亚葡萄酒研究所等机构多年从事研究和推广的实践经验，也有来自国际葡萄酒刊物的专业文章，还有在罗斯沃斯农学院针对学生的葡萄酒课程的讲义、与澳大利亚和新西兰的酿酒师及同事们的交流讨论以及大量的海外经验。

我要特别感谢我的老朋友美国加州大学戴维斯分校葡萄栽培与酿酒系的前系主任、退休教授梅纳德·阿麦因为本书撰写了序言，他对葡萄酒酿造技术进步所做出的贡献恐怕是无人能够比拟的，我对我们过去30年的合作予以高度评价。

我要向那些在本书的撰写过程中直接或间接地提供了帮助的朋友和同事表示诚挚的感谢，以下人士为本书的手稿提供了帮助或建设性的批评意见：奔富葡萄酒有限公司的戴维·阿姆斯特朗，Dominant 化学有限公司的克里斯·阿斯特里，新西兰 Kumeu 葡萄研究所的麦克尔·布拉科维奇，威特农业研究所的布赖恩·库姆博士，Petaluma 有限责任公司的布赖恩·科洛塞，格拉普父子有限公司的杰夫·科兹、杰夫·奥葛兰迪，杰夫·韦戈，新西兰卫生部的吉姆·弗拉塞，哈迪父子公司的比尔·哈迪、缇姆·杰姆斯、布赖恩·华莱士以及他们的同事，塞普立特父子有限责任公司的罗丝·杰金斯、尹恩·麦肯齐、华伦·兰道尔，Wibeso 的汤姆·强，Johnston 有限责任公司的阿里克斯、杰夫·约翰斯顿，Ware 有限责任公司的尹恩·约翰斯顿，原先在 Oenotec 有限责任公司工作的托尼·约旦博士，Knappstein 葡萄酒厂的缇姆·克纳普斯丁，澳大利亚葡萄酒研究所的泰瑞·李博士和他的团队（以及我以前的同事克里斯·索姆博士和帕特里克·威廉姆斯博士），产业供给有限责任公司的彼得·梅以及他的同事，麦克马宏有限责任公司的罗杰·麦克马宏、尹恩·帕顿以及他们的同事，南澳技术研究所的雷·莫里教授（他阅读全文并给出了评论），Intek 的保罗·莫克博士，格里夫斯公司的罗恩·波特，澳大利亚葡萄酒和白兰地生产者协会的杰夫·乃特贝克和他的团队，斯琴格有限责任公司的杰夫·斯琴格，新西兰的理查德·斯马特博士和他的同事，澳大利亚葡萄酒与白兰地组织的理查德·斯蒂芬斯和他的团队，我以前在罗斯沃斯农学院时的同事，特别是安德鲁·艾瓦特和阿帕特里克·伊兰，原先在强化联合葡萄酒厂工作的克里斯·维克斯、在阿德莱德的怀特制冷有限责任公司的雷·怀特和他在悉尼的同事供职于制冷工程有限责任公司的本·亚当森，阿德莱德橡木桶有限责任公司的克里斯·温奈以及其他很多人。很多的设备供应商提供了设备的图纸和详细的技术数据。有关新西兰葡萄酒产业的章节部分基于亚瑟·克拉克、杰夫·凯利、理查德·斯马特的文献。

尤其感谢我的妻子伊莲妮，感谢她为我打字、她对我的鼓励、宽容，提出建设性的批评意见，以及对工作拖延采取不妥协态度。我们的女儿珍妮帮助阅读了每一页上的修订。文中如果还有错误，是我的责任，也期待着读者提出进一步更改的宝贵意见。

博伊斯·兰金

于南澳阿德莱德

前　言

Foreword

今天葡萄酒在澳大利亚和新西兰人中激起了前所未有的兴趣。这两个国家的年人均葡萄酒消费量都在稳步上升,同时也建立了很多新的葡萄酒厂。公众的葡萄酒知识与过去相比有了显著的提高,葡萄酒和美食俱乐部欣欣向荣。

本书为专业的和业余的酿酒师、学生、葡萄酒爱好者以及想了解葡萄酒和葡萄酒酿造知识的公众而撰写。我希望以上读者都会觉得本书具有可读性。本书阐释了有关葡萄酒酿造的基本理论和实践,强调了葡萄酒突出的自然特征。

在过去的40年中,澳大利亚和新西兰的葡萄酒产业都发生了很大的变化,从生产强化的开胃酒转向生产佐餐酒。今天在澳大利亚所生产的所有葡萄酒中,98%是佐餐酒,酒精含量低于14%体积百分比。这种变化同时带来了很多新酒厂的出现,它们中的绝大部分为小型酒厂,并集中生产佐餐葡萄酒。澳大利亚葡萄酒厂的总数大约为1 625家(具体数字每年略有变化),其中67%的酒厂每年的葡萄破碎量低于100 t。绝大多数的葡萄酒由规模更大的酒厂生产,其中最大的12家酒厂生产全澳大利亚超过80%的产量。尽管67%的最小的酒厂全加在一起只占澳大利亚总葡萄破碎量的不足3%,它们对葡萄酒的种类和个性具有毋庸置疑的重要意义。

大型葡萄酒厂通常设备先进、操作良好,生产多种不同类型的葡萄酒,而且质量稳定。而很多小型酒厂由来自产业外的激情创业者所建立,他们需要获得相应的技术。因此,他们所生产的葡萄酒的品质会上下浮动,生产成本也较高。

到目前为止,还没有一本专门针对澳大利亚和新西兰的条件而撰写的有关葡萄酒酿造的书籍。本书希望能够满足这项需要,并应用于其他国家。本书部分根植于以前在《澳大利亚葡萄栽培者》和《酿酒师》等刊物上发表的文章,我对这些文章进行了更新,并讨论了大量的新数据和新材料,还大量参考了在澳大利亚和海外发表的有关葡萄酒酿造技术的论文。

人们有时说葡萄酒酿造是简单和天然的,事实也是如此,但是,如果不了解生产过程和其中的原理,仅仅通过"天然"工艺酿造的葡萄酒可能败坏成醋!葡萄酒酿造需要技巧和知识,需要知道什么时候是否进行某项特定的操作。我希望这本书能够满足澳大利亚和新西兰葡萄酒产业的需要,并有助于维持人们心目中所预期的这两个国家的优异的葡萄酒品质。

阅读指南

How to use this book

这本书的目标读者为以下群体:酿酒师和希望成为酿酒师的人士、学生和那些想了解更多的有关葡萄酒和葡萄酒酿造知识的爱好者。相应地,需要了解葡萄酒酿造操作中特定内容的读者应参阅相应的章节,而那些寻求更为系统和常规信息的读者应从书本的开头进行阅读,并跳过那些超过他们需要的、内容过深过细的部分。本书的第1章勾画了澳大利亚和新西兰葡萄酒酿造的宏观图景,探讨了酿造学家的角色定位,并回顾了葡萄酒酿造的总体过程。

那些打算建立酒厂的读者请阅读有关葡萄酒厂建设和设施的内容,读完后可以搜索有关设备操作的内容。有关质量控制的概念贯穿本书的全篇。其中,第21章详细介绍了有关质量控制、缺陷的诊断和实验室测定操作等有关内容,提供了所需的技术细节。

本书不涉及葡萄栽培的内容,读者应参阅适当的文献,这是因为葡萄酒的最终质量起始于葡萄园,并在葡萄酒厂修成正果。

1 葡萄酒产业的背景

Wine industry background

这是一本为澳大利亚和新西兰人所撰写的葡萄酒酿造的书籍，本书介绍了这两个国家葡萄酒产业的背景，这是非常重要的，这也是本书的内容所立足的相应的背景条件。

澳大利亚(Australia)

澳大利亚的葡萄酒产业始于白人在这个国家定居。1788 年，第一支舰队为澳大利亚带来了"移民植物"，葡萄就是其中之一。至今，仍没有本土的葡萄可以用来酿酒。尤其是在刚过去的 50 年里，葡萄酒产业发展很快，现在澳大利亚葡萄酒的品质已经获得了国际公认。英国著名的葡萄酒专家休·约翰逊认为澳大利亚红葡萄酒是现今世界上最好的葡萄酒之一。多个海外葡萄酒机构和国际葡萄酒展览会的结果都表明，澳大利亚葡萄酒整体上具有国际水平的优质性。根据 1999 年 OVI 的数据，澳大利亚葡萄酒年产量为 851 000 000 L，居世界第七位(列法国、意大利、西班牙、美国、阿根廷和德国之后)。世界总产量为 28 144 000 000 L，澳大利亚大约占世界总产量的 3%。

历史上，格利高里·布雷克斯兰是澳大利亚第一个葡萄酒出口商，他于 1822 年以 1/4 桶(136 L，译者注)在帕拉马特葡萄园生产的红葡萄酒在伦敦英国皇家艺术学会赢得银奖，从那时起澳大利亚的葡萄酒生产经历了几个阶段。在 19 世纪 70 年代，根瘤蚜从海外传入，但在澳大利亚没有像在欧洲那样广泛传播。19 世纪 80 年代，在米尔杜拉地区夏菲兄弟建立了灌溉设施，葡萄种植(自根苗)面积出现了第一次重要的增长，从 7 000 hm^2 扩大到 25 000 hm^2。第一次世界大战后，通过在南澳的河地(Riverland)战后退役士兵定居区的栽培，葡萄的种植面积进一步增加到 45 000 hm^2。最近一次的葡萄种植面积的快速增长发生在 20 世纪 90 年代到 21 世纪初，主要是通过新的冷凉葡萄种植区的发展，这类地区集中在南澳的东南部和维多利亚州。澳大利亚葡萄的种植面积在 2001 年达到 148 000 hm^2，生产了 1 423 950 t 葡萄，其中 85%用于酿酒。2001 年用于酿酒的葡萄产量为 1 139 000 t，90 241 t 用于制干，64 686 t 用于鲜食或其他目的。

同时澳大利亚的葡萄酒人均年消费量也大幅增长。例如，1966—1977 年人均消费量为 6.8 L/年，而到 1998 年增长到 20.4 L/年。与世界主要葡萄酒生产国的人均年消费量的变化相比，呈现出相反的趋势。在相同时期，法国的人均葡萄酒消费量从 117 L/年减少到 59 L/年，意大利从 109 L/年减少到 52 L/年，葡萄牙从 109 L/年减少到 50 L/年，阿根廷从 86 L/年减少到 41 L/年。

澳大利亚各州占全国葡萄总破碎量的百分比如下：

南澳	45%
新南威尔士	35%
维多利亚	17%
西澳	3%
昆士兰和塔斯马尼亚	<1%

主要的葡萄酒产区按照酿酒用葡萄破碎量在全国所占的百分比排序：

南澳的河地地区	28%
新南威尔士马兰比季河灌溉区	12%
维多利亚和新南威尔士墨累河灌溉区	29%
南澳巴罗萨山谷	12%
南澳东南部地区	6%
南澳阿德莱德和南谷	7%
新南威尔士猎人谷	2%
南澳克莱尔地区	2%

葡萄酒出售时的包装，在容器的使用上发生了显著的变化。根据可靠的数据，从 1978 年到 2000 年，以瓶装酒(主要为 750 mL)形式出售的葡萄酒的比例，从 36%增加到 40%；超过 1 L 玻璃容器包装的葡萄酒的比例，从 27%减少到 4%；散装酒的比例，从 9%减少到 3%。另一方面，软包装(多层收缩型盒中袋)的葡萄酒的比例从 28%增加到 48%。盒中袋自 1971 年开始使用(最初由维恩葡萄酒生产者有限公司采用，后来其他公司也开始跟进)，这一类型的包装使软包装葡萄酒的销售取得了非常可观的增长。

从早期开始，出口就一直是澳大利亚葡萄酒产业的重要目标。在过去的 15 年中，葡萄酒的出口有很大提高，2000 年出口占葡萄酒总产量的 62%。

葡萄酒产业中最显著的进步出现在葡萄栽培领域，包括：大面积引入滴灌和微型喷灌、葡萄园的机械化以及种植更适合生产佐餐酒的葡萄品种。在葡萄收获季节，大约 1 000 台葡萄采收机同时工作，经常在夜晚进行作业，晚上葡萄的温度最低，能较好保持果实的新鲜度和风味。葡萄树都进行机械化修剪，葡萄园内所有工作的机械化程度都越来越高。经典品种如霞多丽、长相思、雷司令、琼瑶浆、白诗南、赛美蓉、赤霞珠、西拉、美乐和黑比诺等种植量增加，使产业得以成功生产出许多品质优异的佐餐葡萄酒。

最近 20 年，在以前没有种过葡萄的一些新地区，增加了以上优良品种的种植。这些葡萄园主要处于冷凉气候区，用于生产优质佐餐葡萄酒。例如：维多利亚的南部、新南威尔士、南澳的东南部、塔斯马尼亚和西澳的西南部。这些地区绝大多数都位于维多利亚北部和新南威尔士南部根瘤蚜侵害区以外，葡萄以自根苗形式种植。但是，种植时选择抗线虫和抗旱的砧木已经成为一个日益流行的趋势。

在过去40年里，葡萄酒酿造工艺取得了重大进步，使澳大利亚的葡萄酒产业成为世界上技术最先进的国家之一。这些先进技术构成了本书的部分内容，包括酿制白葡萄酒时果汁发酵前的处理，含部分或完全澄清，通过制冷和惰性气体控制温度和氧化，更合理地使用二氧化硫和其他抗氧化剂，以及在酿造、稳定、成熟和装瓶过程中更好地整体质量控制。很多酒厂对苹果酸-乳酸发酵有了更多的认识，从而能够成功地为红葡萄酒接种人工菌株，而不再依赖于不可靠的自然启动。此外，酸度的调节与控制得到了广泛的使用，二氧化碳浸渍法的应用更是产生了一批诱人的具有独特个性的佐餐红葡萄酒。

许多葡萄酒厂花费重金增加了对欧洲和美洲橡木桶的使用，这些桶的容量通常为200～300 L/桶，在陈酿酒窖中将橡木桶陈酿与温度控制结合使用。过滤方面的技术进步集中在硅藻土和薄膜过滤上，减少了板框式过滤机的使用。现在葡萄酒产业中使用的薄膜滤器是单柱或多柱室的圆柱，常常通过离心来过滤。对超微过滤和超滤系统的应用也开始出现。

以上这些技术的不断发展使人们可以不断生产出优质葡萄酒，也许葡萄酒质量的进一步提高将来自葡萄园相关技术的发展，而不是来自酿酒工艺，如进一步在冷凉气候产区选择适宜的葡萄品种。

葡萄酒企业的产权发生了各种合并和变化。托利、斯科特和托利有限公司于1961年被苏格兰的蒸馏联合有限公司收购；格拉普父子有限公司于1970年被英国的Reckitt和Colman Pty Ltd收购，此后在1988年再次被并购；利达民1971年被美国的菲利浦·莫里斯收购；1972年新南威尔士啤酒厂的图海有限公司收购了维恩葡萄酒生产者有限公司；萨拉泰姆与斯通弗酒厂1972年被达盖迪澳大利亚有限公司收购，1978年又被希格拉姆公司收购。从1973年起，不少于36家大大小小的葡萄酒厂产权易主。近期的重要例子是奔富1976年被新南威尔士啤酒厂图思有限公司收购，1980年又在阿德莱德蒸汽船公司的操作下与凯瑟斯图(巴罗萨合作酒厂)合并。这个扩大了的公司在1984年买下了维恩葡萄酒生产者有限公司，1987年买下了托利、斯科特和托利有限公司、洛克斯顿合作葡萄及蒸馏酒有限公司，使奔富(目前属Southcorp)成为澳大利亚最大的酿酒公司。1981年，Renmano葡萄酒联合公司与贝瑞联合葡萄酒厂合并，形成统一合作葡萄酒有限公司；1985年，塞普立特父子有限责任公司被南澳酿造公司合并。1987年，克莱尔的斯坦利葡萄酒有限公司被托马斯·哈迪父子有限公司合并，1988年格拉普父子有限责任公司被卖给新的管理者，现在以南澳为中心。所有权的改变仍在不断进行，要得到更多的信息，请参见澳大利亚葡萄酒产业目录(Winetitles，2003)。

这些变化的结果是，尽管约有 1 625 家酒厂，但澳大利亚酿造的全部葡萄酒中有大约 80%由 12 个公司生产。大约有 75%小酒厂每年只破碎 200 t 或更少的葡萄，仅占葡萄总破碎量的 3%。这些小酒厂毋庸置疑是重要的，因为它们为葡萄酒产业增加了个性，并生产出一些特别优质的葡萄酒。

澳大利亚的葡萄酒产业组织也发生了变化。1981 年，澳大利亚葡萄酒委员会(成立于 1929 年，原来叫做海外葡萄酒市场委员会)改组为澳大利亚葡萄酒和白兰地机构。它和产业贸易协会，即澳大利亚葡萄酒和白兰地酿造者协会(1918 年成立的联邦葡萄栽培联合理事会，现在称为澳大利亚酿酒师联合会)之间出现职责的分配。1984 年，一个新的小酒厂酿酒师论坛成立。酿酒葡萄种植者也拥有一个全国性的组织，澳大利亚葡萄种植者理事会成立于 1986 年，它在 6 个州设立分委员会，其中最大的是成立于 1986 年的南澳葡萄农场主和股份持有者联合会的酿酒葡萄分会。一个新的技术协会，即澳大利亚葡萄栽培与酿酒学会，成立于 1980 年，与澳大利亚葡萄酒研究所(1955 年成立)联合，每 3 年主办一次全国性葡萄和葡萄酒研讨会，并经常举行地区性会议和讲座。

以下是澳大利亚葡萄酒产业的大事年表，列出了从 1989 年本书第一版出版到 2003 年所出现的关键性发展。

1989 年

562 942 t 葡萄用于压榨酿酒

葡萄酒的国内销售量为 309 000 000 L

出口 41 000 000 L，价值＄121 000 000

澳大利亚葡萄酒基金会成立

罗斯沃斯农学院开设了澳大利亚第一个葡萄栽培学位的专业

南澳大学建立澳大利亚葡萄和葡萄酒市场研究中心

1990 年

530 638 t 葡萄用于压榨酿酒

葡萄酒的国内销售量为 300 000 000 L

出口 38 000 000 L，价值＄112 000 000

以澳大利亚葡萄酒和白兰地生产者协会(1918 年成立)为基础成立了澳大利亚酿酒师联盟(WFA)

WFA 提出了其全国性葡萄酒/健康政策

澳大利亚葡萄酒和白兰地机构宣布了标签完整性计划

Maurice O'Shea 首次颁奖，奖金授予了麦克威廉葡萄酒有限公司和马克思·舒勃特(奔富公司首席酿酒师，译者注)

1991 年
417 314 t 葡萄用于压榨酿酒
葡萄酒的国内销售量为 296 000 000 L
出口 57 000 000 L,价值＄168 000 000
葡萄和葡萄酒发展与研究协会成立
澳大利亚葡萄栽培委员会成立
在阿德莱德大学威特校区成立了葡萄栽培联合研究中心
澳大利亚葡萄酒教育者协会成立
罗斯沃斯农学院与阿德莱德大学合并成为阿德莱德大学罗斯沃斯校区

1992 年
564 010 t 葡萄用于压榨酿酒
葡萄酒的国内销售量为 314 000 000 L
出口 78 000 000 L,价值＄234 000 000
澳大利亚葡萄酒出口委员会建立

1993 年
544 487 t 葡萄用于压榨酿酒
葡萄酒的国内销售量为 311 000 000 L
出口 103 000 000 L,价值＄289 000 000
地理标志委员会建立(AWBC)
受保护名称注册机构建立(AWBC)

1994 年
661 282 t 葡萄用于压榨酿酒
葡萄酒的国内销售量为 309 000 000 L
出口 131 000 000 L,价值＄359 000 000
欧共体/澳大利亚葡萄酒协议签署
澳大利亚葡萄和葡萄酒研究杂志创刊
组织了第一届葡萄酒产业前瞻大会,提出了 2025 年战略和五年计划

1995 年
728 565 t 葡萄用于压榨酿酒
葡萄酒的国内销售量为 313 000 000 L
出口 114 000 000 L,价值＄381 000 000
引入饮料标签标准(WFA)

1996 年
782 565 t 葡萄用于压榨酿酒
葡萄酒的国内销售量为 307 000 000 L
出口 130 000 000 L,价值＄471 000 000
2025 年战略计划发布

1997 年
743 382 t 葡萄用于压榨酿酒
葡萄酒的国内销售量为 332 000 000 L
出口 155 000 000 L,价值＄596 000 000
完成了所有地理标志地区的划定

1998 年
870 627 t 葡萄用于压榨酿酒
葡萄酒的国内销售量为 340 000 000 L
出口 193 000 000 L,价值＄812 000 000
建立葡萄酒产业信息服务体系(AWBC)

1999 年
1 076 207 t 葡萄用于压榨酿酒
葡萄酒的国内销售量为 348 000 000 L
出口 991 000 000 L,价值＄991 000 000

2000 年
1 111 137 t 葡萄用于压榨酿酒
葡萄酒的国内销售量为 369 000 000 L
出口 288 000 000 L,价值＄1 352 000 000
基于互联网的葡萄酒出口批准系统开始发展(AWBC)

2001 年
1 391 123 t 葡萄用于压榨酿酒
葡萄酒的国内销售量为 384 000 000 L
出口 339 000 000 L,价值＄1 614 000 000
澳大利亚葡萄酒出口委员会改组
阿德莱德国家葡萄酒中心开放
新世界葡萄酒生产者论坛成立

于阿德莱德举行了澳大利亚首届 OIV 世界大会

2002 年
1 605 846 t 葡萄用于压榨酿酒
葡萄酒的国内销售量为 385 000 000 L
出口 417 000 000 L，价值＄2 000 000 000
葡萄酒酿造工艺相互承认协议签署

2003 年
1 354 782 t 葡萄用于压榨酿酒
葡萄酒的国内销售量为 402 000 000 L
出口 524 000 000 L，价值＄2 391 000 000

以上是葡萄酒产业发展的一个简短摘要，意在为本书的读者提供一个背景。澳大利亚酿酒师联盟、澳大利亚葡萄酒和白兰地机构及其他的组织机构有更多的统计和信息，他们在一些问题上共同合作。非常感谢这些组织为本书所提供的信息。

澳大利亚葡萄酒产业吸引了很多的新的生产者，他们想亲自涉足葡萄的种植、酿造和葡萄酒的销售。其中涉及一些小型酒厂的独立酿酒师，得到消费者的关注，产业中小型酒厂的重要性远远超越了它们所生产的葡萄酒在数量上所占的份额。

必须对葡萄酒产业的前景抱慎重态度，因为产业的收益取决于很多因素，有些难以预测。产业主要立足于获得合适的葡萄原料，而这受制于反复无常的气候以及产量波动的影响。自然灾害，例如，1987 年南澳几个主要葡萄种植区所经历的暴风雨和霜冻，其相对长期的影响是造成 1988 年葡萄供应减少、价格增长。另外，一些以红葡萄品种酿制的葡萄酒需要陈酿成熟，酒厂必须制定具有前瞻性的计划，以应对不断变化的国内外市场。市场变化的要求总是很难立刻满足的，例如：20 世纪 70 年代，白葡萄酒的需求出现很大的增长，而种植新的葡萄园，或从现有品种嫁接改变品种都需要花费时间。一个新的葡萄园会在种植几年后才结果，而丰产也许需要 6～10 年的时间。

现在，澳大利亚葡萄酒的质量比历史上任何时期都要高。一个原因是它们得到葡萄酒爱好者和许多美食美酒俱乐部的广泛欣赏，这也可以从相当多的媒体表现出对葡萄酒的兴趣以及葡萄酒展会大受欢迎（每年举行超过 30 次）反映出来，这些都为葡萄酒质量的提升做出了贡献。葡萄酒产业和消费者都有理由为澳大利亚的葡萄酒感到骄傲，并积极推动将适度享受葡萄酒纳入国家生活方式的一部分。在经历了 200 年的发展之后，澳大利亚葡萄酒产业进入健康、成熟的阶段。

新西兰(New Zealand)

虽然从世界水平看,新西兰的葡萄酒产业很小,但它具有十分丰富的历史,最初源于澳大利亚的发展。随着为新南威尔士政府工作的牧师塞缪尔·马斯登教士的到达新西兰,1819年他在Kerikeri岛海湾种植了从新南威尔士的杰克逊港引入的"大约100棵不同品种的葡萄树",他也在奥克兰的北部Waimate种植葡萄,1835年查里·达尔文在他乘坐"贝格尔"号的航海记录里有所记载。澳大利亚葡萄酒产业的奠基人之一詹姆斯·巴斯比,从政策和葡萄种植两方面也对新西兰葡萄酒的发展起了很重要的作用。他从欧洲葡萄园选择了大量的法国和西班牙葡萄品种的插条。许多插条被种植在悉尼植物园中,一部分被带到新南威尔士的猎人河地区用来建立巴斯比葡萄园,剩下的带到新西兰,于1833年种植在群岛海湾。1840年巴斯比先生酿出了新西兰的第一批葡萄酒,是一种清淡的白葡萄酒,产量大到足够出售作为军用。

天主教玛利亚会的宗教命令也使葡萄被带到新西兰,种植在群岛海湾的Hokianga,北岛西海岸的Wanganui和吉斯伯恩的Poverty海湾,最后1865年开始种植在霍克湾。大部分葡萄园的建立和葡萄的传播应归功于来自法国里昂的彭帕里耶主教,他被任命为南太平洋地区的首位天主教主教,1838年到达群岛海湾。彭帕里耶主教带着葡萄条的一个证据是在富图纳岛(Wallis群岛的一部分),他的一个牧师彼得·夏奈尔神父所种植一棵葡萄至今还生长着。1983年理查德·斯马特博士把这棵葡萄树的枝条带到新西兰本土,试着鉴别其品种。在Taradale、霍克湾的教会葡萄园,今天仍保留唯一的由天主教传教士传播葡萄的证据,它们也被认为是新西兰类似管理下最古老的葡萄园。

1866年西班牙人约瑟夫·索勒在Wanganui种植葡萄。他认为新西兰的土壤和气候适合酿造优质葡萄酒,葡萄种植者需要的是政府的鼓励,而不是奖金。索勒先生在今天新西兰葡萄酒的两大主要出口市场澳大利亚和伦敦获得国际奖项,以此证明了自己的观点。后来,他的侄子约瑟夫·维代尔建立了当时霍克湾最大的葡萄园,成为现今新西兰最大的葡萄酒公司的发端。

1885年新西兰首次发现了根瘤蚜,尽管为消除它做了很大努力,19世纪90年代早期根瘤蚜还是在奥克兰附近广泛存在。大约也是在这个时候,根瘤蚜出现在澳大利亚维多利亚州的中部和西北的主要葡萄种植区。

1892年新西兰农业部成立,1894年,当时的新西兰总理理查德·塞登通过澳大利亚维多利亚州长获得了意大利葡萄栽培专家罗密欧·布拉加多的帮助。政府官员陪同布拉加多先生走遍了整个国家,以了解葡萄栽培的潜力,请他提出控制根瘤蚜的建议。他认定新西兰的潜力很好,尤其在霍克湾、韦拉拉帕、奥塔戈和尼尔森地区。

他为新西兰引入了砧木,但对产业漠不关心,使用这些砧木,导致根瘤蚜随产业的扩张而扩展。1901 年布拉加多先生被任命为新西兰第一任官方首席葡萄栽培专家，在农业部领导葡萄栽培部门。在他的监督下，奥克兰的南部 Te Kauwhata 葡萄栽培试验站发展起来了。1908 年 Te Kauwhata 生产的一款红葡萄酒，在伦敦的法国-英国展览会上赢得了一枚金牌。

1906 年布拉加多先生出版了《新西兰葡萄栽培学》。他建议的砧木有特别记录，特别是涉及 101-14 以及其他适合于肥沃土壤的低生长势砧木。很多这类砧木在历史进程中丢失了，最近又被重新引进以评定它们的潜力。

1902 年在奥克兰北部的哈德逊，柯本家族葡萄酒厂建立，到 1906 年已经种植了 220 hm^2 的葡萄园，1909 年增加到 268 hm^2。同年布拉加多先生辞职，禁酒令的兴起阻碍了葡萄酒产业的进一步发展，农业部的葡萄栽培部门被取消。1908 年禁酒主义者取得了第一次的成功，在哈德逊和马斯特尔顿的葡萄酒产区投票禁止酒精饮料的销售，导致了马斯特尔顿葡萄园不复存在。

第一次世界大战期间，由于劳动力缺乏和禁酒令抑制了葡萄酒厂的销路，葡萄酒产业出现衰退，到 1923 年葡萄园的面积减少到 71 hm^2。但是，到 1938 年在萧条之后葡萄园的面积又回升到 216 hm^2，其中一半用于种植鲜食品种。政府通过提高南非和澳大利亚进口葡萄酒的税率保护了市场，促进了产业的扩张。

第二次世界大战的到来导致对酒精饮料需求的激增，推动了葡萄酒产业的高速扩张，在战争期间葡萄园的面积增加到大约 450 hm^2。在这个阶段，葡萄酒产业显著地转向生产加强型葡萄酒以满足市场需求，通过加糖和加水来生产“质量过得去的产品”。采用更可靠的欧美杂交品种，例如塞比尔 5455，4643，5409，5437 和巴科 22A，促进了这类葡萄酒的生产。这些品种作为酿酒原料的另一个优势在 20 世纪 50 年代早期，随着根瘤蚜再次席卷葡萄园得以展现，这些品种的果实是当时主要的酿酒原料。战后，葡萄酒产业再次出现衰退，但 1956—1958 年，随着国家外汇储备的减少，实施了严格的进口控制，加上政府任命的委员会通过对国家的葡萄酒产业进行评价，提出的建议包括：对餐厅发放酒精饮料销售许可证，为新西兰葡萄酒提供更多的销售途径，将葡萄酒的最低销售量降低到一瓶，取消在没有许可证的地区葡萄酒厂不能卖酒的限制，等等，促进了产业的发展。

到 1965 年，葡萄园的面积增加到 500 hm^2，主要是欧美杂交葡萄品种，种植于哈德逊和霍克湾这样的传统产区。到 1968 年，种植面积增加到 660 hm^2。20 世纪 70 年代，新西兰的葡萄酒产业融入了世界范围的葡萄种植热，葡萄酒销售的自由化、对产业实施的税收保护政策、餐酒独立于强化酒的消费量的增加，都刺激了葡萄酒产业的快速增长。

葡萄园的面积在 1970 年增加到 1 500 hm^2，产生了新的葡萄栽培区，例如：在吉斯本，酒厂通过与农户签订合同来吸引他们种植葡萄。本次产业扩张中特别值得一提的是，由于消费者越来越注重葡萄酒的品质，新栽的是欧亚种葡萄，而不是欧美杂交品种。霍克湾这次也扩大了自己的葡萄种植面积，在一些较为肥沃的先前用来种植蔬菜和其他作物的土地上建立了葡萄园。到2000年,葡萄园的面积增加到13 637 hm^2,是1960年的27倍还多。吉斯本地区继续扩张,成为仅次于哈德逊的最重要的葡萄酒产区。欧亚种的白葡萄品种是扩张的主力,首先是米勒-吐尔高和帕罗米诺,其他增加较多的品种还包括皮诺塔吉、赤霞珠和霞多丽。这段时期,一些更新的产区,如玛尔勃罗和坎特伯雷,开始发展,在玛尔勃罗的隶属于蒙大纳酒厂的布兰科特庄园成为新西兰最大的葡萄园。从1970年起,几乎所有新的种植园都采用不嫁接的苗木,因此容易遭受根瘤蚜的危害。

从联合葡萄酒产业并为未来发展制定计划的需要出发,新西兰葡萄酒研究所于1975年的成立。用于机构运转的经费来自政府对所有葡萄酒生产商的税收。很快葡萄种植者也成立了他们自己的组织:新西兰葡萄种植者理事会,其成员如今提供新西兰酿酒葡萄的80%。到1980年,新西兰的葡萄园面积增加到4 850 hm^2,其中一半是没有结果的新园。米勒-吐尔高、巴罗米诺、白诗南、琼瑶浆、赤霞珠和沙斯拉是主要的品种。哈德逊地区不再居于主导地位,位居吉斯本、霍克湾和玛尔勃罗之后名列第四。但是,到1983年由于增税和其他原因引发了对市场消费量降低的担忧,使葡萄酒产业停止增长。1983年由于生长季非常干燥,加上来自吉斯本和霍克湾创纪录的产量,导致葡萄过量供应,东海岸的葡萄园被原来认为不存在根瘤蚜问题,也出现了根瘤蚜的危害。当时预计新西兰有超过80%葡萄园受到了葡萄供应过剩和根瘤蚜的双重打击,这导致了1986年政府协助葡萄种植者实施了一项葡萄拔除计划,25%的葡萄园从此不复存在。

尽管葡萄酒产业出现萧条,新西兰作为冷凉气候区优质葡萄酒的生产者,在澳大利亚和英国的声誉日见突出。这主要得益于玛尔勃罗、霍克湾和奥克兰等地的中小型葡萄酒厂用霞多丽和长相思酿造的优质葡萄酒。今天,新西兰葡萄酒的优异品质使产业重拾信心,开始了高品质酿酒品种的新一轮增长。新西兰的葡萄园和酿酒厂在现代化水平上位居世界前列,新的工艺很容易被产业所采纳。例如,没有几个国家有如此高比例的葡萄机械采收。

1989年葡萄园的面积维持在4 500 hm^2,与1985年的6 000 hm^2 相比有所减少,这主要由于葡萄原料的过度供应和政府的葡萄拔除计划。在吉斯本和霍克湾几乎所有的葡萄园都种植在深厚肥沃的土壤上,存在生长势过强和叶幕遮光的问题。玛尔勃罗葡萄园是卵石土壤,而在哈德逊周围传统种植区葡萄栽培在严重淋洗的黏土上。为了方便机械采收,绝大部分的葡萄都采用垂直篱架,超过80%的葡萄是用机械采收的。葡萄的新梢利用一系列可以调节高度的牵丝被定位于垂直生长,并进行夏剪。

尽管很多种植者为减少操作费用并改善叶幕遮光而使用短梢修剪、机械修剪和其他的枝条定位技术,例如,斯科特一亨利架式,长梢修剪仍被广泛使用。葡萄行距一般为3 m,株距为2 m。

靠海的潮湿气候容易造成病害的发生,为了防止霜霉病、穗腐病、白粉病和炭疽病的侵染，需要经常进行喷药保护。每个生长季喷药次数常常达到 10 次，最近还发现灰霉已经对二甲亚胺类杀菌剂出现了抗性。杂草的控制主要是利用行下除草剂和行间浅耕。灌溉只在玛尔勃罗干旱多石的土壤上有一定的使用。1983 年新西兰葡萄园中约 80%的葡萄是直接扦插苗，对根瘤蚜没有抗性。当年发生的严重干旱以及创纪录的产量，导致根瘤蚜对吉斯本和霍克湾很多葡萄园造成了严重的破坏，再加上由于葡萄酒供应过剩导致经济调整，共同刺激了采用嫁接苗进行葡萄园的更新。使用的砧木主要是 1202，5BB 和 SO4 等，对 101-14，Riparia Gloire 等低生长势砧木的兴趣也日益增加。

由于 1985 年开始实施的鼓励葡萄酒出口的政策，目前葡萄酒产业进入了一个缓慢的再植阶段。人们找寻开发那些秋季降雨量低、土壤不过于肥沃的产区，以生产出质量更高的葡萄。新的地区，如韦拉拉帕、奥塔戈、尼尔森和瓦合基岛，正在为葡萄酒产业建立新的质量坐标。

葡萄栽培研究主要由农业渔业部负责，尽管林肯大学和玛尔勃罗研究中心也承担了一些较小的项目。数个 DSIR 部门参与了葡萄病虫害和植物生理学的研究。农业渔业部以汉密尔顿的 Ruakura 农业中心为核心开展研究。实验葡萄园分布于 Te Kauwhata，Rukuhia，吉斯伯恩和霍克湾。当前，主要的研究重点是葡萄品种的改良，这反映出由于根瘤蚜的危害所造成的大面积葡萄园需要重新定植的需求。品种改良方面主要包括株系的选择与评价、病毒的辨别与清除、新品种的引进与葡萄品种学等。其他的研究领域包括叶幕管理，特别是新架式和相关机械的开发等。此外，砧木和接穗的评价、修剪的轻重、酸性土壤研究和葡萄生理学也被列入研究的范畴。未来的研究领域将包括尽可能降低用于散装酒的原料葡萄的生产成本和"有机葡萄栽培"。目前通过引入"使用者付费"的原则，对政府的研究努力进行重新评估。到目前为止，葡萄酒产业还没有为研究提供持续的资金支持，未来如何还不能确定。

在酿造领域，1980 年标志着新西兰葡萄酒在国际舞台上的转折点。从那时起，种植了足够的适宜品种，并开始具有连续的产量。同一年，新西兰实施了更为严格的食品和药品管制，限制了葡萄酒厂的操作，特别是加强了对掺水的管制。1980 年收获季，每吨葡萄的出酒量降到 1 265 L，1985 年和 1986 年进一步减少到 770 L。

第一次世界大战之前新西兰葡萄酒产业的目标是生产优质佐餐酒，但被根瘤蚜、禁酒令和世界经济大萧条所冲击，结果几乎没有什么欧亚种酿酒品种幸存下来。那个阶段品种的选择标准以抗病性和产量为指标。美洲种葡萄品种，如伊莎贝拉(以及它在本地选出的株系 Albany Surprise)，以及欧美杂交品种，如巴科 22A、巴科 No. 1 和各种塞比尔杂交品种，成为主栽品种，绝大多数用来生产强化酒。

20 世纪 40～50 年代，产业对佐餐酒的兴趣再度兴起，但当时是个节约和控制进口的时期，杂交品种的传奇要再过 20 年后才能被撼动。虽然用欧美杂交品种酿制的佐餐酒的质量较低，但一代酿酒师生来就和这些品种打交道，并习惯了它们的高产量，相反却不熟悉经典的欧亚品种的风味。

因此，20 世纪 60 年代和 70 年代早期，随着以欧亚种为基础的佐餐酒的回归，最初的重点都是些高产的品种，如沙斯拉、白诗南、米勒-吐尔高、巴罗米诺和皮诺塔吉。这些品种中，只有米勒-吐尔高和白诗南获得了成功并得以扩展。

在霍克湾，汤姆·麦克唐纳以赤霞珠酿造了一款红酒(Bakano)。柯本和麦克唐纳两人多年来一直以这个品种酿造自用的红葡萄酒，但是只有当麦克唐纳 1965 年份的麦克威廉赤霞珠以商业规模投放市场，才展现出它在葡萄酒质量上的潜质。可惜当时的葡萄酒产业全神贯注于德国风格的白葡萄酒，没有充分留意这个信息。而且，那时超过 70%的葡萄酒都是经过强化的。

1965—1980 年这 15 年中，其他单品种佐餐酒快速发展，而强化酒的生产在减少。1967 年麦克唐纳还生产了一款卓越的霞多丽，当时人们对这件事的重要性认识不足。1967 年柯本推出了一款皮诺塔吉，随后 1970 年巴比奇公司推出了皮诺塔吉与赤霞珠勾兑的葡萄酒。1970 年诺比罗也用赤霞珠和皮诺塔吉生产出几款很好的葡萄酒。

整个 20 世纪 70 年代的趋势是佐餐酒的增加，尽管重点还在德国风格的白葡萄酒。蒙大纳酒园 1974 年生产出 Bernkaizler 雷司令，而米勒-吐尔高成为大受欢迎的标为“雷司令”的主要品种。1973—1974 年，蒙大纳酒园开始在南岛进行种植，将葡萄园建在玛尔勃罗。这些葡萄是新西兰第一批通过气候和土壤评估的研究结果，而不是根据家族的亲缘关系和传统，在一个新产区选择种植的品种。次年蒙大纳酒园推出了他们来自 1973 年份的第一款赤霞珠，在此之前市场上还没有优质赤霞珠葡萄酒可供选择。

1976 年在吉斯伯恩，欧文生产出了一款卓越的琼瑶浆，为这个品种在马塔瓦罗产区和新西兰的知名度写下了第一笔。在奥克兰，诺比罗用赤霞珠、皮诺塔吉和黑比诺酿出卓越的红酒，为新西兰红酒树立了榜样，次年又酿制出一款极好的霞多丽。在 1980 年蒙大纳酒园生产出了超群不凡的玛尔勃罗长相思，表现出强烈的品种风味。

新西兰优质佐餐葡萄酒的未来已经非常清晰，那就是基于来自经典的法国品种的单品种葡萄酒。佐餐酒和强化酒的比率已经偏向了佐餐酒一边，1982 年佐餐酒已经占到总产量的 75%。

同时，随着麦克唐纳在霍克湾赤霞珠上的成功，1982 年，泰玛达酒园出现了一系列的优质赤霞珠/美乐勾兑产品。同一年来自新建立的坎特伯雷产区圣海伦娜的黑比诺成为新西兰历史上最像勃艮第风格的葡萄酒。1983 年，Kumeu 的圣马力诺和马塔瓦罗酒园都利用美乐酿制出高品质的葡萄酒。1983 年柯本家族和蒙大纳酿制出的莱茵雷司令酒展示出浓郁的品种特征性风味。同年第一款橡木陈酿型或者称“富美型”长相思由库伯克里克酒厂酿制，库克霞多丽的成功驱散了对这个品种在新西兰是否有前途的疑问。1984 年，Wairarapa 地区在 75 年后重现葡萄酒生产。

1985 年新西兰改革了国家葡萄酒竞赛的模式，变得与海外(尤其澳大利亚)的程序更加一致。巧合的是，1985 年和 1986 年是极好年份，加上每吨葡萄出酒量的降低，新西兰生产出了大量具有国际质量水准的葡萄酒。1985 年和 1986 年葡萄酒质量的提高，恰逢酿制具有标志性意义的 1965 年赤霞珠的 20 周年纪念，昭示着葡萄酒产业中质量的进步，红葡萄酒和白葡萄酒都已进入了兴盛时期。尽管仍然需要更多的进步，贵腐风格的雷司令葡萄酒已经开始出现，按照香槟法生产起泡酒的兴趣也增加了。从气候上看，新西兰非常适合酿制接近于法国标准的经典的起泡葡萄酒。

预测未来，新一代毕业于院校的酿酒师正在越来越多地重塑葡萄酒产业。其中有新西兰人，更多的是澳大利亚人，主要在罗斯沃斯农学院得到培训，还有一些人从加利福尼亚、德国、瑞士和法国获得了资格证书。有这么广泛的背景，可以期待新西兰的葡萄酒产业将更强大并更具多样性，跨越国家的岛屿，反映葡萄栽培的气候温度范围，从北岛的 Kumeu 和 Matakana，到南岛的玛尔勃罗和奥塔戈的内陆。这些产区跨越了 9 个纬度，就像从德国莫舍尔南部到接近西班牙里奥哈或意大利托斯卡尼的跨越，拥有相当于欧洲标准的巨大潜力。

毫无疑问，新西兰将会以霞多丽、长相思、雷司令和琼瑶浆酿制更多的白葡萄酒，得到世界的关注。而对红葡萄酒，最好的地区有能力生产具有深沉复杂的果实风味的产品。这些已经通过最优的葡萄酒得到了证实，赤霞珠、美乐，可能还包括黑比诺，将成为新西兰最优质葡萄酒的基础。在较短的历史过程中，新西兰的葡萄酒产业已经取得了可观的成就。

酿造学家的作用(The role of the oenologist)

在很多对葡萄酒感兴趣的人眼中，酿造学家——掌握着葡萄酒和酿酒科学、原理和实践的人(来自希腊语 oinos，酒)——与酿酒师等同，经常把两个词之间的差别忽略掉。葡萄酒酿造是酿造学家所从事的多种活动中有关实践的部分，也是本书的主要内容。酿酒师可以没有正式的资质证明，而资质证明是酿造学家的标志。为了说明这一点，罗斯沃斯农学院的酿酒课程将颁发葡萄酒酿造学或葡萄酒科学的应用科学学位而不是酿酒学士学位。我们要了解酿造学家的角色与酿酒师相对狭窄的技术活动是不同的，因为对计划进入葡萄酒产业学生，具有技术才能是很重要的。

现在葡萄酒酿造已经成为一个被广泛认可的专业性职业。它吸引了很多年轻男性，近年来还有越来越多的年轻女性，想要加盟澳大利亚和新西兰的葡萄酒产业。大量新酒厂的建立和每年销量的增加。都明显昭示着葡萄酒产业在这两个国家中的重要性。酿酒的原理很简单，但今天需要葡萄酒在具有合理价格的同时保持一贯的品质，酿造学家需要受过高等教育，并拥有相应的技术能力。

可能有时候学生和新的酿造学家并没有充分认识到现代酿酒的一些需求，包括对葡萄栽培的了解以及葡萄酒厂的诸多要求。现代酿造学家需要尽可能多地接受教育,并在各种各样的酿酒实践中得到指导。正如我们将要看到的,这需要掌握相当多的内容。

作为一个酿造学家需要在技术和学术两个方面都合格,具有经过训练的、敏感的味觉,对葡萄酒类型和质量的鉴别能力,能够管理员工,具有管理、成本计算和市场营销的知识。技术能力必须超越酿造、葡萄酒成熟和装瓶的范围。所酿造的葡萄酒必须具有良好的品质和风格,可以成功售出。在大的公司,酿造学家受市场部门的指导,这个部门应该能够预测市场需求的趋势。

除此以外,酿造学家还应该受过坚实而广泛的专业教育,能跟上当前的技术发展。应该经常阅读技术文献,掌握一定的外语,例如法语和德语。应该对葡萄酒、酿造工艺和包装材料进行有效的质量控制,认识相关内容的重要性,并且能够有效执行,还应能够对酒厂的员工实施技术培训。进一步要求是充分掌握与酒厂工艺和设备相关的工程方面的知识,并了解相关的法律要求。

酿造学家应该喜欢饮用葡萄酒,充分了解品质的构成和不同风格葡萄酒之间的区别。也应具有良好的交流能力,通过语言与文字对酿酒师和公众进行阐述。酿造学家应该从担任葡萄酒评委以及参加品酒小组中获得经验,应该抓住一切机会提高自己对本领域的认识。

有能力的酿造学家是有价值的人,因为在他或她的手里,掌握着利用好葡萄持续生产优质葡萄酒,或者生产中等葡萄酒甚至仅适合蒸馏的劣质酒的力量。在必要的时候,也需要具有从有缺陷的葡萄酿制品质还可以说得过去的产品的能力。面对现有的技术发展,加上当今葡萄酒类型和风格的复杂性,酿造学家的技术能力变得越来越重要。精明的葡萄酒厂管理者很清楚这个事实,技术高的酿造学家一般都有很好的薪水。这是天经地义的,因为一个错误所引发的葡萄酒破败和污染会造成惨重的经济代价。

技术训练和能力

近年来对酿造学家的教育水准有显著的提高。过去,正式的证书教育或自学成才都可以被接受。但随着技术的改进,人们逐渐认识到只有酿酒实践的训练是不够的,葡萄酒酿造的整体培训的范围被大大拓宽了。

为了满足技术更加复杂的现代葡萄酒产业的需求,对酿造学家能力的要求已经超越了实际的酿酒操作、葡萄酒的成熟和装瓶等领域。他需要了解原理,并具有操作泵、发动机、一般机械、制冷设备、液体转移设备、电气、焊接和其他各种操作的知识。一些酿造学家认识到他们既是酿酒师,又是化工工程师。

事实上,因为计算机和程序控制器的应用日益广泛,未来一代的酿造学家也许需要对化学工程、食品工艺、电气操作等内容进行正规的学习。过去一些酿造学家认为葡萄酿酒是独立于食品和饮料工艺的技术,但事实上它只是这个宽广领域的一个方面。尽管在酒厂酿造学家是关键的技术人员，一个大的酒厂还需要其他合格的技术人员，例如：化学工程师、化学家和微生物学家。这些人应具有坚实的葡萄酒酿造背景，对所有的高级技术岗位，有海外的工作经验将会更为适合。

品尝

酿造学家应具有经过训练的敏感的味觉，否则便不能成为酿造学家！事实上，在他们开始学习酿造课程之前就应该先进行味觉测试。现在的品尝测试能有效评估个体的品尝能力，发现其味觉的特性和不足。在酿造学教育中要花费很多的时间进行感官评价，在这个过程中学生评估并了解自己品尝能力与弱点。他们要学会理解正确品尝和质量评价的重要性。例如：如果一个学生（或酿造学家）有合格的味觉，但闻不出二氧化硫的味道，这不是这个学生的错误。至少该学生可以了解到自己在这方面的不足，能够依靠品尝小组中其他可以闻出二氧化硫的同伴。

酿造学家的一个重要工作是监管所酿成的葡萄酒的品质，发现可能出现的破败。这需要具有辨别力的敏锐的味觉。多个酒厂都发生过产品出现大规模细菌破败，而酿造学家竟没有察觉的事例。他仅品尝了自己酒窖里的酒，而完全没有意识到他正在操作一个发生了污染的酒窖。

对任何葡萄酒厂来说，一个品尝小组都是必需的，酿造学家负责组织和实施小组的运行。要检查小组中所有成员的相对品尝能力，小组应该作为一个团队来工作，最好能包括自己酒厂和竞争对手的葡萄酒，并进行编号盲品。每天都应该进行品尝，至少应保持经常性的频度。在葡萄酒展会担当评委的经验会很有帮助。这些展会通常会为酿酒师提供作为服务人员或助手的机会，让他们在葡萄酒质量评价方面获得经验，并了解葡萄酒品评比赛的程序。这类活动对葡萄酒产业做出了有价值的贡献，一旦有这样的机会，酿造学家应该很好地加以利用。澳大利亚的葡萄酒展会对建立和保持葡萄酒的质量标准很重要，酿造学家需要对参展的每个级别葡萄酒的具体要求有明确的概念。如果没有时间作为评委或助手参加葡萄酒品评，至少应仔细研究对各种级别产品的要求，如果有需要，要和评委进行讨论。

质量控制

这包含从葡萄的种植，甚至选择葡萄园的选址，一直到包装好的葡萄酒的整个过程。事实上，葡萄酒酿造的广义概念就是合理地操作以进行质量控制（这也是这本书的主要内容）。其中涉及的不仅包含常规的分析检测与品尝，也包括对酿酒和包装过程中所涉及的所有材料的质量控制。葡萄酒厂中实验室的作用变得越来越重要。酿造学家应该有能力设计、装备和操作葡萄酒厂的实验室，进行基本的质量控制测试和检验，并能指导别人进行这类操作。实验室是技术操作和品质控制中必不可少的部分,依据酒厂的规模,酿造学家在实验室花一些时间进行非例行性调查并不是什么不光彩的事情。尽管酿造学家通常并不是被训练来搞研究的,但充满智慧地解决问题可以为公司节省大笔的金钱。酿造学家的工作范围还应该包括:在判定葡萄酒发生混浊或其他问题的时候,实施适当的补救措施,并对程序进行调整以确保同样的问题不会再次发生。

技术文献

有关葡萄酒酿造的科技在快速发展,酿造学家要及时跟上这种发展可能会有一定的难度。这在离其他的酒厂较远,难以与同行进行交流的情况下更为突出。因此,有必要认识到拥有相关的技术和科学文献资源,并保持其他获得相应信息的渠道是非常必要的。保持和改进技术能力的最好方法是尽可能多地阅读技术著作,并随手拥有一本关键的教科书和手册。世界上出版的很多有关葡萄酒酿造的文献都不是英语读物,因此应该逐步提高对至少一门在葡萄酒酿造领域具有重要性的外语的阅读能力。

由于非常依赖于技术文献,酿造学家应该拥有并经常阅读关键性的参考书籍,还要推动公司建立一个专业图书室。应该有经常性预算用于购买新的技术书籍和期刊,并对所有的技术人员保持开放。可以理解由于一些葡萄酒厂有某些特定的工艺或勾兑,他们更愿意保持秘密,但一般来说,葡萄酒的生产过程已经没有什么未发表过的秘密了。一些酒厂时常宣称的对他们公司的某个特定的工艺过程属于秘密,这通常只不过是由于他们忽略了已经在酿酒文献中发表过的东西而已。

了解市场的需要

酿造学家需要理解和掌握超出葡萄酒酿造、成熟和装瓶等领域的知识。葡萄酒酿出来以后必须有消费者购买。如果酿出的酒由于这样或那样的原因而不能卖掉,即使一款优质的葡萄酒也会一无所得。在这方面,酿造学家必须和经营者以及市场营销机构积极合作,了解什么类型和风格的葡萄酒卖得好,什么是预期的趋势,并根据这些信息安排酿酒计划。酿造学家和市场营销人员之间是相互依赖的关系,依次为伟大而有时又难以预测的上帝——葡萄酒消费者服务。

近期澳大利亚和新西兰葡萄酒产业快速发展,在这个过程中一些大公司收购葡萄酒厂,其中部分公司以前并没有涉足葡萄酒的经验,这表明产业的本质正在发生改变。大公司旗下葡萄酒厂管理目前是明显以市场为导向的,酿造学家需要认同这种情况。在大的机构中,酿造学家受到市场营销人员和整体经营方向的引导,决定酿造哪些类型的葡萄酒,酿造多少,出售时用什么类型的标签和包装,等等。与以前相比,个人表达的自由大为减少。专业的贡献和满意是基于能够生产出市场需要的,同时消费者又能够买得起的葡萄酒。因此,酿造学家的技术与销售机构的知识必须相互补充。它们都应该受到管理的引导,平衡其影响,保持商业生机。酿造学家可能在以生产优质葡萄酒出名的产区工作,在那里所有的葡萄酒都是非常好的;也可能在新的或不知名的产区酿酒,其葡萄酒的优点还没有被消费者所熟知。无论如何,都必须生产能够在市场上卖得掉的产品。关键是适于销售,如果葡萄酒不能被卖出,即使生产优质葡萄酒公司也会倒闭。

接受新主张

应该鼓励酿造学家质疑并建设性地批评传统的酿酒工艺。按照父辈或祖父辈传统的酿酒工艺正在迅速消失。我们正处于创新和试验的时代,出现一些标新立异的方法。例如:在酒瓶清洗过程中使用超声波,效果会比一般清洗程序更好。永远不要害怕尝试新的方法,只要它经济可行就好。酿酒过程中各种创新都是新想法的结果,而这些新的想法都曾在某个阶段或被某些人说成是不行的。

过去,酿造学家必须是全能的人,对酿酒和葡萄栽培的所有领域都具有全面的能力。随着葡萄酒厂规模的扩大,酿酒过程复杂性的增加,酿造学家专门发展在特定领域的专项能力变得非常适宜。在大的葡萄酒厂,由于有功能和责任的分工,专业化是很平常的事情,现代的葡萄酒酿造越来越成为专家的领域。但是,在小型葡萄酒厂酿造学家必须是全能的。

小酒厂的酿造学家

由于澳大利亚和新西兰有很多小酒厂,而且新的小酒厂还在不断建立,应该强调酿造学家对它们的重要性。与大型酒厂相比,小酒厂生产有缺陷的葡萄酒的风险要大一些,这在一定程度上反映了那些酿造学家的能力。小酒厂的酿造学家也许就是酒厂的所有者或者员工,要取得成功应该满足以下要求:

- 熟悉与葡萄酒厂有效运行的所有相关技术。
- 注意细节——即使是自动化设备,如果长期不注意维护也不会保持良好状态。
- 保持整洁卫生的环境。
- 不要在困境中放弃,因为小酒厂的成功之路很少有平坦的。

熟悉葡萄栽培

葡萄酒产品的质量是由其原料——葡萄的质量和成熟度所决定的,酿造学家应该了解葡萄的成分和状态,以及影响它们的各项栽培因素,这样才能与葡萄种植者建立联系,并为他们提供建议。因此,有效的葡萄园管理是成功酿造葡萄酒的重要一环。最佳的方案是,葡萄园应该由富有丰富酿酒知识的葡萄栽培学家或具有丰富栽培知识的酿造学家来管理。目前澳大利亚存在的酿酒师和葡萄种植者之间的分别在欧洲基本上是不存在的,法语 vigneron(酒农)这个词把种植葡萄作为整个酿酒过程的一部分。很多时候，商业化的葡萄种植者只关心最大产量，而很少认真考虑葡萄离开葡萄园之后的事情。

酿造学家应该关心所购买的葡萄原料的质量，应该花时间在葡萄园，为葡萄种植者提供咨询。酿酒公司大量种植葡萄园表明酿酒师需要严格控制葡萄的生长、质量和收获时的成熟度。

管理功能

一些刚取得资格的酿造学家在酒厂寻找他们的第一份工作，似乎期待着葡萄酒酿造学的资质能够很快使他们成为酒厂的经理，然而，事情并不那么简单。虽然有目共睹的是最近几年一些酿造学家得到了快速晋升，这很大程度上是由葡萄酒产业的扩张和人手短缺所造成的。年轻的酿造学家首先应该向雇主证明自己的技术能力。此后，晋升取决于其他许多因素，例如：机会，是否掌握管理和成本控制的知识，是否能够管理和激励员工以及是否具有合适的个性以及幸运，等等。如果一个人在这个方向上充满激情，那就应该进行相应的训练，因为高级的工作总是包含了管理、敏锐的财政洞察和员工管理。毕竟，谁最有资格，工作就是（也应该是）谁的。一项重要的美德是常识，这项并不特别常见的美德可以防止一个人犯过多的错误，最后成为成功者。

酿造学家有时会对董事会不真正关心葡萄酒酿造过程中科学和技术的复杂性而有些不满。董事会关心的是钱、盈利性和生产成本，当涉及到管理时你必须牢记这些。管理者一般会把葡萄酒生产中的技术问题留给技术人员，而把有关生产中的成本和利润问题划归自己的管辖范围。聪明的酿造学家会花费一些时间研究生产中的经济问题，从而能够就这些问题与管理者进行交流。重复一遍：如果酒厂会因为生产某些优质葡萄酒而破产的话，那就绝不能生产这些酒。人们必须明白：无论酒厂的大小，政策都是由管理者制定的，技术控制由技术人员（酿造学家可能是其中的全部或部分）来负责，产品需求由市场部门提供，日常管理由行政人员负责，而具体的酿酒操作由酒窖员工来实施。

在职培训通过提高员工对各自工作重要性的认识能提高各个层面的效率。葡萄酒厂涉及技术的在职培训应该由酿造学家负责。基于两个原因这项培训很重要：它能提高酒窖员工的效率，因为他们增加了对自己工作的认识，也增加对酿造学家能力的信心，酿造学家应该对别人抱理解的态度，欣赏看问题的不同角度，随时准备接受新的方法。不管酿造学家是否渴望涉足更多的管理工作，和他人友好相处都是一个重要的方面。

法律事宜

酿造学家必须了解并遵守联邦、州和当地的各项法律与规章。这包括了解食品法规的相关要求，了解哪些添加剂和生产工艺是合法的，了解有关卫生、消毒和健康的有关需求,了解涉及商标、安全、葡萄酒强化、酒精储存等的相关法律,以及有关员工的权利和工会要求等内容。与其他葡萄酒生产国相比,澳大利亚的酿酒师并没有过多地背负法律的义务,但是随着时间的推移,对这方面的要求可能会有所增加。

术语与度量衡(Terms and units)

与大多数产业一样,葡萄酒产业有它的专业术语和度量衡单位,我们随后将遇到它们。为了让不熟悉的读者有所了解,现将最常见的术语和单位总结如下。

公制

因为葡萄酒产业已经实现了公制化,所以通常都采用公制单位,已经把最常见的列在下面,并标明了它们和其他单位之间的换算。公制系统有其优点,按照10倍或更大的尺度就可以进行数量级之间的换算,例如从毫升换算成升。

增大倍数	前缀	符号
10 或 10^1	十	—
100 或 10^2	百	h
1 000 或 10^3	千	k
减少系数	**前缀**	**符号**
10 或 10^{-1}	分	d
100 或 10^{-2}	厘	c
1 000 或 10^{-3}	毫	m
1 000 000 或 10^{-6}	微	μ

质量

质量是衡量物质多少的度量,与重量密切相关,不同的是重量依赖于重力,而质量是恒定的。举例如下:

1 微克(1 μg) $=10^{-6}$ 克(g)

1 毫克(1 mg) $=10^{-3}$ 克(g)

1 千克(1 kg) $=10^{3}$ 克(g)或 1 000 克(g)

1 吨(1 t) =1 000 千克(kg)或 2 204 磅

1 磅(1 lb) =0.454 千克(kg)或 454 克(g)

1 吨(美制) =2 000 磅或 907 千克(kg)

1 吨(英制) =2 240 磅或 1 016 千克(kg)

长度

1 微米(1 μm) $=10^{-6}$ 米(m)

1 毫米(1 mm) $=10^{-3}$ 米(m)

1 厘米(1 cm) $=10^{-2}$米(m)
1 千米(1 km) $=10^{3}$米(m)或 1 000 米(m)
1 米(1 m) =39.37 英尺

面积

1 公顷(hm^2) =10 000 平方米(m^2)=2.48 英亩
1 英亩 =0.405 公顷(hm^2)

容积

1 微升(1 μL) $=10^{-6}$升(L)
1 毫升(1 mL) $=10^{-3}$升(L)
1 百升(1 hL) $=10^{2}$升(L)或 100 升(L)
1 千升(1 kL) $=10^{3}$升(L)或 1 000 升(L)
1 加仑(英制) =4.54 升(L)
1 加仑(美制) =3.78 升(L)
1 磅/立方英尺=0.016 克/毫升(g/mL)
1 百升 =22 英加仑
1 液体盎司 =28.35 mL

浓度

浓度通常用克/升(g/L)表示,与毫克/毫升(mg/mL)一样。

$$浓度=\frac{溶质的质量}{溶液的容积}$$

1 克/升(g/L)=0.1% w/v=1 磅/100 英加仑
1 毫克/升(mg/L)=百万分之一(ppm)
10 000 毫克/升=1% w/v

密度

密度是物质的量除以它的体积,通常写成克/毫升(g/mL 或 $g\cdot mL^{-1}$)。比重是样品密度除以水的密度。

波美度

关于波美度(Bé),后边的章节会详细介绍。这个法国液体密度的测量方法最初起源于测量盐水中的盐含量。波美度的读数大约等于成熟葡萄的果汁完全发酵所能获得的潜在酒精量。

0 °Bé=1.000 比重

10 °Bé=1.075 比重或大约 10%体积的潜在酒精

还存在另外一个波美度尺度,用于比水轻的液体,但不用在葡萄酒产业中。

白利度

白利度(白令糖度)是用在食糖工业中测量比重的度量。白利糖度的读数是在温度为 15.6℃时,100 g 溶液中所溶解的蔗糖的克数。白令糖度是一样的。

1 °Brix=0.56 °Bé

1 °Bé=1.80 °Brix

需要注意的是,葡萄汁里的糖分是转化糖,即葡萄糖和果糖的混合物。蔗糖只以低浓度存在。

奥氏度

这个瑞士用的液体比重度量衡是相对比重的另一种表达方式。

Oechsle=(比重−1)1 000

例如:85 °Oe =1.085 SG。

尽管这个度量衡是基于相对比重,它并不表示葡萄酒中大约的糖含量或者潜在酒精含量。白利糖度是 Oechsle 值除以 4,减去 2.5。

100 °Oe =13.1 °Bé 或 23.6 °Brix

酸度

葡萄和葡萄汁中的酸度主要由酒石酸和苹果酸组成,它们共同构成了超过 90%的总酸量。在发酵过程中会形成其他的酸,如琥珀酸、乳酸等,由于细菌的作用(苹果酸-乳酸发酵)苹果酸也许会消失。

酸度用以下两种方法表示:

- 可滴定酸。可滴定酸有时被错误称为总酸,表示为每升中的酒石酸克数。在法国,它以硫酸来计,数值为以酒石酸计时的 0.653,也就是说当葡萄酒的可滴定酸以酒石酸计时为 6.0 g/L,以硫酸计时为 3.9 g/L。可滴定酸的数值是用标准碱溶液将葡萄酒滴定至接近中性的滴定终点,一般 pH 值为 8.4,在法国为 7.0。通常葡萄酒中可滴定酸的量为 4~8 g/L。
- pH(不是 Ph 或 PH)。这个术语对酸的活性、强度和浓度都进行了考虑。术语 pH 指的是葡萄酒中氢离子的数量。总的范围是 0(强酸)~14(强碱),7 表示中性。澳大利亚葡萄酒的 pH 值为 3.0~4.0,这两个数值所代表的酸的活性和实际的酸度相差 10 倍。

2 葡萄的发育与成分

Grape development and composition

葡萄果实的发育(Grape berry development)

要酿造优质葡萄酒,人们必须懂得原料——葡萄果实。否则酿酒师无异于失明的画家。真正有能力的酿酒师会在葡萄园里花尽可能多的时间,监控葡萄成熟度和口感的变化,参与其他各种各样的葡萄园工作。最近几年,葡萄酒厂整体上越来越多地认识到葡萄园和葡萄栽培的重要性。

葡萄酒的成分、品质,在一些情况下还包括葡萄酒的类型,都在很大程度上取决于葡萄成熟时的成分。葡萄品种、种植地点、葡萄的叶幕状况及小气候环境、与土壤相关的因素,诸如营养元素,水分和根系的生长,葡萄浆果和它所在的新梢的发育情况等,都会影响葡萄的最终成分。

在澳大利亚,葡萄通常在 9 月 22 日(可提前或推后约 13 d)左右发芽;大约在 11 月 30 日(可提前或推后约 26 d)开花;大约 2 月 6 日(可提前或推后约 11 d)进入转熟(果实成熟初期,开始变色);大约 3 月 2 日(可提前或推后约 54 d)果实成熟。这些日期中的变化归因于以上所列的因素。因此,从开花到果实成熟平均为 167 d。举个例子:在罗斯沃斯农学院的西拉葡萄在 9 月的第一周开花,3 月初成熟,总共大约 180 d。而霞多丽葡萄的整个过程都会提早 2 周。在澳大利亚的 5 个葡萄栽植区,4 个主要品种从开花到收获的平均时间跨度为 122 d(根据葡萄的品种和季节提前或推后 26 d)。

葡萄果实的生长发育特征性地遵循双 S 形曲线,可以分为 3 个时期。

1 果实最初经历细胞快速分裂和生长期,积累酸,却很少或不积累糖,这就是绿果期。

2 随后果实生长速率明显降低,仿佛停止了生长直到转色期,大约是在开花后 60 d。

3 在转熟期果实开始变软并积累糖分,酸含量下降,有色品种的果皮开始着色。果实随着细胞体积的增大而增大,各种风味和香气物质日益增加。

4 最后果实在枝蔓上由于水分散失而脱水。这对生产迟采和强化型葡萄酒有用。

成熟并不是一个精确的概念，因为它取决于葡萄的用途。在澳大利亚和新西兰，过去的30年中成熟的概念发生了很大的变化，从需要果实中有高含糖量以生产餐后甜酒（强化酒），变成较以前低的含糖量和比以前多的酸，以生产佐餐酒。举个例子：对餐后甜酒来说葡萄含糖量达到26°Brix(14.4 Bé)被视为成熟，而对佐餐酒来说可能已经过熟了，佐餐酒只需要这个糖含量的3/4就足够了。

葡萄不同于其他水果，它可以产生很高的含糖量。主要是两种糖：*d*-葡萄糖或右旋糖、*d*-果糖或左旋糖。它们在甜度上明显不同，果糖要甜很多。15%的果糖溶液的甜度相当于22.8%的葡萄糖溶液，或17.8%的蔗糖（甘蔗或甜菜糖）溶液的甜度。换句话说，如果把果糖的甜度表示为100个单位，葡萄糖就为66，蔗糖为84。所以，果糖的比例很重要，因为它比葡萄糖更影响甜度。在成熟过程中，葡萄糖的积累早于果糖，但到果实成熟时一般比例大约为1∶1，尽管这个数值可以在0.7到1.4之间变化。在非常成熟的果实里，果糖的浓度要高于葡萄糖的浓度。霞多丽和白比诺是高果糖品种，而白诗南和增芳德是高葡萄糖品种。

成熟的葡萄中主要的酸是*L*-(+)酒石酸和*L*-(-)苹果酸，两者加起来构成了超过90%的总酸，一般在5～8 g/L的范围内。随后是柠檬酸，但浓度低很多(0.1～0.5 g/L)，还含有少量的其他各种各样的酸。在酸的口感方面，酒石酸和苹果酸基本相当，如果根据它们的酸强度来比较，酒石酸更酸一些，但如果根据可滴定酸度来比较，则苹果酸更酸一些。在罗斯沃斯农学院进行的多次域值品尝测试中，使用相同浓度的这两种酸，酒石酸显得比苹果酸稍微酸一点。

酒石酸在植物中并不常见，而苹果酸广泛存在。当浆果生长时，酒石酸和苹果酸的浓度都增加，一直到转熟期，然后随着糖分积累又都出现下降，其中苹果酸的降低速率更快。温暖的温度会加速苹果酸的降解，通常同一个品种的葡萄在较凉的环境中达到相同的含糖量时，酸含量会较高。高酒石酸含量的品种包括雷司令、苏丹娜和帕罗米诺，而高苹果酸的品种包括马尔贝克、黑比诺和白诗南。

在收获时，果穗不同部位占果穗总重的比例差别很大，例如：

果梗	2%～8%
果皮	5%～20%
果肉	74%～90%
种子	0～6%

像赤霞珠这类较小的果实，果肉所占比例稍小，果皮和种子所占比例会多一些。

果梗中的pH值为4～5，主要是由于自由酸低、钾含量高。其含糖量低于1%，多酚类物质的重量占0.5%～3.5%；主要是无色的花色素前体和儿茶酚，带有粗糙的收敛感，这两种物质在成熟果实中占单宁总量的20%。种子中含有高达50%与果梗类似的单宁类物质，它们可能是葡萄酒中这类单宁的主要来源。种子中还包含具苦味的葡萄籽油。果皮中含有大量的糖分，一般可以达到果肉含糖量水平的80%。红色与白色葡萄品种包含相同量的无色单宁，但红色品种果皮中总酚类物质的含量是白色品种的2倍，这主要是由于显色的花青素类物质的存在。在白葡萄品种的果实中，全部酚类中有大约10%存在于表皮中，然而在红色品种中这个数值达到了65%。葡萄果实的品种特征性风味物质在果皮和果肉中都存在。果皮的蜡质层很重要，因为它包含的各种脂肪酸和固醇可以刺激酵母和细菌的生长。浸渍的程度、温度、酒精含量以及和果皮接触的时间，都影响着对各种成分浸提的数量和速率。

果肉由充满果汁的大细胞组成，为破碎和出汁过程提供了大量的自流汁。果肉在果穗的所有组成部分中，pH值最低(3.0～3.8)，这表明由于大量的钾存在于果皮中，果肉的自由酸/钾比值较高。通常果肉中的单宁低于果实单宁总量的5%。这些信息在我们研究酿酒的过程中都将得到应用。

在葡萄园中了解果实的成熟度(Assessing grape ripeness in the vineyard)

大家都认为葡萄酒的基本品质源自葡萄园，了解果实在葡萄树上的成熟与健康程度是葡萄酒酿造中必不可少的一部分。但是，这一点说起来容易做起来难，因为我们要面对的是许多分散而且单株之间存在差异的葡萄树，取样存在一些特殊的困难。目前，对葡萄园里不同葡萄果穗之间差异的来源已经有了很多的信息，了解这些内容对设计可靠的采样方法是必须的。

- 最重要的差异来源是葡萄树单株之间的不同，因此采样方式应包括尽可能多的葡萄树。由于一个葡萄园每公顷要种植多达1 200株的葡萄，所以取样时要走很长的路了！
- 其次是葡萄树上不同的果穗，因此要遵循一定的规律，按照预先确定的模式对葡萄树不同部位、遮荫程度不同的果穗进行采样。
- 最后也是第三重要的是葡萄在果穗上的位置。所以，如果不是整穗地进行采样，而是采果粒或者小穗的话，应该从果穗的不同部位依次采样。

为了确保这些导致差异的原因都能得到考虑，葡萄园的采样应该按如下方式进行：

1 把葡萄园分为大约2 hm^2(5英亩)一个的区域，因为这对采样来说是便于操作的大小。

2 采样时不要包含葡萄园的末端和边界，除非葡萄园很小(如：边行的葡萄占到整个葡萄园的10%以上)。通常这些葡萄都不具有代表性，会造成取样的偏差。

3 在葡萄园中采样时，顺着每行走，在每10株葡萄中随机采样一次，可以取一个果穗、果穗中的一个小穗、或从果穗上不同的部位取一两个果粒，在行两边的葡萄树上左右依次取样。这包含在每两行葡萄之间，呈“之”字形走过，两行交替采样，确保遮荫的和照光的果穗都根据总数量的多少按比例被取样。用这种方法，每一行的采样都来自于葡萄树的不同方向和不同位置。

采样时，包含能准确代表葡萄园内当时果实成熟状态的样品很重要。使用以上的方法，所采集的样品的糖度与收获后所有果实的实际糖度的差别将低于1°Brix(0.6°Bé)。如果达不到这样的精度，就必须改变采样方法或增大采样量，直到达标为止。如果只是拿着手持折光仪在葡萄园里粗粗拉拉地走上一趟，随手在四处采几粒葡萄测测糖度，根本不可能有代表性地对葡萄园果实的成熟情况做出可靠的评估。要达到预定的目标，就必须得多走路，多采样。

需要强调的是，样品的数量是关键点，而不是单个样品本身的大小。对整穗的果实进行采样会使样品量又大又重。从一个果穗上采小穗或单粒更为方便，也更容易处理。例如：使用单粒采样的方法，假定对每公顷中1 500棵葡萄树的10%进行采样，从每株葡萄的不同部位采2粒果实，那么样本量就是每公顷300粒果实。这是最低的采样量。小穗采样比单果粒采样更好，也不会毫无必要地采下过于沉重的样品。

获得样品后，用简易榨汁机榨汁、品尝，测量含糖量、酸度和pH值，记下数值，并标在一张图上，表示出随着时间的变化葡萄园中果实成熟度的变化。重要的是在成熟之前按一定的时间间隔进行取样，这样可以画出流畅的图表，并预测出合适的葡萄采收时间。

葡萄上的灰霉(Botrytis on grapes)

葡萄上的灰霉或霉腐有些时候是人们所期望的，有时则不是，主要取决于气候。当它是人们所期望的侵染时，被称为贵腐(这个词从法语的pourriture noble或德语的Edelfaule翻译而来)。在世界上的多个产区，贵腐是一种值得一提的对葡萄的真菌侵染。正是它为世界上很多了不起的佐餐甜酒带来了极大的复杂性和香气，这些甜葡萄酒包括：法国的苏黛和巴萨克甜酒，德国的果穗精选贵腐葡萄酒(对受侵染的果穗进行挑选采收)、果粒精选贵腐葡萄酒(对受侵染的果粒进行挑选采收)和干化果粒精选贵腐葡萄酒(对受侵染并干化的果粒进行挑选采收)，以及匈牙利托卡伊葡萄酒等。

灰霉真菌是造成灰霉的微生物，它会在葡萄上形成一层蓝灰色的物质。灰霉有两种不同作用，一种是受欢迎的，另外一种则不是。

如果湿度最初很高(大于90%)，最多24 h后灰霉的孢子就会萌发，霉菌就会生长在完整的葡萄浆果的果皮上或者侵入果皮。感染后，如果一段时期内湿度很低(60%或更低)，温度在20～25℃，果实就会像葡萄干一样开始皱缩，并获得具有灰霉侵染特征的香气，同时又没有焦糖的味道。果实失去水分，浓缩了糖分以及葡萄果实和灰霉的风味，所以果汁更甜，用这种葡萄发酵出来的葡萄酒品质卓越超群。

但是，如果天气持续很潮湿，葡萄就会裂开，并随着灰霉或其他破坏性霉菌的侵染而腐烂，酵母和醋酸菌生长在散流出来的甜果汁里。这种状态被称为穗腐，只能生产出品质低劣的具有霉味和醋酸味的葡萄酒。

让我们首先考查这类感染中的第一种也是人们所期望的结果。除了浓缩葡萄汁,灰霉的侵染还为葡萄酒赋予了一种独特的风味,这种风味人们非常喜欢,使这类葡萄酒成为世界上最昂贵的产品之一。这种酒非常甜,不能发酵成干酒。这类葡萄酒典型的分析结果是:含有12%~14%的酒精,5%~15%的糖分(好的年份糖的含量较高)。灰霉还产生一种抗生素,叫葡萄霉素,它的存在似乎可以阻止甜酒中酵母的后续生长。用发生贵腐的葡萄酿造的甜葡萄酒不像一般的甜葡萄酒那样容易发生再次发酵。灰霉还分泌其他的一些代谢产物,如甘油,它影响着葡萄酒的组分和口感。事实上,贵腐酒中的甘油含量可以高达3%,而普通酒里通常低于1%。

当葡萄园发生灰霉时,并不是所有的葡萄都会受到相同的侵染,发生贵腐最严重的葡萄被选来酿制最甜的葡萄酒。德国的颗粒精选贵腐酒和干化颗粒精选贵腐酒尤其如此。在法国的苏黛,好年份葡萄发生贵腐的程度也高。在澳大利亚干热的葡萄园,出现适合贵腐发生的气候条件的几率较少。但是,可以用灰霉孢子在葡萄园中喷撒,如果湿度足够高的话,这些孢子就会侵染葡萄。这个方法并不总能成功,主要原因是小气候条件,而非受制于获得足够数量的用于喷撒的孢子。我曾在收获下来的健康状况良好的赛美蓉葡萄上喷洒灰霉孢子,储藏在一个可以控制温度和湿度的房间内,直到出现明显的侵染,然后再将葡萄酿成酒。这款葡萄酒具有典型的灰霉特性和甜度。美国加州也在商业规模上使用这个方法,将葡萄放在托盘上,喷真菌孢子,用塑料膜覆盖24 h保持高湿度。随后葡萄被储放在相对湿度75%以下,温度20~22℃的条件下,持续1~2周。得到的葡萄醪含糖量通常都会超过17 °Bé,葡萄酒具有贵腐的特性。

在这个程序中一定要小心谨慎,确保果实最初是完好的,因为促进灰霉侵染的条件,也会促进醋酸菌生长,产生挥发性酸。事实上,许多经典的苏黛甜酒都含有高挥发酸。在那些灰霉侵染会造成穗腐的地区,应该采取措施防止侵染的发生,而不是期待会出现贵腐。

与生产贵腐甜白葡萄酒相关的问题是:不具备满足灰霉侵染和生长的气候条件;出现其他导致葡萄腐烂的微生物;高挥发酸和葡萄酒中高含量的结合态二氧化硫;以及由于霉菌产生的大分子聚合物而导致葡萄酒过滤困难;等等。此外,生产这类葡萄酒的成本很高,葡萄果实的产量会低至正常情况的75%,果实的出汁率可能低至180 L/t。

然而,酿造贵腐酒的回报证明值得为它付出那么多的投入,今天,澳大利亚和新西兰生产的一些了不起的贵腐酒已经位居世界上最好的贵腐酒之列。

葡萄的温度(Grape temperature)

这部分内容主要与澳大利亚有关,很长时间以来我们就知道,在大部分炎热的葡萄酒产区,气候会为佐餐酒的酿造带来一些特殊的问题。一个很重要的方面是这种热量如何影响葡萄装卸和到达酿酒厂的温度,以及在随后的酿酒操作和储藏时的温度。事实如下:

在收获期，澳大利亚的大多数葡萄种植区存在相当大的温度变化，白天和夜晚之间的温差被称为昼夜温差(图 2.1)。最高温度一般出现在中午到下午 4 时之间，最低温度在午夜到凌晨 4 时之间。在 24 h 的周期里最热和最凉的时段，温度相差可以超过 20℃。

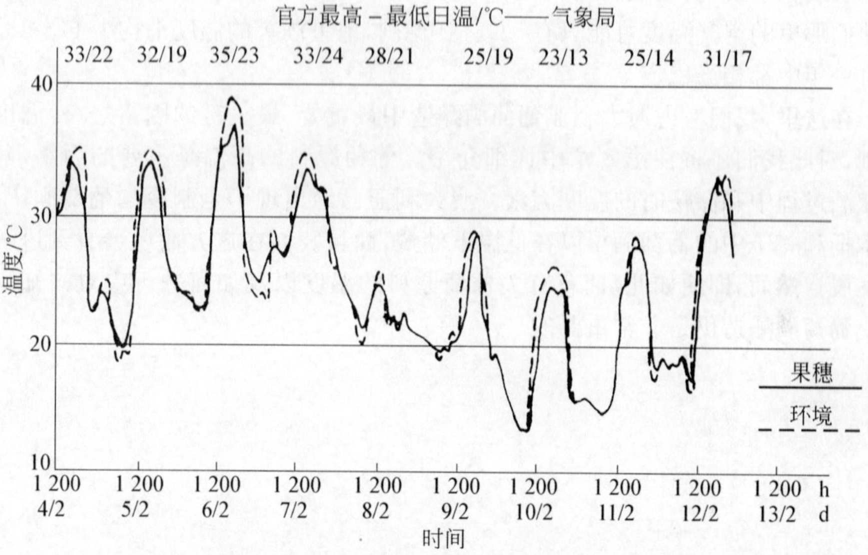

图 2.1 葡萄树上葡萄温度的日变化，阿德莱德，1976 年 1 月

(引自 F. D. 摩根博士)

葡萄树上没有直接曝晒在阳光下的果实基本遵循以上日温变化。它们的温度变化大约比气温滞后 0.5 h 左右，但温度极值和周围的空气一样。如果葡萄果穗直接曝晒在阳光下，它们将会比葡萄叶幕周围的空气和被遮挡的果穗更加灼热。

相应地，采收时，一穗葡萄的温度将接近于或者就是葡萄叶幕的环境温度。如果一个葡萄园采收很快，比如在机械采收条件下，不管葡萄的装卸是在荫凉处还是太阳底下，所装载的葡萄原料的温度就不会有太大的差别。这是因为葡萄具有高热容量，它们会将自身的温度保持相当长的时间。它们升温缓慢，但一旦热起来就会保持它们的热量。对一车葡萄来说，一般底部的果实温度要比表面高。

因此，无须惊讶，一车葡萄的温度与一天中的采收时间密切相关，天气越热，果穗收获时的温度就越高。因此，收获下来的葡萄的温度很大程度上取决于收获时的环境温度，在不同地区和一天中的不同时间，其变化范围为 5～40℃。

葡萄醪和果汁的温度与葡萄果实的温度密切相关。换句话说，如果不进行冷却，只是将葡萄进行破碎，并把葡萄醪泵送到出汁罐或其他容器中，对温度的影响很小，其潜台词非常重要。热的葡萄是酒厂中主要的热负荷来源，要给这些热葡萄降温是很花钱的。变通的方法是利用天然的夜间冷却，由于有方便的机械采收，这已经成为现实。已经采用夜间收获的酿酒师都已经认识到这是一种获得较为冷凉葡萄的有效方法。把葡萄醪和葡萄汁降低到预定温度所花费的制冷成本(资金和运行两方面)是相当大的，事实上，用于制冷的这一大笔开销是澳大利亚和冷凉葡萄酒生产国的主要区别之一。例如：在德国白葡萄可以压榨后与果皮保持接触放置过夜，甚至更长的时间，几乎没有不好的影响，甚至可能还有些益处，但他们那里的空气温度可能只有5℃。在德国，地下酒窖的温度平均为11～14℃，而且一年中都相当稳定。

在这里，我们考虑澳大利亚葡萄酒酿造中最重要、最关键的因素之一：温度的控制，对此我们还将在第8章中详细介绍。葡萄原料的高温是主要的因素，其次是酿酒过程中和储藏时的温度因素。澳大利亚已经出现了全制冷的葡萄酒厂，使橡木桶和瓶子中的葡萄酒得以在低温下储藏，而且我们在这方面还会看到进一步的发展。然而，即便如此，拥有有关葡萄原料的温度以及如何进行应对的知识对现代葡萄酒酿造仍是非常重要的。

3 葡萄酒厂的建立与布局

Winery establishment and layout

在考虑葡萄酒厂的建立和布局的具体内容之前，有必要考虑一些更为广泛的因素。建酒厂是很有吸引力又令人激动的事情，未来的酿酒工作也被完全考虑在其中。由于项目会涉及巨大的金额，正如我们所看到的，建立一个葡萄酒厂可能代表着一项重要的经济责任。

首先，我们应该简要地考查一下葡萄酒市场，充分认识葡萄酒营销的竞争极其激烈：市场上有超过 12 000 个葡萄酒品牌提供给消费者，远多于任何一个零售途径可以展示的数量。此外，进口葡萄酒也以相当具有竞争力的价格供消费者选择。因此，竞争非常激烈，而且这种状况可能持续和加剧，因为随着大公司的并购，它们获得了更大的实力，葡萄酒产业更加变得两极分化。政府将葡萄酒的销售税定在 20%(1984 年 8 月是 10%，1986 年 8 月又增 10%)、酒精饮料销售许可证的费用以及快速增长的葡萄原料的价格，都为酒厂已经很高的成本增加了额外的负担。

在所有的澳大利亚葡萄酒中，大约有 54%是以盒中袋形式包装，由较大的公司进行销售的。盒中袋葡萄酒的质量从性价比看一般都很好，这种类型的产品使葡萄酒的销售急剧增长，是促成目前人均年消费量达到 20.4 L 的主要力量。澳大利亚所有葡萄酒中只有大约 1/4 是装在 750 mL 的瓶中销售的，这通常是小型酒厂参与激烈竞争的领域。

对小型葡萄酒厂来说，关键点如下：

成功的市场工作是重中之重，当酒厂处于某些优点还没有被消费者了解的产区，或者处于一个已经建立了知名度的产区，但酒厂本身还不为人所知时，这一点就显得更为重要。在葡萄酒展会的评比结果可以协助酒厂对自己的产品质量进行了解，而获得的奖牌和奖励可以用于产品的营销推广。要记住，如果产品不能成功地进行销售，葡萄酒的品质就没有意义。经验显示，消费者并不会挨个跑到每个新开的小型葡萄酒厂的门口，去帮助它们获得快速的成功。

确保企业具有现实的**财政计划和管理**很重要。这包括正确地制定预算、控制库存、知道什么时候花钱什么时候不花、良好的账目管理、了解税收政策和其他方面的事务等。绝大多数技术操作都涉及财政因素，并应该进行财政方面的考虑。雇佣一个清楚知晓这些财政事务的专家顾问是明智的选择。人们可能愿意用最新的设备来建装备葡萄酒厂，但是在只使用一季的昂贵设备上投入过多的资金，可能会成为财政上的灾难。对可能的业主(以及他们的配偶，如果相关的话)来说，清楚地写下葡萄酒项目在酿造和财政两方面的基本目标是很重要的，然后请一个有水平、能做项目细化的会计审查一下。没有必要努力建设一个项目不能持续发展的小王国。

在建设葡萄种植和酿酒企业之前，这个项目必须从销售末端开始进行充分而实事求是的**研究论证**。需要决定葡萄酒产品的风格，这种风格的产品要么已经有现成的市场，要么可以开发出市场。然后确定这样葡萄酒是否可以在自己要建设的葡萄园和酿酒厂生产出来，而不会遇到成本和建厂方面的问题，并能获得相应的法律许可。也许租赁设备、从别人那里购买葡萄会更划算些。要从有水平的人那里寻求好的操作和财政建议，尽管小规模的葡萄酒酿造是一种生活方式，会计师会告诉你目前的建设成本、特优葡萄原料的价格、营销上存在的问题、需要交给政府的各项支出(执照费、销售税、额外利益税等)、雇佣一周工作 7 d 的工人的隐性支出，等等，结果可能不会得到预期的经济回报。

当**建立一个葡萄园**时，需要就一系列事项做出重要而且花费巨大的决策，例如：购买土地、选择葡萄品种及砧木、土壤和相应的土壤管理、葡萄的整枝与架式、水的需求，等等。葡萄园建立的费用包括装架和滴灌，但不包括土地本身的费用，目前每公顷需要大约＄50 000，而对一个可行的酿酒企业来说，至少需要 20 hm^2 左右的葡萄园。这项花费已经高达＄1 000 000，所以买葡萄也许是更好的方法，特别是在葡萄生产有剩余的各个时期。以实际事例进行说明可能更加形象具体。假设要达到年产 200 t 葡萄的目标，需要 20 hm^2 土地，土地的费用是每公顷＄5 000(总计＄100 000)，建园的费用为每公顷＄50 000(总计＄1 000 000)，则总共需要＄1 150 000。另外，假设融资需要支付 10%以上的利息(利息是＄115 000 可能更多)，于是每吨葡萄的价格要达到＄600，才能有利润空间。

小酒厂**葡萄酒的品质**与大酒厂的相比，在年度间的一致性和可预测性方面都要低一些。其中的主要原因是较低的技术能力，以及有时缺少适合的设备。小酒厂的酿酒师必须知道所有的相关技术，这对个人来说提出了非常高的要求。这种情况下，如果有得力顾问的协助将大有好处。这些酿酒师可能还需要担任葡萄园和葡萄酒厂的管理者，负责质量控制和营销。以上这些对小酒厂酿酒师的要求，使学习和掌握相关的知识变得至关重要。

小酒厂遇到的**产品缺陷**主要有以下几大类：

- 不稳定的质量，有时这种不稳定的质量甚至出现在相当高的葡萄酒价格下，例如：红葡萄酒过度浸提、平衡不好、缺乏品种特性、不成熟，等等。
- 氧化造成葡萄酒颜色差，缺乏香气和果实风味。
- 微生物缺陷导致葡萄酒产生挥发酸、由于破败性酵母和细菌的生长，使葡萄酒产生酵母和细菌污染。

因此，小酒厂所面临的财政、营销和技术挑战是相当大的。一些小酒厂已经取得了成功，尤其是在一些产品独特性已经得到公认的葡萄栽培区，但其中多数情况是得益于他们拥有良好的财政支撑。种植葡萄酿造葡萄酒作为一种生活方式有很多可取之处，这些也都非常诱人。历史上，几乎没有人辛辛苦苦建立起小酒厂，然后又自愿关闭的，但他们中很多人都表示：由于所涉及的巨大的工作量，以及对所投入的资金回报率很低，他们不想再做了。

实践方面(Practical aspects)

对葡萄酒厂进行合适的构思和计划，以满足目标需要是很重要的。在酒厂设计方面，一条基本原则就是控制仪器和设备的大小，来满足最大预期收获量的需要，使葡萄在达到适合采收期时，能够完全采收，而不会由于设备容量不够，导致无法按时处理收获的葡萄。在葡萄酒厂选址和建设方面有以下几点应该考虑：

- 有充足的电力供应，最好是 415 V 的电压。在偏远地区这会比较贵。使用 415 V 电压的单位成本要高于 240 V，但运转的费用较低。
- 确保水质和成分达标的用水供应。有时候酒厂不能得到充足的供水，因此，基于最低用水量设计和运行葡萄酒厂是明智的，在废水的排放存在问题的情况下尤其如此。含有较高的悬浮性固形物的主水源不适于某些用处，例如清洗过滤器、回洗离子交换柱，为这些用途需要其他高质量的水源。一个小酒厂每年的用水量大约是 250 000 L，如果不能使用主水源进行一般的清洗工作的话，就需要做其他的准备。在葡萄酒厂内一个大致的计算用水量得公式是：每酿造 1 L 葡萄酒要用 10 L 的水。
- 确保通往葡萄酒厂的道路方便便捷，避免可能会阻碍卡车通行的陡峭的坡度和急剧的转弯。接近铁路运输条件也许更有优势。如果葡萄酒厂的位置远离主干道，那就要确保有良好的路标指向(这些必须符合有关规定，还应注明营业时间)。
- 酒厂主建筑周围要为车辆留下充足的移动空间，设立员工和来宾的停车场。如果还能考虑举办户外烧烤和需要的相关设施将会更好。
- 确保建设、运行、修缮所需要的劳力和原材料。
- 选择一个高度合适、排水良好的位置，地基能够承受葡萄酒厂和内部设施的重量。最好是南北方向，可以避免建筑被赋予过多的热量，由于这个原因应该避免朝西面的窗户和顶部采光设计。酒厂的选址应该没有洪水、火灾、滑坡和渗流等危险。水平的地面最好，但不是必须的，因为可以利用斜坡来放置破碎机和倾卸箱柜。葡萄酒厂也可以建在两个或更多的水平面上，但这会妨碍管道、泵和过滤机等的移动，通常操作性会差一点儿。梯级式的坡地价格昂贵。在条件允许时，用混凝土加固地面形成很浅的通常为百分之一的斜度，有利于排水，但不用有栅栏的排水沟。好的排水系统很有必要，有时人们会忽视这一点。

- 包括电话、电传、传真服务和计算机的有效联通。
- 由于澳大利亚较热的葡萄栽培区热负荷过多，要采用充足的隔热。方法包括使用专门的隔热层、泡沫喷雾、蒸发制冷和冷冻制冷等。如果能对葡萄酒厂的建筑进行整体降温更好，这样，所有的操作都可以在低于约20℃的条件下完成。
- 要符合地方和州政府有关产业布局、噪声、污水排放等相关问题的规定。
- 有时有旧建筑可供选择，价格上具有很大的吸引力。但是，修缮可能要花去大笔的费用，而且由于不能令人满意的设计、缺乏空间和排水设施，或者地面高度不一致等因素，作为葡萄酒厂并不合适。

经济方面的考虑（Financial considerations）

建立一个有合适的厂房和设备的小型葡萄酒厂是很昂贵的。一般来说，建设能加工 150 t 葡萄，并把葡萄酒储存到装瓶阶段的厂房和并安置设备，目前需要超过 $ 1 000 000 的资金，包括办公室、实验室、酒厂的销售部门和相关的瓶贮空间。这还不包括土地、葡萄原料、必需品的费用，装瓶以及不可避免的市场营销花费。从最初的投资支撑到开始获得收入的阶段，当前所需的花费已经达到 $ 1 000 000 数量级的水平。一个生产能力为 150 t 的葡萄酒厂，根据要酿造的产品类型，并假定在别处进行装瓶，也最少需要大约 600 m^2 的厂房。一个减少最初成本的方法是通过合同在其他葡萄酒厂对葡萄进行破碎出汁，节省下倾倒罐、破碎机、压榨机和泵送葡萄醪的相应费用。

由于澳大利亚近几年出现向佐餐酒的重大改变，所以酿制白葡萄酒和红葡萄酒的比例很重要。尽管白葡萄酒在数量上仍然更为重要，但红葡萄酒已变得越来越流行。现在，葡萄酒产业主要生产佐餐酒，而不是像前些年那样以加强型餐后酒和开胃酒为主。消费者目前对佐餐酒的需求，通常白葡萄酒占 3/4，红葡萄酒占 1/4。一般红佐餐酒在大约 18 个月后进行罐装，每酿造 1 L 需要储藏 2 L，因为它的储藏时间超过 1 年。

只酿造白葡萄酒的小酒厂总是不断收到对红葡萄酒的购买需求，表明目前合适的葡萄破碎比例大约是 75%的白葡萄品种对 25%的红葡萄品种，在酒厂运行的第一年就要酿造少量的红葡萄酒，并于 2 年以后售出。白葡萄酒和红葡萄酒的比例取决于多种因素，包括葡萄酒厂所处的产区。不同人对最合适的比例也许意见不同，但目前酿造红葡萄酒多于白葡萄酒是不明智的，除非是在红葡萄酒得到公认的产区，或预先为葡萄酒安排好了市场。

在计划葡萄酒厂的运转时，应考虑以下内容：

- 要使用什么品种的葡萄，使用多少？这些葡萄原料什么时候从哪里来？

- 要酿造什么类型和风格的葡萄酒？
- 要使用什么样的酿造工艺？
- 葡萄酒将在酒厂装瓶还是依据合同外包装瓶？
- 设想的销售计划是什么？这也与准备酒厂内直销商店的设施密切相关。如何把这一切与市场上的质量和价格架构进行衔接？

所有这些因素都影响着葡萄酒厂的规划和装备。概括地说，对一个既生产白葡萄酒也生产红葡萄酒的酒厂来说，总的储藏容量，必须达到每年葡萄破碎量的1.5或2倍，但是具体的容量在不同的酒厂之间存在差异。在150 t破碎量的情况下，1 t原料葡萄需要大约700 L的粗产品储存容量（而最终产品大约需要600 L的容量），总的储藏容量需要达到200 000 L，或大约相当于每年葡萄破碎量的2倍。这些数据意在表明，重要的是需要了解储藏规模的数量级，而不是精确的数据，因为葡萄酒厂之间差异很大。

储藏的方式也不同。大部分酒储藏在不同大小的不锈钢罐中，一般是10 000 L以下。这些罐可以同时用于发酵和储藏，对白葡萄酒没有任何问题，但对红葡萄酒，这些罐需要能够处理果皮。这意味着，这些罐需要通过某种方法使果皮在发酵后可以被去除。浸提颜色一般通过用泵循环果汁对果皮帽进行淋洗来实现，使用或不用某些类型的果皮压板。当使用不锈钢罐作为发酵容器时，顶部需要为发酵过程中所产生的泡沫，以及对果皮的各项操作留下大约30%的空间。

橡木桶储藏在酿酒中是重要而昂贵的。标准化地使用某一个特定尺码的橡木桶是明智的，如300 L的大桶、500 L的短柱形桶或大约220 L容量的木桶。采用橡木桶与其他储藏容器的比例，取决于要酿造什么样的酒，以及橡木桶是否既用来发酵，也用来储藏葡萄酒。一般的比例是有20%～50%的酒进行橡木桶储藏，但具体数值变化很大。

进行模块式操作是明智的，在一个150 t葡萄破碎量的酒厂，一个模块是4～7 t，或2 800～4 900 L。这部分基于压榨操作的工作量，因为这该步骤可能是生产工艺的瓶颈。每天至少压榨3次，每次持续2～3 h，这对压榨和出汁工序在一起完成的情况来说是很普遍的。不锈钢罐的大小也与模块有关。相对于为短暂的葡萄收获期，购置更多的昂贵的设备，延长一天的工作时间将更为经济。

接头、模块与软管(Fittings, unions and hoses)

在葡萄酒厂的建立和操作中，很重要的环节是葡萄汁和葡萄酒在酒厂内的运输方式，澳大利亚在涉及管道、软管和接头的种类方面存在问题。在葡萄酒产业的发展过程中，没有建立对管道接头的标准，结果就是各种不同的类型都在使用，情形混乱。多年以来，以葡萄酒螺口或称怀特希尔接头的类型占多数，特别是在南澳地区，这是1892年由约瑟夫·怀特希尔由英国怀特沃斯(British Whitworth)

螺口改变而来的。怀特希尔螺口与其他螺口不能进行互换匹配，不能够在原地进行清洗，因此不建议作为永久性安装设施。随着时间的流逝，尽管每年仍有几千件这样的接头被提供给葡萄酒产业，它正逐渐被英国标准牛奶设备公司的(BSM)接头所替代。

BSM接头由APV在英国发展而来。也被人们称作RJT、APV或简称"牛奶口"。这类设备和管线在英国1864—1952标准和澳大利亚1976年颁布的1528标准的第二部分中被确认，称为凹形环状接头类型。在澳大利亚的葡萄酒厂，BSM螺口正在成为产业标准，因为它的使用很广泛，也是牛奶、啤酒、果汁和制药产业的标准。但是，不推荐用于永久性的CIP安装，除非安装了选装的CIP密封圈。BSM的一种改良的接头CIP kleerkut，最近被引进，用于改善BSM接头的卫生。它适合作为永久性的安装，能够进行原位清洗。对标准BSM螺口的改进叫做PHU(Pedco Hygienic Union)，它对插入部分、衬垫和垫圈进行了改进，形成了一个平滑的没有裂缝内孔。新西兰的Kleanflow接头与BSM相似，使用相同的螺纹制式。

某些其他接头，像Triclover三钳系统由美国Ladish公司生产，在市场上可以找到，但并不是所有的配件都由澳大利亚生产，价格很贵，与同类型的葡萄酒螺口和BSM相比，花费要多2倍。但是，Triclover是一种没有螺纹的接头，由两个锥形的接头压住预制垫圈组成，用夹环夹在一起固定，因此在卫生上具有优越性。在美国和日本广泛使用，很适合作永久装备，可以进行原位清洗。Kamlock接头也用在葡萄醪软管的连接上，无需使用工具就可以获得快速方便的连接。它们不适合作永久连接，需要进行人工清洗。在目前的发展阶段，以BSM设备为标准建设新酒厂可能是一个明智的选择。

国外使用各种其他接头，但出口到澳大利亚的设备就改换成澳大利亚的接头，如BSM。大部分来自欧洲的葡萄酒厂设备，与DIN 11851(Deutsches Institut Fur Normung)接头标准相一致，符合卫生标准，而且适合于用久安装和CIP。它们需要特殊的工具进行安装和拆卸。BSP接头(英国标准管道)一般用于勤务管路(如上下水，译者注)的连接，因为这一般是永久性的。因为连接处没有垫圈，这种接头不够卫生。BSP螺纹口常规用于输送水、空气和各种气体。瑞士的接头和某些其他设备，如离心机，使用的是IDF/ISO(国际奶制品联盟/国际标准化组织)或ISS(国际卫生标准)标准，与DIN相似。3A锥面接头是美国食品工业最普通的装备，使用ACME方形截面的螺纹。

以前，制造这些接头使用的金属是黄铜或青铜。例如：在法国仍然有一些含铜的接头，但在澳大利亚已由不锈钢来代替，从而避免了因使用铜而造成的葡萄酒混浊问题。事实上，黄铜或青铜与葡萄酒有一点接触并不是一点好处都没有的，因为它可能减少或去除硫化氢，硫化氢的问题随着不锈钢的引入已经变得越来越常见。这类含铜的接头随着使用，内面由于铜和硫化氢之间的化学反应，产生硫化铜沉淀而变黑。这些沉淀是不溶的，可以帮助从酒里去除硫化氢。

过去，软管通常用强化的食品级橡胶制作，具有厚强化壁的软管用于抽吸，壁薄一些的用于排放。总体上，这些软管令人满意并被广泛使用，但它们既重（尤其是抽吸用管）又贵。随着市场上开始出现经适当强化的塑料软管，在使用率较低的一些小酒厂里，它们逐渐开始替代橡胶管。随着制造技术的改进，使这两种类型软管的价格更具竞争性，结果人们继续在大量输送液体的情况下采用橡胶软管，而塑料管则在工作较为轻松的条件下使用。特别是用于排放时，重量轻的加厚塑料软管有一些问题，比如：针孔效应、对紫外光的不稳定性（除红色软管对 UV 稳定）、更易受到机械损伤，当很冷的葡萄酒通过时（如冷稳定后），软管可能出现裂缝或裂开，以及与橡胶相比较低的建议工作压力。但它们有重量上的优势，虽然预期寿命较短。对定期的长久的自动排放输送，安装固定的能自排干的不锈钢管道是最好的选择。

尽管使用公制，接头和软管的尺寸有时仍会以英制标出，对小酒厂来说，2 吋(50.8 mm)的内径是常见的。尺寸是由单位时间需要处理的产品的体积所决定的，不同的尺寸也许用于不同的目的。由于需要泵送果皮、果汁、果梗和种子这些不均质的混合物，葡萄醪管线是一个特殊的例子。在这个例子中，管道的直径越宽，泵送的操作由于内部摩擦较少就越容易，堵塞的几率也越低。3 吋是葡萄醪管线所适宜的最小直径，而 1 吋或 1.5 吋的管线，同 2 吋的一样，可以用于葡萄酒的输送。

阀门有各种不同的式样。葡萄酒产业最初采用针阀，但由于针阀更换起来花费昂贵，它们被蝶形阀所替代。蝶阀的手柄位置能瞬间指示开、半开和关闭的状态，能迅速操作。蝶阀适合没有固体悬浮物的液体，但不能很好地应对葡萄梗、果皮和种子。球阀不适合，因为液体会停留在球内的环面，存在卫生问题。大的葡萄酒厂趋于使用气动或其他遥控装置，而不是使用人工操作，分流阀或多向阀在使用上比蝶阀具有更多的灵活性。所有接头一般都用 316 型不锈钢制造。

饮料产业的大供应商，如阿尔法拉瓦公司和 APV-Bell Bryant 把提供 BSM 接头作为标准，并为满足葡萄酒产业的需要，把葡萄酒螺口和 BSM 螺口转接到其他特定接头上，提供转接装置，此外，各种阀门和软管可以从设备供应厂商（如：W. E. Ware & Co.，地址：Samuel Street, Hackham, South Australia 5136，联系人：Mr. Iain Johnston；John Barnett Enterprises，地址：20 Barwell Avenue, Kurralta Park, South Australia 5037）那里获得。

可变容量罐(Variable-capacity wine tanks)

葡萄酒产业长期使用不锈钢罐储藏葡萄酒。一般用 316 型不锈钢制造，少量用 304 型，对产业一直很实惠。但是，它们的容积是固定的，未满或上部空余是个问题，要让储藏佐餐酒的容积固定的容器保持全满状态，防止与空气相接触而被氧化是很困难的。一个办法是用惰性气体代替氧气充入未满空间，或用食用油和塑料薄膜覆盖在葡萄酒的表面。容积可变的酒罐避免了未满空余问题，提供了一项有趣的选择。这些罐已经在市场上出售，所以应该在葡萄酒厂设备这部分里被提到。

容积可变的罐在石油和天然气储藏中已经使用了很多年，但其活动盖的密封方法不同，不适用于易氧化的饮料，如葡萄酒。成功的关键是罐盖和罐壁之间的密封。供葡萄酒使用的可变容积的不锈钢罐是1982年由位于美国华盛顿斯波肯的斯波肯金属制造公司研发出来的。其他公司为这种容器做广告，如位于俄勒冈州波特兰的J. B. 西北工程。格里菲思的A&G工程公司从斯波肯公司获得了密封技术，建造了那些放置于澳大利亚的葡萄酒罐，建议有3种直径可用：122 cm，168 cm和229 cm。

在南澳的艾登山谷，戴维和亚当·维恩建立的蒙特达姆葡萄酒厂第一个安装了可变容积罐。它们直径1.7 m、高3.6 m，能盛8 700 L或接近10 t的葡萄酒。那些罐带支腿，有一个又大又低的门和一个倒酒阀。罐的底板有8°的倾斜，当它被用作红酒发酵罐时，可以较方便地除去果皮。顶端是敞开的，盖子可以像活塞在气缸中一样，在罐内上下移动。盖子也可以被提出不锈钢罐，并转到一旁，这样就不碍事了，如果需要，这时它可以被用作敞开式发酵罐。一条绳索和棘轮手柄使盖子可以上升、下降和旋转。罐体由厚1.6 mm的不锈钢制成，设计是多功能的，既可以进行红葡萄醪的发酵，又可以对发酵好的葡萄酒进行储藏。

罐盖和罐壁之间的密封设计十分精巧，是操作成功的关键。接近盖子的边缘是一个黑色食品级可充气的橡胶轮，像一个大的自行车轮胎。当放气时，盖子可以在罐内自由上下移动，但当充入每平方英尺25磅(psig，1 psig =6.89 kPa，译者注)的压力，橡胶轮就与罐壁紧密密封，安全地固定盖子，即使罐内是空的，一个人也能在盖上走动。由气罐提供压缩氮气作为充气物，系统所具有的调压装置限制压力至25 psig。

这种罐的优势是显而易见的，可变的容积、多用途、操作容易而且卫生。这种罐对葡萄酒产业来说是新东西，代表了创新的观念，应该会在葡萄酒厂得到大量的应用。

可编程控制器(Programmable controllers)

乍一看到在一本酿酒的书中讨论可编程控制器，也许感觉有些奇怪，但由于其在葡萄酒厂和装瓶操作中经济、实用的优势，它已经成为现代葡萄酒厂的必须，被当作产业过程自动化中不可或缺的部分。

可编程控制器可以被描述为数字控制的电子装置，利用可编程的记忆进行信息储存和指示，实施广泛的控制功能。它们于1970年被首次引进，并随着微处理器和集成电路的出现而不断完善。可编程控制器(PCs)有时被称为可编程逻辑控制器(PLCs)，这是其中一个制造商的注册商品名，所以通常都用前一个称谓。随着它们的引入，可编程控制器很快被应用到工业控制中，用于代替如固定线路继电器控制板、机械计时器、计数器、步进控制器，等等。对以前的系统来说，如果控制需求改变，对控制板线路进行改造并不合算，一般来说需要重新设计和购买新的控制板。

控制改变的需求很大程度上刺激了可编程控制器的发展，当程序需要改变时，可编程控制器可以不断写入和更改程序，而不需要像老系统那样必须进行花费高昂的更换。其重要特点是，如果需要改变，可编程控制器从本质上可以进行重新编程。它们不仅较为便宜，而且是自动化的关键部分，自动化在葡萄酒产业的未来中正扮演着越来越重要的角色。随着它们的发展，可编程控制器立刻被自动化工业所接受，从那时起它们被广泛应用于葡萄酒产业中。每年的销售大约增加 30%，显示了其重要性。

因此，可编程控制器取代了其他控制装置，如继电器、电子计时器、计数器和机械控制器，这些东西容易受机械磨损、焊接故障、螺线圈烧坏和短路等的影响。如果不进行大的改装，就不能为它们重新设定程序。

在讨论可编程控制器时，如果能避免相关的技术专用术语是最好的。可编程控制器的重要特色之一就是可由普通员工进行编程、重新编程和维护。比起那些它们所替代掉的设备有很多优势。它们在具有电子噪声、高温、机械冲击等环境中，能够更有效地操作。尽管它们本来就是为工业环境而设计的，但也许需要调制过的电力供应。它们的优势在于高可靠性、低维护、占用空间小，可以被编程以满足控制需求的改变，通常比相应的固定线路系统更便宜，更灵活，并可重复使用。

可编程控制器有某些微型计算机的元件，包括相关术语。简单的可编程控制器有以下基本功能：

- 可移动的电子程序器可以为很多单元提供控制服务。许多小的可编程控制器都具有内置式程序器。
- 一个中央处理器加上与之相关的微处理器、记忆储存和电源，一般使用 240 V 交流电。所有用于逻辑控制的继电器、计时器、计数器和线路，都包含在可编程控制器内。也可以有附加的功能，如数据记录和记忆，可以用来准备操作报告和进程输出。
- 各种输入和输出模块，接受信号或发送信号到传感器、转换器、螺线圈、起动器、指示灯，等等。这些输入和输出模块连接可编程控制器使用的低电压和电源上的实际电压。内部操作一般使用几个伏特的电压，而输出则较为灵活，一般是 240 V 交流或直流。

可编程控制器的本质是中央处理器，可接受一系列的输入数据，基于一个储存程序（可随意改变）实现逻辑决定，然后驱动各种输出操作。举个例子，在葡萄发酵季节完成控制多个发酵罐温度的要求。这些罐安装了温度传感器，并与带阀门的冷却管线相连接；这些传感器和阀门作动器分别连接到控制器的输入和输出端。微型处理器控制一个简单的线性作动器对一排的阀门进行开关。人们对控制器编程来接受每一个罐的温度输入，通过实行适当的数学计算来控制阀门的操作，对罐进行降温，确保它们的温度处于程序设定的范围。

因此，就实现了利用这样一个简单的装置对发酵罐成组或逐个进行温度编程，并可以随意改变这些需求。也可编入其他操作，按照一个设定的时间顺序开动搅拌器，等等。可编程控制器的成本，包括安装它们所花费的时间，通常比它们所替代的设备要少。

就像我们所看到的，可编程控制器为葡萄酒厂的很多处理工作提供了重要优势。从相当简单的控制，如对泵进行开关以及上面所举出的例子，到复杂的控制，如装瓶和盒中袋包装生产线的自动化。在葡萄酒产业中可编程控制器的使用有很多例子，包括：

- 自动离子交换操作
- 废水处理
- 制冷车间
- 葡萄压榨设备
- 脱硫车间
- 罐液面/压力传感与控制
- 液体流控制
- 废弃物与电力管理
- 自动混合等

另一个重点是可编程控制器能够帮助人们获得重要的管理信息。一个典型的例子是许多可编程控制器可以连接在一起(联网)形成一个更复杂的信息程序装置，如微型计算机。所以，除了能够更可靠地控制设备和工艺进程外，它还能记录产量、损耗，等等。

4 葡萄酒酿造工艺

Winemaking procedures

在本章当中，我们将介绍在澳大利亚和新西兰所采用的用于酿造各种类型葡萄酒的完整的工艺过程。由于常常在一个葡萄酒厂会生产不同类型的产品，对澳大利亚酿酒师的技术要求要超过欧洲国家的同行。因此，本章按时间顺序对这些工艺过程进行讨论，在随后的章节将详细介绍用于理解各步骤相关原理和操作的具体知识。

干白餐酒(Dry white table wine)

近年来，澳大利亚和新西兰葡萄酒产业中最重要的进步之一就是白葡萄餐酒品质的巨大进步，这个进步不仅使这两个国家的葡萄酒产业成为重要的白葡萄餐酒的生产者，而且这些葡萄酒的质量达到了历史最高水平。获得这些成就的原因如下所列，它们也加深了人们对白葡萄酒酿造过程中关键因素的理解。

我们已经达到了能够对白葡萄酒的酿造进行预测的高度，这一点要强于对干红葡萄酒的预测，干红葡萄酒的酿制仍带有经验主义的成分。白葡萄酒品质的巨大提高归因于以下因素：

- 更好的葡萄品种，如莱茵雷司令、霞多丽、长相思、琼瑶浆、赛美容和白诗南。

  对果实成熟度和健康程度进行很好的控制。
- 在酿酒操作中使用降温措施，以保持香气和风味。
- 通过在低温和惰性气体保护下完成所有操作，防止氧化。
- 最低限度处理葡萄醪和葡萄酒。
- 仔细控制 pH 值、游离二氧化硫和抗坏血酸。
- 更有效的整体品质控制。

下面将详细讨论这些因素。

酿造干白葡萄酒时，像所有的葡萄酒酿造过程一样，葡萄的成分和健康是最重要的，因为这决定了用它们所酿出的葡萄酒的品质。葡萄收获时的成熟度取决于要酿制的葡萄酒的类型，但一般的成熟度是 10～12.5 °Bé(18～22.5 °Brix)。一些品种的葡萄酒，如霞多丽，果实更成熟一些会有好的效果。

从葡萄收获起，现代的方法就是采用还原酿造技术，而不是用来酿造餐后酒的氧化酿造技术。还原酿造技术本质上是防止葡萄醪和葡萄酒与空气相接触，再加上有效的温度控制，从而避免氧化。

葡萄在收获时应该是冷凉的，最适宜的范围为 8～16℃。在温暖地区要达到这个温度的最好的方法是在环境和葡萄温度最低的夜间进行机械采收。如果不是，就需要对发酵醪进行降温。收获时添加 50～75 mg/L 的二氧化硫是明智的操作，可以用偏亚硫酸钠或偏亚硫酸钾盐，再加 50～100 mg/L 的抗坏血酸，可以用抗坏血酸本身或抗坏血酸钠（含 81%的抗坏血酸）。

葡萄最好在滚筒式破碎机中破碎，在破碎前先除梗。有时对葡萄不进行破碎而直接压榨，以获得品质最好的低酚自流汁，法国的香槟酒生产就是这样的。这种方法可以获得更多的高质量果汁。如果需要，可以在这个时期添加酒石酸，以确保果汁的 pH 值范围在 3.0～3.4。还可以加入果胶酶，以提高出汁率。这些混合酶的活性非常依赖于温度（10℃时它们的活性为 15%～25%，20℃时为 25%～35%，30℃时为 40%～60%），它们的最适宜温度为 45～50℃，到 60℃时它们会快速失去活性，80℃时完全失效。因此，酿酒师希望在低温下对葡萄进行处理的需求，与果胶酶有效活性的要求之间存在矛盾。所以，酶应该在葡萄破碎后尽快加入，以使它们具有最长的作用时间。

一些品种能够从果汁和葡萄果皮的接触中获益，接触时间的长短取决于温度。在没有指定温度的条件下，具体说果皮与果汁接触的时间是无的放矢。根据不同的葡萄品种，在 5～10℃的条件下，果皮的接触时间可以长达约 18 h。温度越高，提取出的收敛性酚类物质和单宁就越多，对来自冷凉地区的高质量的葡萄来说，果皮接触具有很大意义。

然后进行出汁，最好在有二氧化碳保护的条件下，温度不超过 15℃，然后对果皮进行压榨，在压榨过程再加入 20～50 mg/L 的二氧化硫。压榨汁可以加入也可以不加入自流汁中，这是因为以自流汁酿造的葡萄酒的质量一般要高于压榨汁。

随后可以对果汁进行一定程度的澄清，程度取决于酿酒师的喜好。澄清处理可以从完全不进行澄清，就像在法国勃艮第地区酿制白葡萄酒那样；到冷却静置过夜澄清，用这种方法悬浮固体物被减少到 1.0%～2.0%；再到在果汁澄清过程中添加果胶酶，对上清液进行离心和/或皂土过滤，使固体悬浮物低于 0.5%，有时达到低于 0.1%的水平。实施这些操作时温度要低于 15℃，总体上温度越低越好。

然后用精选的纯系酵母对果汁进行接种，在有氧条件下生长，确保高酵母细胞数量（最好超过 200 百万细胞/mL）和固醇含量。同时可以加入 100～200 mg/L 的磷酸氢二铵，作为额外的无机氮源，防止发酵过程中硫化氢的形成，同时有利于糖的完全发酵。一些酿酒师在这个阶段加入 B 族维生素混合物，作为酵母的营养，来协助高澄清果汁的发酵。

发酵一般在 10～16℃进行，偶尔一些酿酒师喜欢更低的温度。特定酵母菌株的发酵速度取决于温度，温度也是控制发酵速度的常用方法。发酵过程中糖含量的降低大致为线性，适宜的情况下是每天降低 0.4～0.8 °Bé(0.7～1.4 °Brix)。

发酵过程中依据果汁中蛋白质的含量，可以按比率加入膨润土，能够避免膨润土澄清成为随后的一项单独操作。一些葡萄品种的果汁，如霞多丽和长相思，根据所需的葡萄酒的风格，可以在橡木桶中发酵，并随后在橡木桶中陈酿。

发酵后，可以对葡萄酒进行静置澄清，然后在二氧化碳保护下进行倒酒，去除粗酒脚。对一些品种（如霞多丽）来说，这项操作可以延后几周甚至几个月，可能出现苹果酸-乳酸发酵。在倒酒时，要加入二氧化硫，加入量取决于葡萄酒的 pH 值，通常应在 3.1～3.4，使酒中游离二氧化硫的浓度达到 20～35 mg/L。葡萄酒的 pH 值越高，需要的游离二氧化硫就越多。发酵结束时，加入 100 mg/L 的抗坏血酸（或相当量的抗坏血酸钠）是个好方法，随后在每次处理或转移葡萄酒之前，都再次加入 25～50 mg/L 的抗坏血酸。在加入抗坏血酸时，有游离的二氧化硫存在是很重要的。在考虑各种添加剂时，必须了解某些海外国家对出口到那里的葡萄酒的限制，应该参考由澳大利亚葡萄酒和白兰地协会准备的葡萄酒出口要求。

冷凉的温度和防止年轻的葡萄酒暴露于空气中都是白葡萄酒酿造中最重要的原则，此外还要尽可能少地对葡萄酒进行处理。当将不同批次的葡萄酒进行勾兑，形成均一的大体系时，需要对其进行冷稳定处理，将葡萄酒冷却至－4～2℃，如果需要快速的稳定，可以加入酒石酸钾盐晶种。

随后对经过冷却和稳定的葡萄酒进行转罐，在惰性气体保护下倒酒，分离结晶的酒石酸盐沉淀。所有涉及冷凉葡萄酒的操作，很关键的一点是葡萄酒都不应暴露于空气中，特别是在泵送过程中，因为氧气的溶解性在冷的葡萄酒中要明显高于热葡萄酒。在这个阶段要测量葡萄酒的 pH 值（适宜范围是 3.0～3.4）、游离二氧化硫（依据不同 pH 值达到 15～30 mg/L）、抗坏血酸（50～100 mg/L）、还原糖（为了满足葡萄酒的风格），然后就可以准备装瓶了。

涉及白佐餐葡萄酒酿造工艺过程的流程，如图 4.1 所示。

甜白餐酒（Sweet white table wines）

最近几年，甜白佐餐酒明显地越来越流行，主要是由于酿酒工艺特别是过滤技术的进步，使这些酒的质量有很大提高。甜白餐酒变得更具吸引力，尤其是对女性。过去这类葡萄酒都是通过加入大剂量的二氧化硫来进行保存，致使其口感大打折扣，而且有时候还会发生酵母的再发酵。随着无菌过滤技术的进步，这类酒的生产只需使用较以前大为减少的二氧化硫，并因此保留更高的质量。甜白佐餐酒可以由两种方法酿制。

1 使用含糖量很高的葡萄汁，含糖量高到不能发酵成干酒，酒仍保持甜味。例如：法国的苏黛、巴萨克和德国的果穗精选贵腐葡萄酒、果粒精选贵腐葡萄酒和干化果粒精选贵腐葡萄酒。葡萄醪中的甜度是由于葡萄果实上生长灰霉，导致果实的失水，因此提高了果实的含糖量，并产生了其他的为人们所喜欢的风味成分。甜度与灰霉的侵染程度相关，在澳大利亚和新西兰灰霉的侵染正变得越来越普

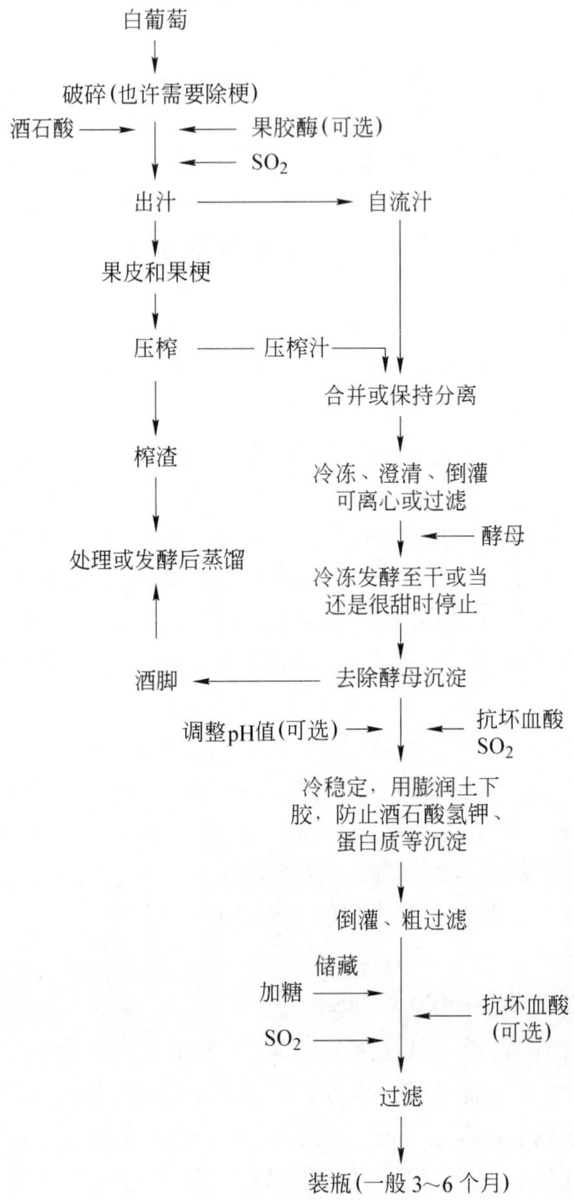

图 4.1　白佐餐葡萄酒的酿造工艺流程图

遍，产生了很多风格与上述名酒相一致品质优异的葡萄酒。这在第 2 章中已经讨论过。

另外，没有灰霉的帮助，利用较热葡萄产区炎热的气候，不论是否通过枝蔓修剪来增加蒸发，只需让葡萄在架上过熟，也能获得甜葡萄醪。这类葡萄酒发酵后所保持的甜度，取决于葡萄的甜度。它们一般需要加入酸，以保持糖酸比的协调平衡。在新西兰，可以添加糖，读者可以在第 5 章中参阅有关加糖的内容。在澳大利亚，加糖是不允许的，除非产品是起泡酒或调味酒。

2 让葡萄汁正常发酵成干酒，然后进行稳定，并在装瓶前用天然葡萄汁或浓缩葡萄汁进行甜化处理。另一种选择是在对葡萄酒进行稳定处理之前进行增甜处理，随后尽快进行装瓶。按这种方法生产的葡萄酒容易出现由补糖引起的再发酵，但现代工艺和无菌过滤可以防止再发酵的发生。使用这种方法与发酵很甜的葡萄醪相比，葡萄酒的甜度能够得到更精确地控制，虽然一般后者的葡萄酒质量会更好一些。因为容易发生发酵，作为增甜原料的葡萄汁最好进行冷藏保存。浓缩葡萄汁通常大约测得 68～72 °Brix，能在室温下短期存放。

重要的一点是怎样定义甜酒中的甜度。这与市场营销和产品生产都有关系。甜型佐餐酒的甜度范围很广，从接近干酒（大约 1%的还原糖），到非常甜，如含有高达 20%的糖。

在澳大利亚葡萄酒展上，为酒商所设定的干酒的定义是 7.5 g/L 或 0.75%的还原糖。这个定义由南澳皇家农业和园艺学会葡萄酒委员会所规定的。至少包含两种葡萄中的天然糖，即葡萄糖（右旋糖）和果糖（左旋糖），正如我们所知道的，它们的甜度不同，果糖要明显地甜。酵母发酵过程中，葡萄糖发酵通常比果糖快，因为大部分葡萄酒酵母都是更喜欢利用葡萄糖而不是果糖，这种特征与这两种糖在酵母细胞壁上不同的透过性有关。这意味着，随着糖的发酵，果糖对葡萄糖的比例会增大，酒的实际品尝甜度比简单的糖测定结果（把 2 种糖当 1 种进行测定）要甜。这就是为什么甜白酒，如苏黛类型的葡萄酒品尝起来会那么甜。还有，就是当酒接近干酒时，如达到 7.5 g/L 的还原糖的水平，这些残糖多数是更甜的果糖。

例如：如果白佐餐酒的波美度测量读数为 0，酒中就包含大约 30 g/L 或 3%的糖。但是，这个数据不是精确的，因为它取决于葡萄酒中的酒精，以及除糖之外的其他可溶性固形物的含量。波美度和残糖含量之间并不是线性关系，在较高的波美度数据条件下，每波美度大约折合 18 g/L 的糖。如果考虑葡萄酒中的酒精含量，波美度和残糖含量之间的关系会更加精确，但仍然是大致的数据。一些葡萄酒的波美度测量值低于 0，如干雪利酒，其中的酒精含量高，而可溶性固形物的含量低。

唯一能精确了解葡萄酒中糖含量的方法是选用多种可供使用的化学或物理方法中的一种进行测量。斐林试剂法让铜在碱性酒石酸盐溶液中还原，是普遍使用的方法，结果很精确。化学限制测试也可以使用，如 Dextrocheck 和 Clinitest 的方法，能够给出大致的糖含量数据。

在澳大利亚使用各种术语告诉消费者葡萄酒是甜型的，如迟采、迟收、莫舍尔和苏黛（来自法语）、迟采甜酒、果穗精选贵腐葡萄酒和果粒精选贵腐葡萄酒、干化果粒精选贵腐葡萄酒（来自德语）。但是，这些名词只能不精确地表示葡萄酒中的大致甜度，不同的酿酒师对它们的使用也不相同。

那么，消费者怎样才能知道这一类型葡萄酒的甜度？一种有益的方式可能是在标签上用一个小的标尺或图表来表示酒中的含糖量。基于以上的讨论，0，2，4，6，8 和 10 的标尺，似乎可以更好地代表实际含糖量的百分数，可能有助于从饮食角度对特定的葡萄酒进行评价。对葡萄酒甜度的问题可能可以用标尺来标明，消费者也可能通过标志性文字和颜色编码来大致了解含糖量和甜度之间的关系。

品尝	建议尺度
干	0
微甜	1～2
中甜	2～5
甜	5～8
非常甜	8～10

消费者询问葡萄酒的甜度的次数表明这个主题很重要，这个建议值得进一步考虑。

干红餐酒(Dry red table wine)

以我们目前的知识，红葡萄酒的酿制仍然包含几分艺术，与它相比白葡萄酒酿造的结果具有更强的可预见性。这其中的原因是：与白葡萄酒相比，红葡萄酒的成分和质量取决于酿酒过程中的很多变数，比如发酵过程中果皮与果汁接触的时间和温度、所采用的色泽提取方法、橡木桶陈酿的类型和程度以及对酒更多的处理等。红葡萄酒和白葡萄酒的酿造差异从本质上与葡萄有关。澳大利亚和新西兰种植的(欧亚种)红葡萄品种，颜色存在于果皮下层细胞的液泡中，而不是在果肉中。

颜色由各种花色素组成，它们是我们花园里的很多花都含有的天然色素。葡萄里的是花色素单糖苷，也就是一个花色素分子与一个糖分子相连接，使其具有更强的化学稳定性。花色素包括：锦葵素(葡萄中的主要色素)、甲基花青素(主要在牡丹中)、3′-甲花翠素(矮牵牛花)、飞燕草色素(飞燕草)和花青素(矢车菊)。所有这些色素在化学结构上都紧密相关，它们的颜色受 pH 值和其他因素的影响。也存在一些有色的单宁，随着酒的成熟，它们的浓度和分子大小不断增加，直到在陈年酒中，它们变得太大而成为瓶底的沉淀。

让我们假定用赤霞珠酿造一款干红佐餐酒。合适的葡萄采收成熟度取决于想要酿造的葡萄酒的风格和葡萄中果实风味的发育情况。一般成熟是果实达到10%～14 °Bé(18～25 °Brix)，可以酿造酒精含量 10%～14%体积比的葡萄酒。葡萄越成熟，酿出的葡萄酒的体量就越大，风味越浓，酒精含量也更高。红酒一般是由为 10～14 °Bé(18～25.2 °Brix)的葡萄来酿制的。

苹果酸-乳酸发酵后，葡萄酒的 pH 值范围应为 3.3～3.6。葡萄的 pH 值不是葡萄酒最终 pH 值的很可靠的指数，因为酿酒过程会改变 pH 值。例如，在酒精发酵过程中，与正在发酵的果汁相接触的果皮被持续提取，导致 pH 值升高，这是由于从果皮中提取出了一些碱性成分，主要是钾、钠、钙和镁等。因此，在破碎阶段按照葡萄醪的可滴定酸进行工作比按照 pH 值更有用，尽管它们两者都不能精确指示葡萄酒的最终酸度。由于酸度可以进行人工调节，最重要的参数是葡萄的果实风味。

我们必须假定葡萄是完好的并且温度较低，然后进行除梗、破碎（最好按照这个顺序），并丢弃果梗。酿酒师可能会在发酵过程中保留部分果梗，但由于其中含有高浓度的收敛酚类物质，这种操作并不常见。经除梗破碎后的葡萄醪被泵送到一个发酵容器中，需要的话加入酒石酸，还要加入少量二氧化硫，如 50 mg/L，随后加入精选的酵母。现在的趋势是通过高浓度的酵母接种，限制或免除二氧化硫的添加。

随后是果皮颜色提取的经验程序，也可以通过多种方法来实现。

1 发酵过程中定时按下浮起来的果皮，这样它们就与正在发酵的果汁相混合。这种方法可以应用于规格较小的发酵容器，有效地对果皮进行浸提。这项操作也可以使用机械装置来完成。

2 从果皮帽下抽吸果汁，按照一定的间歇方式喷淋果皮打循环。已经开发了各种各样的果皮淋洗系统，阿尔及利亚的杜塞里系统可能是其中最有趣的。在澳大利亚也有应用，并被称为杜塞里自动发酵罐（图 4.2）。这个系统可以让正在发酵的果汁按照设定的间隔，在二氧化碳气体环境条件下喷洒在果皮帽上，它由分成上下两部分的一个罐组成。下面的部分在惰性气体二氧化碳的保护下盛装正在发酵的葡萄醪，而上面的部分盛装由发酵所产生的二氧化碳所压上来的果汁。当上面的部分充满时，一个释放阀门打开，果汁通过中央管快速下降，并喷洒在下面部分的大量果皮上。这个过程能快速提取色素，并能够进行半连续操作。除非罐的底部充满，否则这个系统不能进行顺利工作。

3 用固定的限制板让果皮位于液面以下，从而使果皮与果汁持续保持接触。过去，这种方法用在敞开式水泥发酵罐上，现在大部分隔板限制系统使用在垂直不锈钢发酵罐中，并安装了中央上升管，允许发酵果汁在二氧化碳的压力下上升，并流过限制板下面漂浮着的大量果皮。

4 使用特殊设计的红酒发酵罐，如旋转式发酵罐或其最新款的旋转式自动发酵罐。已经开发出这种设备的多种型号，最新的式样由一个水平的圆柱形不锈钢罐构成，它能沿自己的长轴旋转，在末端进行进料和输出。罐的内部是螺旋凸缘，根据罐体的旋转方向，沿轴向推动果皮。在果皮的色泽被提取以后，发酵果汁经由内部孔筛排尽，果皮通过位于罐体一个末端的中心出口排出。与旋转式自动发酵罐操作最像的是安装在运输卡车后面的旋转式混凝土搅拌机。当按某一个方向旋转时，混凝土在容器中保持混合状态，当旋转方向相反，混凝土被内部螺旋凸缘推送到位于容器末端的中心出口。

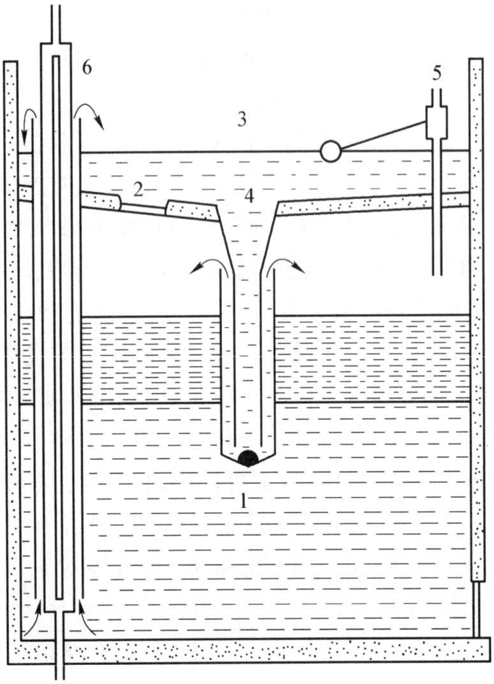

1 发酵葡萄醪　2 引入葡萄醪的进出口　3 开放果汁发酵区　4 经冷却的发酵果汁
5 释放 CO_2 的阀门　6 向上流发酵果汁的冷却管

图 4.2　杜塞里系统

5　颜色的热浸提将会在第 5 章中涉及。

果皮形成的果皮帽具有隔热作用，温度控制变得很难，因为酒帽中的最高温度出现在漂浮的果皮层底部的中心，可能会比它下面果汁的温度高 10℃。因此，正在发酵的红葡萄酒的温度是果皮帽下果汁的温度。当这些果汁的温度在 15～25℃时，常酿出一些最好的葡萄酒。黑比诺需要稍高的温度。有时酿酒师使用低于 15℃的更低的温度，但这会导致发酵显著变慢。作为一般法则，温度每降低 10℃，发酵速度就降低一半。

在发酵过程中，酿酒师有时加入橡木条或橡木片使葡萄酒获得橡木的复杂性。做的时候必须小心，因为可能导致粗糙的风味或氧化，在发酵过程中加入可以获得最好的结果，这时氧化-还原电势低(低于 150 mV)。添加橡木片从来都不是令人满意的替代橡木桶成熟的方法。

当酿酒师认为对色泽、风味和单宁的提取已经达到要求的时候就可以进行压榨了。取决于所需酿造的葡萄酒的类型，压榨可以在从发酵起始后的 2 d，到发酵完成后的 2～3 周进行。例如：在波尔多葡萄酒发酵完成后，酒会继续与果皮接触 1～2 周。对新产区或新的葡萄品种，酿酒师进行一些果皮与葡萄酒接触时间的试验是很有必要的。取决于所需酒的类型，压榨酒可以与自流酒相混合，也可以单独存放。压榨后，让葡萄酒发酵成干酒，还原糖含量降低到 1～2 /L，其中包含不能发酵的戊糖。

大约在这个时期，葡萄酒通常都要经过苹果酸乳酸菌发酵，尤其是在发酵初期就加入了酒明串珠菌的情况下。由于这些细菌在葡萄酒厂内很多，通常不需要额外的接种，苹果酸乳酸菌发酵常常自然发生。在冷凉地区葡萄酒的酸度高，苹果酸乳酸菌发酵是特别需要的，它使葡萄酒明显软化。事实上，如果葡萄内苹果酸含量高，pH 值能上升高达 0.4。正常的 pH 值增加至 0.05～0.4。这个时候，最好葡萄酒还没有放入橡木桶中，在这时进行苹果酸乳酸菌发酵比晚一些进行更好。这个时期可以用膨润土对葡萄酒进行轻微的澄清，比如：加入量为 0.2～0.4 g/L，或蛋清，每 100 L 用 1～3 个蛋清，来沉降悬浮物，如果需要可以用酒石酸（不是柠檬酸）调节酸度至 pH 值 3.3～3.6。

然后，葡萄酒在橡木桶中进行一段时间的陈酿，取决于葡萄酒、橡木桶的大小、橡木的种类、桶的新旧，以及温度条件等，时间从几个月到大约 18 个月。常规桶为大桶（300 L）、短柱形桶（475 L）和橡木桶（225 L），按照在澳大利亚使用的频度排列。新西兰更喜欢用 225 L 的桶。使用法国橡木桶和美国橡木桶的比例随价格而变化。在本书写作时，美国橡木桶较为便宜，但小酒厂主要使用法国橡木桶（其中最主要使用纳维尔橡木）。桶装满，用橡胶槌敲打几下，赶出气泡，加满并滚动使桶孔与垂直方向呈大约 30°角。橡木桶被紧紧地塞住并滚动，在每次倒酒之间不需要再进行添桶。橡木桶陈酿时的温度应该在 15～22℃。在红葡萄酒的酿造过程中，倒桶是重要的，可以将葡萄酒与酒脚分离澄清，并允许少量的通气。如果没有离心机，红葡萄酒在过滤之前进行 2～3 次倒桶是必要的。

在橡木桶陈酿后，对葡萄酒进行勾兑，并再次品尝（酒的每次移动或处理都要通过品尝进行检查）、分析、过滤，如果需要可以添加少量的二氧化硫，然后装瓶。如果葡萄酒健康状况良好，没有可发酵的残糖，彻底进行了苹果酸乳酸发酵（少于 0.1 g/L 的苹果酸），就不需进行无菌过滤。在冷凉温度下（15～20℃）进行瓶贮能提高葡萄酒的品质，但对小葡萄酒厂来说这非常昂贵，会引起资金周转的问题。

正如我们所看到的，酿造干红葡萄酒有多种方法，流程图 4.3 是一个例子。

用红葡萄酿制白葡萄酒（Production of white wine from red grapes）

世界的一些地区，常规性地利用红葡萄酿造白葡萄酒，例如：在法国用黑比诺和比诺莫尼耶生产香槟酒，整串葡萄不经破碎直接进行压榨。这个工艺获得的果汁是无色或不同深度的浅粉红色，白起泡葡萄酒常规上就是用这样的葡萄生产的。

红葡萄果实中色素的含量受多种因素的影响：

- 葡萄品种——成熟果实的色素含量差别很大。

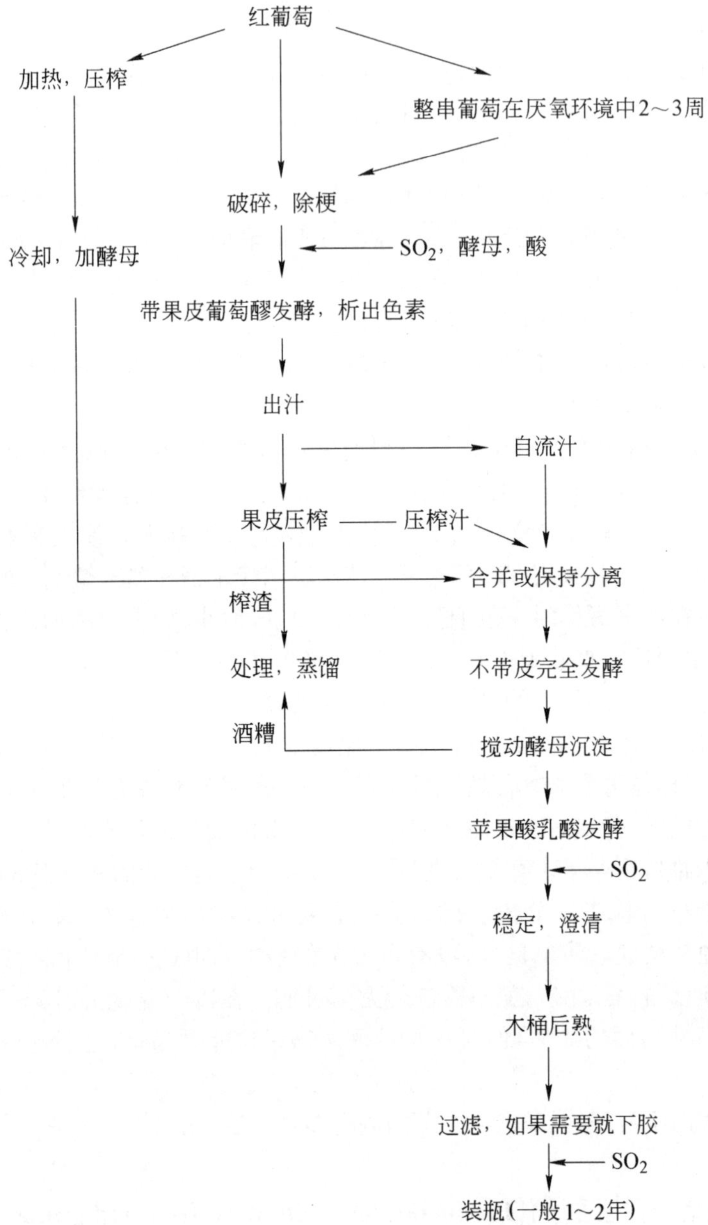

图 4.3 干红葡萄酒的酿制流程图

- 产量水平——一般产量越大，色素含量越低。
- 成熟阶段——一般果实越成熟，颜色越深。
- 果实大小——一般较大的浆果颜色较浅。

- 土壤和气候——两者都影响色素的含量，冷凉气候条件下有利于产生更多的色素。在非常冷凉的气候条件下，如德国，由于果实成熟不充分色素合成量减少。年份会产生不同的影响。

果汁及随后的葡萄酒中的色素含量同样受不同因素的影响：

- 收获和破碎之间消耗的时间，以及果实的温度。
- 破碎后果汁和葡萄酒与果皮接触的时间——与果皮接触的时间越长，释放到果汁和葡萄酒中的色素越多，直到某个特定的点。
- 二氧化硫的存在——其中的作用很复杂，因为二氧化硫有利于色素从果皮中被提取出来，也可暂时地漂白颜色。
- 存在各种澄清和冷稳定处理。
- 酚类氧化酶活性——导致酒褐变。

去除颜色的最重要的处理是使用活性炭。市场上有很多种活性炭产品，它们从果汁或葡萄酒里去除花青素的效果差别很大。这意味着用活性炭处理的葡萄酒，随着花青素从与二氧化硫的结合状态中释放出来，葡萄酒可能会变成粉色。使用其他的处理方法也能在较小的程度上减少红葡萄酒中的颜色，如添加膨润土、PVPP、明胶和其他澄清剂，但不能依赖这些办法把红葡萄酒变成白葡萄酒。

用活性炭处理红葡萄酿制白葡萄酒，酒的品质差别大，有可能生产出有价值的葡萄酒。至少有一种这样生产的酒被报道获得了金牌，但这品质确实不同一般。用活性炭脱色的酒通常和白葡萄酒勾兑，作为起泡葡萄酒的基酒或作为普通白葡萄酒。这种工艺过程并不被认为是生产优质葡萄酒的适宜的长期策略。

我们在这里所指的并不是桃红或玫瑰红色的酒，这两种酒要仔细酿制以保持葡萄酒里的粉红色。一个例子是最近发展起来的桃红色起泡酒，它已经在市场上占有一席之地，而且可以具有极好的品质。

起泡葡萄酒(Sparkling wines)

起泡葡萄酒就是额外拥有二氧化碳的葡萄酒。它们不包括那些轻微冒泡或仅有一点气的葡萄酒。目前，起泡葡萄酒占澳大利亚生产的葡萄酒年度总销售量的大约 9%。在过去 4 年中对瓶中二次发酵的起泡酒的需求翻了一番，瓶中二次发酵的起泡酒被认为拥有最佳的品质，当前葡萄酒产业对它的生产有更大的兴趣。

澳大利亚不同的州所制定的食品法规和管理规则，规定并定义了 3 种类型的起泡葡萄酒：

- 香槟。这种酒必须由传统的方法(香槟法)生产，在一个容积小于 5 L 的瓶中发酵，并带酒脚陈酿至少 6 个月的时间。“香槟”(或者其他欧洲地名)这个词不能用于要出口的酒。
- 起泡酒。这是一种糖完全或部分发酵并含有二氧化碳的酒，这类酒可以加入糖或葡萄酒精。

- 加气酒。这种酒中的二氧化碳是通过不同方式加入的，而不是来自于葡萄酒自身的发酵，具有超过 100 kPa 的标准气压。

用于生产不同类型起泡葡萄酒的葡萄品种，取决于产品的价格，原料品种的价格和供应情况。在瓶中二次发酵的高品质起泡酒的生产，在法国香槟地区的经典品种是黑比诺、霞多丽和比诺莫尼耶。澳大利亚使用一些其他的品种，如赛美容、Ondenc、苏丹娜、白诗南、蜜斯卡玳勒、佩德罗-希梅内斯、巴罗米诺、鸽笼白、开普雷司令、雷司令和白玉霓，还用一些红品种，如西拉、歌海娜和赤霞珠。这些葡萄成熟时用于生产精制和酸度强劲的基酒，基酒要具有果实香气和风味(尽管不一定要求是典型的品种特征)，来平衡二次发酵和在酵母上储藏时所发展起来的酒香和风味。

在澳大利亚，为酿造高品质的瓶中二次发酵并进行瓶中陈酿的起泡酒，而发展起来的最适宜的葡萄品种是生长在冷凉地区的霞多丽和黑比诺。对比诺莫尼耶的使用存有争议，在法国它被当作"软化剂"，但在这儿情况不是这样。缺乏高品质的黑比诺显得更为突出，尤其当与霞多丽相比时。很多利用这个经典品种酿造出的葡萄酒都存在除渣和销售过早的问题。

通过大规模发酵和充入二氧化碳生产的起泡酒一般都容易快速成熟，这些酒使用一系列的品种来酿造，如白玫瑰香、开普雷司令、苏丹娜、赛美容、白玉霓、西拉和歌海娜等。它们酿制出很多不同类型的酒，从轻盈易饮的风格到具有浓郁的玫瑰香风味，含糖量为 10～80 g/L。为保持这种甜度，葡萄酒需要 6～8 g/L 的酸度，酸的感觉必须干净而细致。

在法国，勃艮第起泡葡萄酒在风格上更为轻盈，甜度更低，由黑比诺酿制。收获时葡萄的含糖量通常为 11～13 °Bé(19.8～23.4 °Brix)。澳大利亚相同类型的酒需要柔软的、果实特征饱满的基酒，单宁表现在口感的中部而不是结尾。最适合这种风格的葡萄品种是西拉(当前的绝对主栽品种)和黑比诺，与快速成熟类型的神索和歌海娜勾兑。

瓶中二次发酵

在瓶中进行二次发酵的酒可以用两种方法酿制，即香槟法和转移法。第一种方法本质上是在法国香槟地区所使用的经典的起泡酒生产方法，包含以下操作：

1 对含糖量为 9～11 °Bé(16.2～19.8 °Brix)的葡萄不进行破碎，而直接压榨，使从红葡萄中析出的色素和从白葡萄果皮中析出的单宁最少。目标是在对果皮浸渍最小的前提下从葡萄中提取果汁。在香槟地区品质最好的基酒被限定在从每吨葡萄获取大约 510 L 自流汁的水平上。澳大利亚霞多丽果汁适宜的 pH 值为 2.9～3.3，可滴定酸为 9～11 g/L。

2 沉淀(澄清)，包括通过倒罐去除固体，使葡萄汁得以澄清。如果需要可以此后进行离心或过滤。通常固体悬浮物少于 0.2 g/L。

3 使用人工酵母在 11～14℃进行发酵。在法国，往葡萄汁中加糖（蔗糖）是法律允许的。发酵一般在 10～14 d 后完成，在初发酵过程中加入 0.1～0.25 g/L 的膨润土以及 50～100 mg/L 的磷酸氢二铵。

4 勾兑，包括倒罐和对不同品种和地区的葡萄酒进行勾兑，以生产风格符合要求的基酒。

5 下胶澄清，一般使用鱼膘胶或明胶。

6 冷稳定。

7 添糖，包括加入 19～26 g/L 的蔗糖，取决于酒精的含量和压力的要求，酒精含量越高，要求的压力越大，需要加入的糖就越多。例如，要获得 600 kPa（6 Bar，87 磅/平方英寸或 6.0 标准大气压）的压力，对酒精含量 9%的基酒就需要 23 g/L 的糖，而对酒精含量 12%的基酒则需要 26 g/L 的糖。这个阶段的酒通常包含 9%～11%体积比的酒精，pH 值为 2.9～3.3。具体数据如下：

酒精%	要获得以下二氧化碳压力所需要的糖分/(g/L)		
v /v	5.0 气压	5.5 气压	6.0 气压（标准）
9	19	21	23
10	20	22	24
11	21	23	25
12	22	24	26

对多数情况来说，以下有关 20℃时近似的二氧化碳压力关系如下：

1 体积＝1 大气压＝1 Bar＝100 kPa＝14.5 磅/平方吋标准压＝2 g/L 二氧化碳

8 接种酵母包含添加人工酵母（见后面有关内容）。

9 装瓶，对加了糖、酒和酵母的葡萄酒进行装瓶，用皇冠帽封口并储藏。

10 堆放，在这个过程中酒瓶水平堆放一段时期，取决于酒的品质，在温度为 12～15℃的条件下，时间从大约 6 个月到几年。

11 转瓶，酒瓶被放在转瓶架上，安置好，然后在几周内每天前后来回转动几次，几周后，使酵母沉淀到倒置酒瓶的皇冠盖上。

12 去除沉淀（吐渣），将瓶口的葡萄酒冷却至大约－24℃，然后瓶子立即颠倒直立正放，去掉皇冠帽封口，含有酵母的冻结的冰塞子被二氧化碳压力推出。

13 加糖和添满，这个工艺要添满由吐渣所产生的空间，添加特定量的添瓶用的酒糖混合剂（糖溶解在基酒中，浓度为 63%～75%），其余不足部分用相同的葡萄酒补足。酒糖混合剂中也许还包含其他成分，如：体积比达到大约 5%的白兰地、最高可达 50 mg/L 的二氧化硫、最高可达 100 mg/L 的抗坏血酸、最高可达 500 mg/L 的柠檬酸、最高可达 0.5 mg/L 的铜、最高可达 100 mg/L 的酒石酸。最初,"自然"(brut)的标签意思是没有添加酒糖混合剂,因此属于干酒。今天,标签上标着"自然"、"特干"或"绝干"的起泡酒含有1%～2%的糖,或10～20 mg/L的含糖量,"干酒"包含2%～4%的糖。

14 打塞,通常使用有一个或多个软木片的高质量的黏合塞与酒相接触。

15 上龙口,将一个金属丝弯成的帽,扎在软木塞上进行固定,防止软木塞被喷出。

16 震荡,将较黏的酒糖混合剂与葡萄酒混匀。

17 清洗,洗干净瓶子的外部。

18 包装,包括对瓶口安装锡箔帽,固定其位置以及贴标签等。

一次发酵

以下方法是针对澳大利亚的实际情况应用的方法。基酒酿造时应尽可能小心地保持风味和果香,并防止氧化。为了更好地做到这一点,葡萄汁和葡萄酒的pH值应该在2.9～3.3。在这样的pH水平下,二氧化硫特别有效,应该节俭使用,发酵前的加入量至多为50 mg/L。可以在发酵前加入抗坏血酸或异抗坏血酸(可达50 mg/L),但以后加入的效果更好。葡萄汁最好在加入果胶酶的条件下进行冷却静置,并进行皂土过滤,通常还加入一些磷酸氢二铵(200～400 mg/L)。

要启动发酵,酿酒师一般使用专门为起泡酒基酒发酵而精选的酵母,以确保发酵的完全,不产生挥发性酸和硫化氢。发酵的温度应控制在15℃或更低一些,使波美度的降低为每天半度,在发酵的末期,可以让酒的温度升高到最高20℃,确保葡萄酒发酵成干酒。

来自于红葡萄如黑比诺的色素,通过控制采收时的果实成熟度和操作过程中果汁与果皮的接触,使其含量为最少,色素还可以通过活性炭(最高1.0 g/L)或PVPP(最高0.5 g/L)去除。通常在发酵结束前会加入膨润土(最高1.0 g/L),这有利于色素的进一步去除。发酵后所有的操作都应在惰性气体保护下进行。然后,葡萄酒通常经过离心进行部分澄清,去除酵母沉淀,然后进行冷稳定。游离二氧化硫要尽量少,最好低于20 mg/L。

二次发酵

基于以下条件选择要使用的酵母:

- 接种时具有忍耐游离二氧化硫和低pH值的能力,游离二氧化硫和低pH值加上基酒里已有的酒精,对酵母来说是相当致命的组合。
- 具有在二氧化碳为6～7个大气压,酒精含量为10%～11%,温度为10～15℃的条件下,将葡萄酒发酵成干酒的能力。
- 发酵后的絮结能力,这能使酒变得澄清。
- 不产生不好的气味,尤其是硫化氢和可挥发性酸,这些物质在含二氧化碳的葡萄酒中会显得非常突出。

要计算糖的加入量以产生所需要的二氧化碳压力，计算的基础是大约 4 g/L 的糖能产生 1 个大气压的二氧化碳。一般瓶中发酵的起泡酒的压力大约是 6 个大气压(5.9 bar，88 psig 或 608 kPa)，相当于 20℃时 8.4 g/L 的二氧化碳，对含有 11%酒精的干酒来说需要加入 26 g/L 的糖。

在澳大利亚一般的发酵温度为 10～16℃，在法国香槟地区温度为 11～14℃。发酵持续的时间与温度有关，一般为 4～6 周。瓶中发酵需要发酵成干酒，在这个二次发酵产生 8 g/L 二氧化碳的过程中，产生的酒精为 1.0%体积比。

二氧化碳的溶解性(g/L)与温度和压力的关系如下：

压力(大气压)	0℃	10℃	20℃
1	2.5	2.0	1.5
2	5.0	3.8	3.0
3	7.4	5.6	4.4
4	9.7	7.4	5.8
5	11.9	9.0	7.2
6	14.0	10.7	8.4

如果葡萄酒包含 6 体积的二氧化碳，标准压力随温度变化如下：0℃时 38 psig，10℃时 86 psig，20℃时 100 psig。

第一次发酵减少了葡萄酒中酵母生长所需的营养物质的含量，通常在二次发酵之前，加入 50～200 mg/L 的磷酸氢二铵。酵母需要 B 族维生素：生物素、纤维糖和硫胺等，但因为正常情况下它们在葡萄酒中的含量都足够，一般都不需要额外添加。如果需要，市场上有专门用于这个目的的维生素制剂。

为获得最大比例的活细胞，在酵母的培养过程中应该通气，活细胞的数量在酒糖基质中应达到每微升 1～1.5 亿个。加入的酵母悬浮液的体积，应该达到每微升 100～150 万个细胞的数量。

加入糖、酵母和营养物后对葡萄酒进行装瓶，用皇冠帽封口，把酒放起来进行发酵，并在酵母沉淀上储藏陈酿。也可以加入一些能帮助转瓶时集中沉淀物质的澄清剂，在一些组合中包含鱼胶(5～60 mg/L)、膨润土(20～150 mg/L)、藻酸盐(5～25 mg/L)和单宁(5～50 mg/L)的混合物。酒瓶可以水平或垂直堆叠在一起，一般储藏的温度约为 15℃。当瓶中的葡萄酒达到可以去除酵母的阶段时，可以用多种方法进行转瓶，使酵母等沉淀在倒置瓶子的皇冠盖底部。可以人工进行，这样的话操作成本很高，因为尽管一个人每天能转 1 500 打瓶子，每天每个瓶子需要转动 2 次，持续转 20 d，目前的成本已达到至少每瓶 1 澳元。

人们使用各种机械和转瓶架来实现这项操作的机械化。比如，发明了"旋转板"以替代人工转瓶的操作，这个装置由一个大笼筐组成，装满倒置的酒瓶，放进笼筐里的葡萄酒瓶会经历预先设置的一系列的转动，使酵母沉淀集中在皇冠盖的底部。

吐渣

当人工操作时，吐渣是个技术活儿，但一般的操作都是把葡萄酒冷却至5～10℃，然后在温度约为－24℃的氯化钙溶液中冻结瓶口。这个操作将酵母封冻在很小体积的葡萄酒里，当通过机械力去除封口时，这个含酵母的冰塞就被释放出来，吐渣后，向葡萄酒中加入一定量的糖和一模一样的酒来补满瓶子，有时还添加柠檬酸、抗坏血酸和白兰地。如果酒在饮用之前要保存一段时间，可以加入最多20 mg/L的游离二氧化硫。此后，装软木塞和软木塞的金属丝封套，如果在葡萄酒贴标签之前不继续在酒窖中储存的话，随后即可进行酒瓶的清洗和装封套。澳大利亚现在使用的软木塞一般长47.5 mm，直径30.5 mm，包含一个主体软木块聚合塞和两个片高质量的软木片，软木片在酒塞与葡萄酒相接触的末端。进行酒糖混合剂补填后，摇晃瓶子非常重要，因为补填部分的相对比重较大，如果不混合的话就会形成沉底的液层。

转移系统

任何瓶中发酵的起泡酒的最终品质，都不是因为它们使用了特定的吐渣方式的结果。瓶中发酵起泡酒的品质依赖于基酒的品质和在酵母酒泥上成熟时间的长短。现在澳大利亚大部分瓶中发酵的起泡酒都是通过转移工艺完成吐渣。转移工艺的起源不太清楚，但可能是在19世纪末20世纪初在美国发展起来的。

在这项工艺中，和香槟法一样经过冷稳定的基酒在瓶中二次发酵，并按照相关的规定在酒脚上储藏成熟至少6个月。这时葡萄酒的压力为20℃条件下，11 g/L的二氧化碳或525 kPa。然后，把酒瓶从酒窖中取出放在传送带上，送至转移机（winterwerb streng）。用插入皇冠盖的针管移出葡萄酒和酵母，然后颠倒，使用200 kPa二氧化碳的压力使葡萄酒从针管底部的一个口流出来。对葡萄酒进行冷却，并置于一个压力容器中，在那里通过容器注水排除空气，再用二氧化碳替代水。通过机械去除瓶盖，清洗好准备重新装酒，用于去除瓶中空气的二氧化碳是经过压缩的，经过无菌过滤可以再次利用，结果是一旦启动了这一步骤，就无需使用外源的气体。

葡萄酒经过发酵和在酵母沉淀上的储藏后，冷凉的葡萄酒通过离心或皂土过滤被移送到第二个压力罐，这个罐预先充满了压力为200 kPa的二氧化碳。这时进行分析，检查游离二氧化硫的含量（20～25 mg/L）、pH（低于3.2）、还原糖（根据情况需要）、压力（480～550 kPa）和温度（－2～0℃）。

然后，罐内冷却至大约0℃，以保持二氧化碳的溶解状态和大约400 kPa的压力。根据需要装瓶的数量和葡萄酒预期的甜度，向压力罐中加入酒糖混合剂。酒糖混合剂和葡萄酒通过内置的搅拌器混匀，然后将葡萄酒静置以使酵母沉淀。

最后的操作是在无空气存在的条件下，对葡萄酒进行重新装瓶。葡萄酒从装瓶容器通过板式或者膜式过滤机进行无菌过滤，并进入装瓶机，它在 0℃压力为 400 kPa 的条件下运行。装瓶机预先向瓶中充满二氧化碳，将原有的空气排出，随后冷凉的葡萄酒进入瓶内，然后塞软木塞并进行包装。

转移法的优势在于：葡萄酒中添入的糖都是一样的，在完全一致的压力下装瓶，由于最少的操作可推断生产速度，节省储藏空间。也有一些缺点：转移设备很昂贵，填充前如果空气没有从罐中排出，葡萄酒有与氧气接触的可能。最有效去除氧气的方法就是向罐内充满水，再用二氧化碳排出水，这样可以确保无氧的气体环境。

将起泡酒在酵母上进行陈酿被看作是瓶中发酵酒的成熟过程中的一个很重要的环节，在多个国家都通过法律的方式加以确认。例如：在法国普通香槟酒需要储藏 12 个月，年份香槟需要 3 年，而起泡酒需要 9 个月。酵母的自溶分解过程很复杂，涉及酵母中许多含氮物质和其他物质的释放，以及在某些情况下随之产生的重吸附作用。在一次发酵期间，这些含氮化合物由酵母合成。随着储藏温度的升高，随后的自溶分解速度也加快。自溶分解的最快速率是在约 55℃，pH 值为 5 的条件下，不同酵母菌株的蛋白分解活性和自溶分解速率不同。有人向基酒中加入酵母自溶分解产物，可以获得类似一般瓶中发酵和储藏的产品，但使用面包酵母制备的自溶分解产物不行。与通过传统工艺酿制的起泡葡萄酒相比，一些加入人工制备的酵母自溶分解产物的产品获得了很好的评价。

罐内二次发酵

利用发酵罐的大规模二次发酵的工艺是 1910 年由法国的尤金·夏马先生发明的，但由于经过了很大的改进和提高，目前的方法与最初的工艺只有很少的共同之处。这个工艺需要使用能承受 6～8 个标准大气压的压力罐。

其基酒和瓶中发酵的起泡酒一样生产，包括以下组成：

游离二氧化硫	15～20 mg/L
pH 值	3.2 或更低
可滴定酸	7.0 g/L
还原糖	2.0 g/L 或更低
可挥发性酸	0.5 g/L 或更低
达到热和冷稳定	

把基酒泵送到一个压力罐中，这个罐中先充满水，然后用二氧化碳取代水，从罐中去除空气（其他方法不如这个有效）。加入糖（20 g/L）和酵母（至少每毫升 2 百万个活细胞）。糖预先配成浓缩糖浆，浓度为 700 g/L，计算总量，加入后使酒中的含糖量达到 20 g/L。对于 50 000 L 的酒来说，计算就是以 50 000 乘以 20，再除以 700，等于 1 430 L。酵母是精选的株系，通常为酿酒酵母，在加糖和不断通气的无菌基酒中繁殖，以达到每毫升约 1.5 亿细胞的数量。

然后葡萄酒在12～15℃、发酵罐阀门关闭的条件下在罐内发酵成干酒(约1.5 g/L的糖),这样其中的二氧化碳压力就会逐渐上升,达到大约500 kPa。然后使用冷却套将温度降至－2～0℃。由于在这个温度下二氧化碳具有更大的溶解性,压力会下降到约400 kPa。经过几天以后,酵母沉降下来,从而有利于随后的过滤。这时,准备第二个没有空气的压力罐,使二氧化碳的压力达到200 kPa。

接着对葡萄酒进行离心和皂土过滤,倒入已经放入了甜味物质或酒糖混合剂的第二个压力罐中。糖酒混合剂由糖、二氧化硫以及抗坏血酸或异抗坏血酸组成。加糖的多少取决于酒所需要的甜度,而游离二氧化硫的浓度调节到20～25 mg/L。如果需要,可以加酸(柠檬酸)。这些物质由一个内置式搅拌器在罐中混匀,酒的温度保持在－2℃。在这个时期,分析测定酒中的二氧化硫(游离和总二氧化硫)、还原糖、酸度(pH和可滴定酸)、酒精、热和冷稳定性、抗坏血酸盐和活酵母数,并对葡萄酒进行最后的调整。

然后,葡萄酒由二氧化碳的压力(调节压力罐出口压力为400～450 kPa),或能够产生200 kPa输送压力的离心泵驱动,输送到以无菌过滤板或0.45 μm孔径的滤膜组成的最后一道过滤器。如果使用离心泵的话,加上压力容器出口处200 kPa的压力,也将产生400 kPa的传送压力。随着葡萄酒从压力罐中转移出来,新产生空间由二氧化碳而不是空气所取代。

这个工艺包含3次转移,每次都进入没有空气的容器。所有的转移都在0℃或更低的温度下实行冷操作,以保持所需的溶解二氧化碳的水平。在发酵罐中生产的起泡酒一般是白葡萄酒,基本情况如下:

酒精体积比	10%～11.5%
可滴定酸	6～7 g/L
pH值	3.0～3.3
游离二氧化硫	10～20 mg/L
挥发性酸少于	0.5 g/L

甜度取决于酒的类型,通常为10～30 g/L。

发酵罐的生产方法可以用于起泡酒的连续生产,前苏联是其发展的先驱。工艺包含连续加入酒、酵母和糖酒混合剂,并对产品进行连续的灌装。有趣的是,该工艺将脱氧的基酒在40℃加热24 h,以增加风味和果香(最初夏马工艺包括对基酒的加热处理)。我所品尝过的这类葡萄酒不如澳大利亚在发酵罐中分批生产的产品,但因为基酒不一样,这种比较的可靠性不高。

充气法

加二氧化碳气是用于生产"加气葡萄酒"这类型便宜起泡酒的工艺。程序如下:

如前文所述仔细酿制基酒,进行冷稳定、蛋白质稳定,以及其他所需的稳定处

理,并进行过滤,就如同餐酒准备进行灌装前一样。葡萄酒应处于以下状态:

游离二氧化硫	25～30 mg/L
pH 值	小于 3.3
可滴定酸	6.5～8.0 g/L
酒精体积比	大约 10%
糖(根据需要)	40～100 g/L

然后将葡萄酒在罐中冷却至 0℃,这个过程在二氧化碳保护下进行,避免与空气中的氧气相接触,随后通过二氧化碳饱和器,压力为瓶中所需的二氧化碳压力。二氧化碳饱和器通常是一个长的立式柱体,里面通过对流使冷却的葡萄酒和二氧化碳混合,通过隔板增加紊流的产生,使二氧化碳和葡萄酒有更多的接触。通过调节流速、酒温和二氧化碳压力,使葡萄酒获得理想的二氧化碳压力。

葡萄酒可以随后进行无菌过滤,使用反压罐装机直接装瓶,或者进入压力罐,进行几天的搅动和储藏,然后进行过滤和装瓶。后者更能保持酒里的二氧化碳。

不幸的是,由于需要保持低成本,许多加二氧化碳的葡萄酒都不具有高品质,而这通常反映着基酒的品质。对品质不良的充气酒,人们常常批评其生产工艺,因此充二氧化碳被看成是较差的工艺。事实上,只要基酒干净新鲜,充二氧化碳是酿制起泡酒的安全可靠的方法,所使用的二氧化碳没有污染。在澳大利亚生产的加气葡萄酒中,基酒的氧化和缺少新鲜感是最主要的问题。

要了解更多的有关生产起泡葡萄酒的各种工艺的信息,请参阅由戴维·阿姆斯特朗、博伊斯·兰金和杰夫·林顿撰写,Winetitles 出版公司于 1994 年出版的《起泡酒－澳大利亚的生产技术》一书。

酒瓶的规格

下列规格的酒瓶用于起泡葡萄酒:

半瓶装	375 mL
一瓶装	750 mL
双瓶装	1.5 L
四瓶装	3.0 L
八瓶装	6.0 L
十二瓶装	9.0 L
十六瓶装	12.0 L
二十瓶装	15.0 L

这些瓶子都是深绿色、琥珀色或棕色的,以防止紫外线(波长低于 300 nm)射入酒里,这会导致人们所不喜欢的风味改变。

强化酒(Fortified wines)

强化酒就是在酿造过程中加入酒精的葡萄酒。在加利福尼亚,强化酒指的是餐后甜酒。澳大利亚和新西兰都有生产加强型开胃酒(餐前酒)和餐后甜酒的历史,尤其是澳大利亚,过去和现在都生产一些在全世界都算得上最好的这类产品。随着佐餐酒品质的提高,而且佐餐酒相对强化酒而言比较便宜,也更加方便配餐,强化酒的市场已经大为缩减。1960 年澳大利亚所酿制的全部葡萄酒酒中有 66%是强化酒,而到 1987 年这个数据下降到 12%。新西兰也发生了类似的下降。

在温暖的葡萄种植和酿酒地区,在酿酒过程中加入酒精是很普遍的,尤其是在地中海盆地。最初原因是通过加入酒精停止发酵以保存酒中的甜度,因此出现术语“加强”。但是,葡萄酒的强化工艺和所使用的酒精来源,使人们得以酿造出一些特殊的葡萄酒,使强化酒的类型和甜度都变得非常广泛。这类葡萄酒的酒精体积含量一般为 17%~19%。令人惊讶的是,不用加强,仅通过在发酵过程中连续地加入糖,也可以生产出酒精含量达到这么高的酒。这种方法被称为加糖浆的发酵,在一些冷凉的葡萄种植和酿酒地区,如加拿大,有商业化的应用。但是,技术和微生物问题限制了它的持续使用。

生产强化酒在气候上需要炎热、干燥的夏季,这样生产出的葡萄含糖量高,含酸量低。糖含量越高,需要加入的酒精就越少,因此生产成本就越低。与生产佐餐酒相比,生产强化酒时,葡萄的品种特性不太重要,一般使用高产量的标准品种。除了个别的品种,如麝香和蜜斯卡玳勒,这类酒的风味是由生产工艺和氧化性成熟所产生的,而不是由于使用了特殊的葡萄品种。葡萄的甜度应尽可能地高,人们寻找超过 14 °Bé 的葡萄。在某些地区,如鲁特肯产区,20 °Bé 也并不稀奇。

工艺简单直接,本质上是氧化型的。葡萄收获,加入约 100 mg/L 的二氧化硫以及酒石酸来校正酸度的缺乏,然后葡萄除梗破碎。用于启动发酵的酵母菌株是特殊精选的,具有在温暖条件下快速发酵的能力,并能够忍耐葡萄醪中的高糖含量,而不会产生不佳的风味。可以带皮或去皮发酵,取决于所酿葡萄酒的类型,如:干型雪利酒是不带皮发酵的。发酵温度通常为 15~25℃。根据葡萄酒最终需要的甜度,葡萄醪一般允许发酵至 8~10 °Bé(14.4~18 °Brix);然后让部分发酵的果汁流出,去掉果皮,加酒精进行强化。压榨出的汁液一般加回果汁中。一些强化酒是用完全或几乎没有发酵的葡萄汁生产的,因此保留了全部的甜度,但因为这些酒需要更多的酒精进行加强,生产成本就更高。

发酵过程中可以加入膨润土,以去除热不稳定蛋白,但更常见的是在强化后温度较高时马上加入,温度的升高是由于加入的酒精和葡萄酒之间的化学作用产生热量的结果。较高的温度增加了膨润土处理的效果。然后葡萄酒倒酒,去除粗酒脚,进行品尝和成分的测定,调节 pH 值到 3.4~3.8,总二氧化硫为(50~80)×

10^{-6}。葡萄酒然后在旧的橡木桶，而不是昂贵的新橡木桶中成熟，因为一般不需要明显的橡木风味和香气。由于葡萄在枝蔓上被延迟采收，一些在鲁特肯地区以亚历山大玫瑰和蜜斯卡玳勒品种酿造的很甜的餐后酒具有较高的 pH 值。餐后酒一般需要加入酸，在发酵之前加要优于发酵之后加。通常，加入 1 g/L 的酒石酸可以降低 0.1 单位的 pH 值。在橡木桶中(或对于大量的酒，在不锈钢罐或涂蜡的水泥池中)后熟之后，对葡萄酒进行勾兑，这是强化酒生产过程中的技巧之一。一些酿酒师将不同年份的酒(以及同一年份的不同产品)勾兑在一起，这些酒的成熟速度不同，勾兑将其中的差异减到最小。

雪利酒(sherry)

雪利酒这个词来源于发明这种葡萄酒的城镇——赫雷兹(Jerez de la Frontera)，其位于西班牙南部。雪利酒包含一系列甜度不同的开胃酒，从干酒到相当甜的类型。西班牙语的名词 fino(菲洛)、amontillado(阿蒙提拉多)和 oloroso(奥罗露索)表明递增的甜度和浸提度，在澳大利亚仍然使用。从一系列复杂承接的微生物变化、橡木桶成熟和复杂的勾兑角度看，带“酒花”的雪利酒是世界上最出色的葡萄酒之一。最初在西班牙生产，后来在澳大利亚和世界其他地区，形成了具有明确公认风格的独特的葡萄酒。

带“酒花”的雪利酒　“酒花”(flor)这个词起源于西班牙语 la flor(花)，意味着在葡萄酒的表面生长着一层膜，当地的酿酒师将其说成是“葡萄酒开的花”。一开始澳大利亚生产带“酒花”的雪利酒的过程接近西班牙的方法。种植了西班牙葡萄品种帕罗米诺和佩德罗—希梅内斯，能够在不满的橡木桶中葡萄酒表面生长的“酒花”酵母，在 1908 年后从西班牙引入，建立了一些索莱拉勾兑系统(如下)。生产中主要的区别是使用经精选的纯“酒花”酵母系，取代自然发生的酵母，另外就是相对较少地使用石膏(硫酸钙)来增加酸度。所生产的葡萄酒或多或少地符合可接受的西班牙风格。但是，还有一个不同，带“酒花”的雪利酒一般不是澳大利亚葡萄酒厂生产的唯一一种葡萄酒类型。这意味着酿酒师和酒窖工作人员必须把他们的时间分配给不同类型的葡萄酒，这些酒需要不同的处理和微生物控制方法。

因此，一些带“酒花”的雪利酒不能达到应有的品质。主要的毛病是氧化，细菌的生长和“酒花”特性不明显。那时(20 世纪 30～50 年代)带“酒花”雪利酒对澳大利亚的酿酒产业已经足够重要，从而引发了对其生产工艺的一项大型研究。结果由 J. C. M. 弗纳康主持的研究产生了里程碑式的意义，该研究对酿酒工艺进行了分解，明确了其中的原理和操作，在对这种酒需求很高的年代，整体上获得了品质更佳的产品。

澳大利亚因此拥有了酿造干型、中等和甜型雪利酒的传统，生产出许多优秀的产品。它们属于最难酿制的强化酒，对带“酒花”的雪利酒尤其如此。要酿制这种风格的葡萄酒,葡萄品种最好在10～11 °Bé(18～19.8 °Brix)时进行采收,以保持天然的酸度和平衡,否则酿出的酒会太宽、松松垮垮、口感粗糙。带"酒花"的雪利酒的基酒是清澈的、洋溢的和中性的,用与干白佐餐酒相同的方式生产,使用自流汁,只加最少量的二氧化硫(破碎步骤少于50 mg/L)并进行冷发酵。不应加入抗坏血酸,因为它会阻碍随后"酒花"的生长。酒的pH值范围应为3.0～3.4。年轻的酒用膨润土来稳定,可以在发酵过程中或第一次分离倒酒后进行,发酵在10～18℃条件下持续并彻底完成。压榨酒一般在生产不长酒花的干雪利酒时单独使用。

橡木桶内表面酵母菌膜的形成 酿制带"酒花"的雪利酒可以分为3个步骤:第一步如上所述是生产基酒。第二步是培养"酒花"酵母形成表面菌膜,或者让轻微加强的基酒进行"酒花"酵母的浸入通气培养。第三个也就是最后一个步骤是对已经完成的和再次加强的葡萄酒进行成熟。对橡木桶中葡萄酒表面菌膜的生长,葡萄酒首先用中性酒精(酒精体积比大约为95%)轻微加强到酒精体积比15%,泵入橡木桶(一般用大桶),留出20%的空间,然后在表面接种精选的雪利酒"酒花"酵母。用棉絮轻轻堵上木桶的桶孔,允许空气通过但阻止果蝇的飞入,然后保持在15～22℃的温度范围。

西班牙的工艺使用索莱拉部分勾兑成熟系统,盛放长着"酒花"的雪利酒的橡木桶码放成很多层。每一层包含不同年份的酒,最年轻的酒在顶上,次年轻的酒正好在它的下面,并依此类推。这些索莱拉和它们相关的各层木桶或最老的索莱拉可以组成许多层,操作起来可能相当复杂,用简单的3层索莱拉系统作例子是最好的展示。一般每年2次,底层每个橡木桶中在酒花上陈酿时间最长的葡萄酒被取出大约1/3,并进行勾兑。这些酒随后强化到酒精体积含量达到大约18%,如果需要,用橡木桶中陈酿的加强葡萄醪或甜雪利酒来增甜,并进一步在橡木桶中成熟,一般是利用另外一个索莱拉系统。底层橡木桶中留下的空间马上由上面的桶中更年轻的酒来填充,使上面一层每个橡木桶中都有一定量的酒被分配到底层的橡木桶中。然后这些第二层木桶中的空间,被来自最高层橡木桶中在"酒花"上陈酿时间最短的酒用同样的方法充满。最终,顶层的空间用当年生产的新强化基酒充满。所有的酒都在菌膜的下面,转移过程中一定要小心,不要无端破坏菌膜。

所有这些独立勾兑操作的最终结果是获得非常均匀的最终勾兑,这种小心而连续的勾兑是西班牙系统的主要特点。由于十分耗费人力,在澳大利亚使用索莱拉系统时,对其进行了改良,去掉了许多单独的转移。取决于橡木桶的层数,经过一些年后,处于各层木桶内的葡萄酒的平均年龄变得恒定。在4层索莱拉体系中大约10年以后位于最底层的葡萄酒的年龄达到恒定,而对有8层的索莱拉体系来说需要约20年。很不幸,市场对这种类型葡萄酒的需求正在减少,生产在经济上已经变得入不敷出,一些前些年的优质雪利酒已经从市面上消失了。

采用表面菌膜的发酵罐生产 为得到更快的菌膜生长,澳大利亚的一项发明是在大约 2 m 深的浅罐中，在基酒上培养酵母菌膜。发酵罐是封闭的，但留有一个小的通气孔上面覆盖着细网(防止果蝇进入)。顶盖的主要目的是防止酒精的蒸发损失。基酒是经过稳定处理和无菌过滤的干白葡萄酒，由帕罗米诺或佩德罗一希梅内斯葡萄酿制，通过强化使葡萄酒中的酒精体积含量达到 15.0%，pH 值为 3.0～3.4，总二氧化硫少于 50 mg/L。

用喷雾器将“酒花”酵母喷到葡萄酒表面，或用已经长成的菌膜铺膜，然后在温度为 15～22℃条件下生长 6～10 周。到这时，葡萄酒的深度不到 1 m，已经获得了足够的“酒花”特征，通过品尝和测量乙醛含量来进行评估，乙醛含量应该在 150～300 mg/L。然后把酒小心地抽吸到用于陈酿成熟的橡木桶里，不要破坏菲洛菌薄膜，再在菌膜下注入一批新鲜的基酒。在一些酒窖，新的基酒要再次用“酒花”酵母进行接种。

人们使用各种装置对涂蜡的水泥浅池进行封盖，如安装可移动的倾斜顶盖。在“酒花”菌膜生长期间，倾斜盖的内壁形成冷凝物，冷凝液会流到水泥池的边缘，然后流回酒里。如果顶盖不是倾斜的，冷凝物就会直接滴落到菌膜的表面破坏其连续性。一般冷凝液中酒精的体积百分含量为 15%～20%。

从菌膜下抽出的葡萄酒经过滤、强化、橡木桶成熟、勾兑工艺，如果需要可以用经橡木桶陈酿的餐后甜酒进行甜化，然后装瓶。根据市场的需要和人们所期望的葡萄酒品质，决定雪利酒的成熟程度，以及如何与其他成熟的葡萄酒进行勾兑。按这种方法生产的酒有很高的品质，但整体上不如在橡木桶中“酒花”酵母下生产的品质好。

浸入发酵型雪利酒的生产　在大规模工业化发酵中，以微生物的表面培养为起始，常发展成浸入式培养，例如：抗生素和醋的生产都是如此，现在这种方法还用于带“酒花”雪利酒的生产。尤其是在美国加州，目前大部分带“酒花”的雪利酒都是利用浸入培养菌系生产的。生产条件差别很大，产品可能包含极高浓度的乙醛，如达到约 1 000 mg/L。这样高的乙醛浓度，既不美味也不健康，要与没有处理过的酒进行勾兑来降低乙醛浓度。以这种工艺生产出的葡萄酒经过强化和一定的橡木桶成熟后，会带有明显的“酒花”特性，但不具有雪利酒的特性，也缺乏在橡木桶中菌膜下延长成熟所具有的特点。

基酒按照上述方法准备，其中酒精的体积含量是 13.5%～14.8%。将基酒置于密闭的容器中，加入酵母，有趣的是，并不一定要“酒花”酵母，通气一段时间，可以在 1～6 周的范围，对温度是否进行控制都行。不同的生产商采用不同的通气程序，不存在标准化操作。有时在有空气或氧气压力存在的情况下勾兑酒，或使用高储水罐为容器内的葡萄酒施加一个平均为 12～15 psig 的顶部压力。使用空泡发生器也非常成功，在这个系统中氧气的压力来自旋转的螺旋浆叶所产生的力量。

浸入液面的通气条件下的酵母生长，在快速积累乙醛方面具有重要的经济优势，因此可以快速生产具有特色的酒。这类葡萄酒是清爽美味的，带有年轻的“酒花”特性，但不如利用表面菌膜生产的雪利酒成熟和圆润，利用表面菌膜生产的雪利酒有长时间的橡木桶后熟过程。

柱状“酒花”的生长 弗纳康发明了(但没有发表)一种快速积累乙醛的工艺，让雪利酒的基酒慢慢顺着一个填塞了生长着“酒花”酵母的橡木片的不锈钢圆柱流下。它实际上是一个固定化的酵母柱，带有可调节的通风阀门(用网覆盖，防止昆虫进入)来控制“酒花”酵母的生长。在澳大利亚，这个工艺被成功地用于商业化生产。流进的酒被冷却到约12℃，因为柱中酵母的新陈代谢会产生相当多的热量，通常乙醛产量可以达到150～300 mg/L。最初葡萄酒循环流动，以建立柱中的微生物条件，此后从柱顶到柱底的一个流程，就足以使葡萄酒获得“酒花”酵母的特性，从而实现连续生产。然后，对葡萄酒进行强化，并根据市场需求在无“酒花”菌膜的条件下，让葡萄酒在橡木桶里成熟或长或短的一段时间。

“酒花”的生长温度 温度对“酒花”生长有最重要的影响，温度过高会导致葡萄酒品质明显降低。“酒花”生长的最适温度为15～22℃，长期超过这个温度范围会形成品质低劣缺乏典型性的酒。温度控制与雪利酒生产柱的关系更为密切，在生产柱中随着酒从上到下地流过，由于活性酵母的新陈代谢作用，葡萄酒的温度会显著上升。由于这个原因，生产柱要安置在可控温的房间里，当酒进入柱子前要进行冷却。

“酒花”酵母的选择 在澳大利亚，雪利酒基本上是利用精选的产膜酵母的纯系来酿造的。一些酵母是澳大利亚本土的，但大部分最初来自西班牙。产膜酵母最早是由西班牙的Marcilla，Alas和Feduchy定名为*Saccharomyces beticus*，在文献中被指为*S. bayanus*(拜尔接合酵母)、*S. fermentati*(发酵酵母)、*S. cerevisiae*(葡萄酒酵母)以及其他种类的酵母。它们可能就是最初被引进到澳大利亚的“酒花”酵母。酿酒酵母属的多个种和菌株在完成酒精发酵后能在酒液表面形成一个稳定的需氧菌膜，但这种能力与这些酵母的分类无关。

带“酒花”雪利酒的成分 现代分析揭示了带“酒花”雪利酒的化学复杂性。由于“酒花”生长而产生的一百多种挥发性物质被鉴定出来，包含取代内酯、乙缩醛、酯和乙酰胺，还有乙醛。主要的特征性化合物是乙醛和乙缩醛。在菌膜生长条件下甘油减少，鉴别出甘油的乙缩醛酸环。菌膜生长所形成的一些已酸、辛酸、癸酸的乙酯可能是关键的雪利酒香气。乙醛测量的传统方法已经被更快速、专一性更好的酶学方法所代替。

波特酒(port)

波特酒是由红葡萄酿制的一种强化型甜酒，它的名字起源于葡萄牙的波尔图(Porto)，离波尔图不远有很多葡萄(大约17个葡萄牙本地品种)种植在杜罗河的山谷中，葡萄酒在位于波尔图市郊区杜罗河南岸的Vila Nova da Gaia进行勾兑和后熟。

澳大利亚酿造波特酒的常用品种为歌海娜、西拉、玛塔罗和赤霞珠，加上一些白色品种，如托卡伊，来减轻颜色。这与葡萄牙所用的品种不同，可能因为上述品种在澳大利亚比葡萄牙品种栽培广泛得多，并能够生产出满足市场需要的波特酒品质。最好的酒由很甜的波美度超过 14 的葡萄酿制。生产工艺是葡萄除梗破碎，把葡萄醪泵入顶端开放的或关闭的发酵罐，加入 50～80 mg/L 的二氧化硫、酒石酸和精选纯系酵母，通过抽吸葡萄醪喷淋或使用压板压果皮帽进行带皮发酵(有趣的是在红葡萄酒酿造中提到的杜塞里工艺，在葡萄牙被广泛用于酿制波特酒)。发酵温度通常为 18～25℃，如果低于这个温度，酒的颜色和酒体就会减损。通常在波美度约为 9 时去除果皮，然后对葡萄酒进行强化使酒精体积比达到约 18%，根据葡萄酒的风格使最终的甜度为 3.5～6 °Bé。澳大利亚的波特酒比葡萄牙的要甜，其波美度通常为 3～4。

茶色波特一般由来自不同年份的在橡木桶中成熟的酒勾兑而来，并常用高酒精度的酒精进行强化。较长的橡木桶成熟过程使葡萄酒的颜色变浅，果香和风味更加复杂。另一方面，年份波特，由单一年份的葡萄酒组成，在橡木桶中短期陈酿，瓶中陈酿时间较长。波特酒通常用白兰地来强化，其酒精体积比高达 80%～83%，澳大利亚年份波特比茶色波特的酒体更重，颜色更深。

带皮强化是一项进步，因为加入的酒精促进了从果皮中提取色素。对需要较高单宁的年份波特来说，压榨酒可以添回到自流酒中，或者将压榨酒单独发酵生产大量交易的价格较为便宜的宝石红波特酒。发酵后对葡萄酒进行倒酒，需要时可以根据要酿造的葡萄酒的风格进行凝胶下胶，以去除过多的单宁。茶色波特在澳大利亚更为流行，它的陈酿成熟使用小橡木桶在 20～28℃条件下进行。酒在小橡木桶中和炎热条件下成熟最快。当在大木桶(如 2 000 L 容积)中储藏时，酒容易出现陈旧的不新鲜桶味。

茶色和年份波特的 pH 值都要调到 3.4～3.8，酒精体积含量为 17%～19%。只对总二氧化硫而非游离二氧化硫的量进行测定，一般为 80～150 mg/L。年轻的波特酒可能需要进行冷稳定，沉淀酒石酸钾和不稳定的色素成分。

年份波特在风格上差别很大，没有茶色波特那么流行。葡萄品种通常为西拉，因为用它酿出的酒体量重，干浸出物更多。一般在强化前发酵较长的时间，目的是让发酵直至含糖量较少，为 3.5～4.0 °Bé 时才结束，这一点更像葡萄牙年份波特的甜度。但是，澳大利亚的年份波特通常浸提度更高，包含更多的单宁和色素，也更为强劲。这些酒用白兰地酒精强化到酒精体积比为 18%～20%，pH 值约为 3.7。一些产品完全不进行橡木桶储藏，直接从不锈钢储酒罐中进行装瓶。这种方法保持了葡萄酒的新鲜感，并避免了肥大的果酱般的风格。可以对葡萄酒进行凝胶下胶，去除过多的单宁，然后进行无过滤直接装瓶。

澳大利亚的波特酒保持了它们的吸引力，酿出一些非常细腻的好酒。主要是茶色波特，其中最好的产品拥有来自长时间橡木桶陈酿的极致的细腻、复杂和深度特征。相反，澳大利亚的年份波特就不那么吸引人，因为它们的酒体和颜色都很重，通常成熟度不够，果实特征也较少。

其他的强化酒由托卡伊、Madeira、麝香葡萄和味德合等品种按照上述方法酿制，总体质量不错，也有一些非常出色的产品。很多酒厂生产这些酒，一定程度上是作为强化酒时代的遗风，同时也发现它们是葡萄酒爱好者喜欢的产品之一。此外，加香的强化酒味美思也由中性的葡萄品种生产。味美思酒的特色在于它们具有复杂的草本植物的风味，使之成为流行的开胃酒风格。生产必需的经干燥的草本植物或其提取物由国外进口，通常来自意大利，其中包含多达 30 种不同的成分。味美思作为一类产品，其甜度可以从干或半干到相当甜，颜色从淡金黄色到深琥珀色。

图 4.4 对酿造甜强化酒的流程进行了举例。

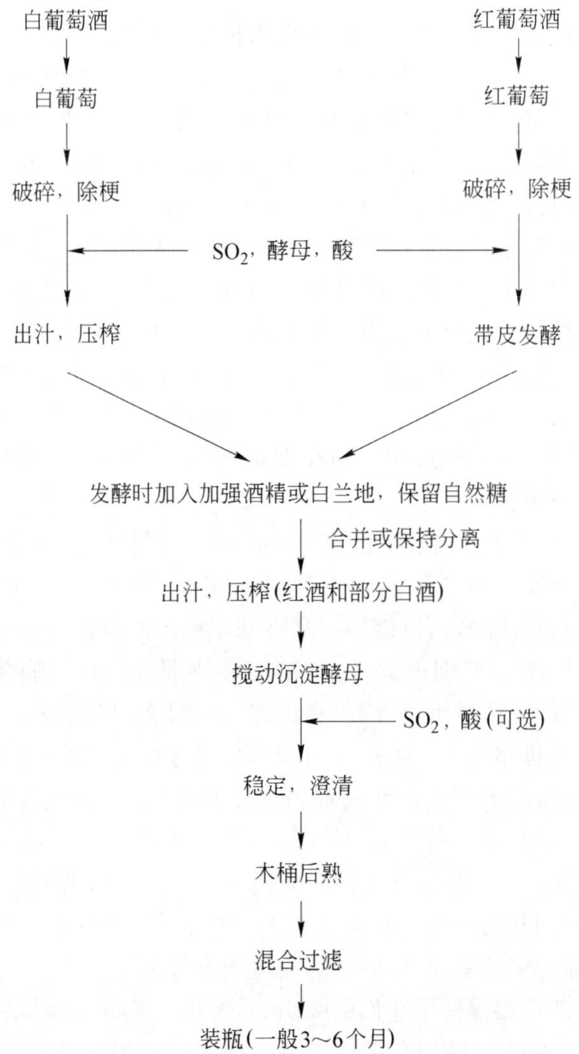

图 4.4 甜强化酒的酿制流程图

低酒精葡萄酒(Low-alcohol wines)

近年来,市场上出现了对酒精含量低于常规的发酵饮料的需求。对葡萄酒和啤酒尤其如此,相关法规进行了调整,对这类产品进行定义。由各州公布的澳大利亚食品标准代码1985,除在20℃时每升中酒精含量不低于80 mL(即8%体积比)的普通葡萄酒之外,增加了两种类型的低酒精葡萄酒。它们是:

- 酒精含量降低的葡萄酒。通过不同方式,但不包括用水稀释葡萄酒,使葡萄酒中的酒精含量减少,20℃条件下含有11.5~65 mL/L的酒精。
- 脱醇葡萄酒。通过不同方式,但不包括用水稀释葡萄酒,使葡萄酒中的酒精含量减少至20℃条件下,含量不超过11.5 mL/L。

新西兰食品法案1984指明低酒精发酵饮品所包含的酒精含量不得超过1.7%,而常规酒精饮品,其酒精含量应高于这个数字。与此不同,没有指定佐餐酒的最低酒精含量。

澳大利亚和澳大利亚产品出口国的法律都要求低酒精葡萄酒必须先经过发酵,然后再去除酒精。生产这类葡萄酒的主要问题是在去除酒精的同时还必须保留葡萄酒的风味。我们所关注的是从普通葡萄酒生产低酒精的葡萄酒,这与用低成熟度的葡萄为原料,或者通过终止发酵的方法生产低酒精葡萄酒截然不同。对终止发酵来说,一个关键点是酵母在发酵过程中产生的人们希望得到的酯和其他风味物质的量是和酒精的产量成对应比例的,因此,如果发酵被终止它们的量就会降低。

目前为降低酒精含量所使用的主要方法是真空蒸馏、超滤和反渗透。

真空蒸馏 这个过程包含在真空下以连续流的方式蒸馏或浓缩葡萄酒,同时回收蒸出的成分和脱醇葡萄酒。所获得的葡萄酒可以与葡萄汁勾兑以增加风味。高真空低温浓缩器使用离心工艺,一般在温度30~40℃时采用上升或下降薄膜蒸发,使葡萄酒与蒸发表面产生短暂接触(对离心浓缩器来说是几秒钟)。也可以使用处于真空条件下的蒸馏柱。温度越低,葡萄酒中的风味物质降解就越少;加热时间越短,产生不想要的羟甲基糠醛的可能性就越小,羟甲基糠醛的产生需要在80℃时维持20 min。

高真空低温处理能有效地去除酒精,酒精可以用于其他产品中。从葡萄酒品质的角度看,不利影响没有常压蒸馏严重,在常压条件下,蒸馏葡萄酒要在接近100℃的温度下暴露20~30 min。葡萄酒需要减少的体积取决于要去除的酒精的多少。举个例子,将某种基酒中的酒精体积含量从12%减少到9%,必须去除大约8%的酒,但如果需要的最终酒精含量是3%,那么就必须去除45%的酒。对一款酒精含量低的葡萄酒,如9%的酒精含量,要将酒精含量减到低于1%,葡萄酒的体积需要减少约30%。要去除所有的酒精(如满足穆斯林国家的要求),葡萄酒需要减少体积约60%。香气的回收是重要的,并被广泛应用于果汁浓缩。挥发性香气在低温下(−30~5℃)被分段冷凝回收,以去除酒精,并尽可能多地保持挥发性香气化合物，然后加回到浓缩产物中。

超滤和反渗透 这些工艺在去除酒精上有相当大的潜力，酒精通过薄膜被透过，而去除酒精的酒被保留下来。使用一种只允许低分子量分子通过的薄膜，酒精(和其他近似分子量的化合物)就能被去除。通过将葡萄酒在不同分压下分离，生产低酒精饮料的技术受到专利的保护，据说能够在不改变产品风味的前提下去除酒精。最合适的是只能透过酒精和水的薄膜。

与低酒精葡萄酒相关的一个问题是：它们容易发生微生物的破败，对这一点应该谨记。防止发生微生物破败的技术请见本书其他章节。

1 t葡萄的葡萄酒产率(Yield of wine from one tonne of grapes)

从成本和运行效率的观点看，由葡萄到葡萄酒的产率对酒厂很重要。这个产率取决于很多因素，特别是葡萄品种、果实的成熟状态、气候、灌溉程度、出汁和压榨方法以及有多少压榨汁(酒)被加回到葡萄酒中。

澳大利亚葡萄酒产业中从 1 t 葡萄(1 000 kg 或 2 204 lb)所获得的葡萄酒的量，按升表示如下：

白佐餐酒	650～850 L
红佐餐酒	670～750 L
餐后甜酒(不包含加入的酒精)	700～750 L

根据葡萄酒厂所在的地区和所采用的品种，1 t 葡萄经强力压榨后所获得的果汁总量为 750～850 L。最后获得的压榨汁质量最差。最高的葡萄汁产率来自于炎热而有灌溉条件的葡萄园，以及那些专长于从无核白品种上榨取最多果汁的酒厂。对优质产区的干白佐餐酒来说，一般能够从静置出汁设备中获得 500～550 L的自流汁，通过各种压榨设备可以获得额外的 150 L 葡萄汁。由于上面提到的因素变化很大，精确的平均值对整个产业来说不是很有意义，尽管各个葡萄酒厂可能都精确地计算这些数字。例如：1987 年份，一个葡萄酒厂总体平均每吨葡萄获得 698 L 白佐餐酒，722 L 红佐餐酒，但具体数值的范围差别是相当大的。在高质量佐餐酒的生产中，正常的白葡萄酒产量为 650～730 L，红酒为 670～720 L。

葡萄穗的各个部位，如梗、果皮、种子和果肉，所占的相对百分比已列在前面，它们影响着葡萄汁和葡萄酒的产量。这些百分比随着葡萄品种、气候、灌溉、葡萄园修剪方式和使用的技术而变化。

葡萄酒厂的记录(Winery records)

葡萄酒厂需要为技术、财务和法律目的，保持他们的操作记录。酿酒师需要知道两种类型的信息：

1 葡萄酒厂目前所处的状态。

- 现有葡萄酒的量和存放位置,包括损耗。
- 所有葡萄酒容器:如罐、木桶等的容量、大小和类型。
- 对不同葡萄酒已经进行的和将要进行的具体操作,包括:添加物、勾兑、过滤、下胶和分离倒酒等。
- 分析和品尝记录。

2 葡萄酒厂操作的历史记录。

- 有关葡萄收获量、出汁量、沉淀后体积、损耗等内容的文件。

会计师需要类似的文件,来了解必需的成本,评估财务操作和经营的可获利性。

大部分葡萄酒厂的详细记录体系由两个部分组成,一个指明了所有葡萄酒的存放位置和所有储藏容器里的具体葡萄酒,另外一个记录葡萄酒酿造操作的所有方面。后者应为大的活页操作手册。在小葡萄酒厂,这两个部分中的前一个可以简单些,因为酿酒师能够跟踪每种葡萄酒和每一个储藏容器。在更大的酒厂,需要更复杂的体系,通常包括一个彩色编码墙,以有效展示所有容器的位置、大小和其中所盛装的产品。此外,可能还包括计划要进行的转运或对各种葡萄酒的不同处理。

强化酒的生产中,使用白兰地和强化酒精的相关法律要求,必须符合海关和税务部门的规定,需要相关的文件计算交税和其他需要依法支出的金额。这些可能基于破碎葡萄的吨数或销售葡萄酒的数量。

目前不同的葡萄酒厂使用不同的记录体系,本章强调了进行这类记录的必要性,并没有推荐任何一种记录体系。对一个大酒厂来说,在各项操作中为不同目的使用 100 多种表格并不稀奇,它们通常是自用文件。1974 年 2 月号的《澳大利亚葡萄酒啤酒和烈性酒评论》刊登了一种有用的记录体系。

5　葡萄和葡萄醪处理工艺

Grape and must handling procedures

了解葡萄酒厂的操作原理是很重要的。针对涉及葡萄处理的各种操作，了解葡萄浆果的复杂性和非常区隔化的自然特征将大有裨益，如图 5.1 中所示。

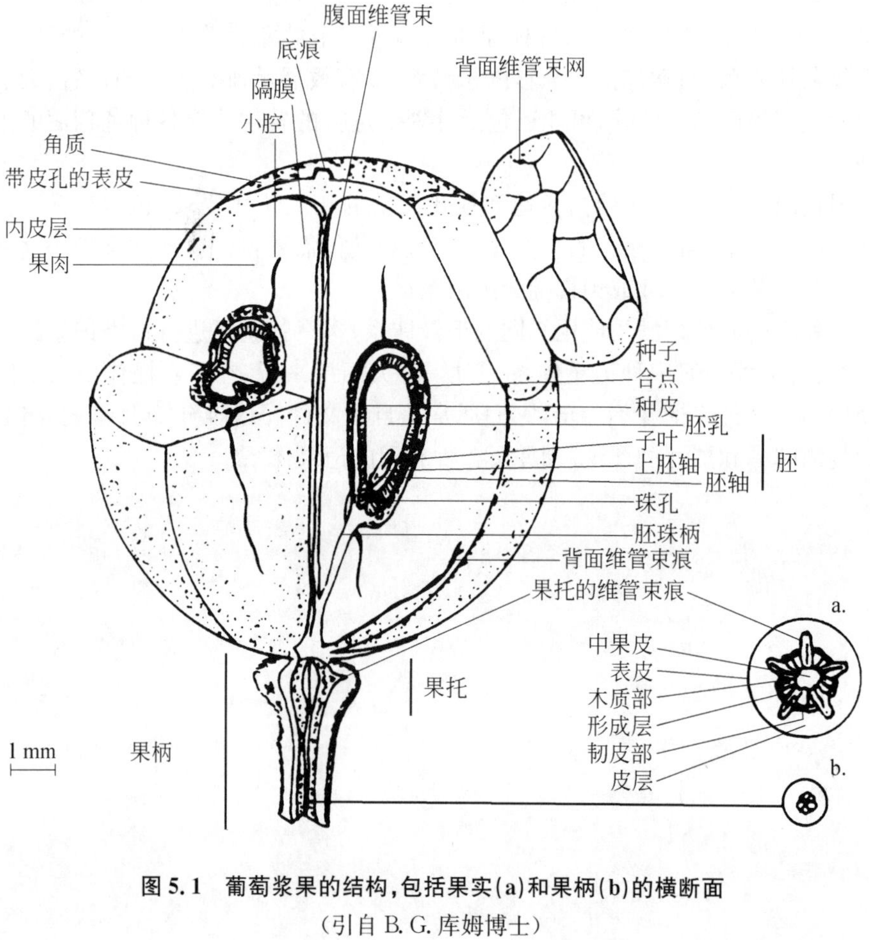

图 5.1　葡萄浆果的结构，包括果实(a)和果柄(b)的横断面

（引自 B. G. 库姆博士）

从外表开始，浆果由一层密封的角质层所包裹，使果实保持完整，免受环境影响，蜡质层使果实防水。角质层下是果实的表皮，然后是内皮层或称为表皮下层细胞。内皮层在酿酒中非常重要，因为它们由7～8层厚壁细胞构成，它们的液泡中含有使红葡萄酒具有颜色的各种色素，以及其他重要成分。角质层、表皮和内皮层共同组成了果皮。

内皮层的下面是果肉，占据了果实的大部分体积。果肉中间散布着由维管束组成的网络，果肉由大而不规则的细胞组成，体积是表皮细胞的500倍。构成果汁的葡萄汁液主要存在于这些大而易碎的细胞的液泡中，比较容易释放出来。

差不多在果肉的中央是种子，一般为2枚，是红葡萄酒中单宁的来源，可以通过发酵时延长种子和果皮与果汁的接触时间而被部分提取出来。发酵过程中形成的酒精作为溶剂，促进种子中的单宁和酚类化合物溶解到葡萄醪中。种子内有胚可以进行葡萄的繁殖，但葡萄种子的这个功能，除了用来培育新品种，与商业化的葡萄栽培和葡萄酒酿造没有关系。

小的果皮细胞和很大的果肉细胞都由几部分组成，即细胞壁（相当大程度上纤维素为细胞提供结构支撑）、液泡和细胞壁之间的细胞质，它是细胞功能所必需的大部分酶催化作用的区域，细胞质膜限定了细胞质的边界，并控制营养物质进出细胞。细胞核在细胞质中，是遗传复制的场所。

当葡萄经过破碎机，大量果肉细胞被破碎，释放出绝大多数的果汁。但经过这种对果实整体的破坏，只有少数的内皮层细胞破碎，而种子则完全没有破碎。当破碎的果实出汁时，如酿制白葡萄酒，果汁不断流淌出来，形成自流汁部分。

当出汁后的果实被压榨时，大部分的内皮层细胞破碎，形成压榨汁的重要组成成分。与自流汁相比，压榨汁中带涩味的酚类物质、阳离子（主要是钾）和pH值都较高，由于这个原因酿酒师可能将它们单独处理。果皮与果汁的接触有助于从内皮层细胞中析出各种各样的风味物质。

果实的细胞壁由果胶黏合在一起，果胶是长链的像树胶一样的黏合物，在出汁和压榨后，果胶趋向于维持细胞连在一起的状态。要获得澄清的果汁，需要用果胶裂解酶或称果胶酶打断果胶，使葡萄果肉和细胞碎片沉淀下来。在果实中，这些酶有少量的自然存在，但它们的澄清作用很慢而且不完全，因此自然澄清的果汁仍有一定的混浊，或呈现微乳白色。果胶通过它很长的分子链结构，使葡萄果肉细胞和碎片保持悬浮。

当加入果胶酶后（市场上有各种商业化的果胶酶产品），果胶降解的速度大大加快，在沉淀后得到澄清的果汁上清液。果胶裂解酶作用的最有效温度约为45℃，但由于这个温度对葡萄酒酿造来说太高了，澄清需要在低一些的温度下进行，因此如果要得到澄清的果汁，需要更长的时间。

为了获得最大的出汁量，需要破坏细胞的半透膜，因为它们阻碍着内含物的自由扩散。尽管纤维素壁存在，它们本身并不阻碍溶质的扩散。加热、二氧化硫和亲脂性溶剂，如酒精等，都能破坏这些膜。因此，表皮下层细胞液泡中的花青素（红色和紫色）向果汁中的释放，会随着葡萄中糖的发酵，产生越来越多的酒精而加速。单独的加热处理，如 70℃ 30 min，将非常快地释放液泡内含物，这就是红葡萄酒酿造中对颜色进行热浸提的原理。本章在后面将谈到这个问题。

因此，酿酒师所寻求的是破坏果实中包裹细胞的半透膜，实际采用的工艺正是为了完成这个目标。许多物质被释放出来，如主要存在于细胞质中的可溶性蛋白质。如果不用膨润土、蛋白水解酶或加热的方法把这些蛋白质从葡萄汁或葡萄酒里除去，它们会使装瓶后的葡萄酒出现蛋白质混浊，这是葡萄酒酿造中最严重的"健康"问题之一。

多种多样的其他物质也在葡萄果实中存在区隔化。例如：钾、酚类化合物和色素主要存在于小的表皮下细胞，包括大部分的钾和几乎全部的色素（除了那些红汁葡萄品种），因此压榨汁中这些物质的含量多于自流汁。与前面不同，果肉细胞中的糖要多于果皮细胞，随着果实的成熟，葡萄糖对果糖的比例（后者比较甜）降低。酸相当均匀地分布在果实中。风味物质，如烯类，并不像人们通常所认为的那样只存在于果皮中，葡萄品种不同时，重要的烯类物质在果皮、果汁和果肉之间的分布不同。例如，麝香葡萄和芬亭兰品种里，芳樟醇在果汁里的含量高，而香叶醇在果皮细胞里的含量高。

波美度、白令度、白利度和奥氏度(Baumé, Balling, Brix and Oechsle)

历史上澳大利亚的葡萄酒产业使用多种比重测量方法，测量葡萄酒和葡萄醪的密度。常用的度量衡是波美度和白利度，偶尔用白令度，最近有人用奥氏度。新西兰的酿酒师主要统一为白利度。这些术语的来源以及它们之间的不同如下。

波美度

从起源和在澳大利亚葡萄酒产业中的使用看，波美度是最重要的度量衡。它是由安东尼·波美为了完全不同的目的而发明的，当时是为了测量海水中的含盐量。波美先生于 1728 年出生在法国的 Senlis，1804 年在巴黎去世。他是巴黎的一个药剂师，1743 年出徒，开始制造并供应药品和仪器。他一定兴趣广泛并热衷于发明创造。1767 年，他成为第一个铵盐或氯化铵的大规模生产者。1777 年，由于为葡萄酒蒸馏设计制造了最好的炉子和蒸馏器而获奖。1768 年，他发明了波美气体液体比重计。但是波美比重计的应用方向不是非常明确，使用条件不易重复，因此出现了各种各样的波美比重量度。最终，问题以现存的两种尺度的出现而得到解决，一种应用于比水重的液体，一种应用于比水轻的。

对我们来说，比水重的尺度更为重要，0 °Bé 表示 15℃时蒸馏水的比重，10 °Bé 对应于 10%盐溶液的比重。最初，波美的定义是：15 °Bé 为 12.5℃或 10.0 列氏度时，重量百分比为15%氯化钠和85%水溶液的比重。对比水轻的液体，0 °Bé 表示10%的盐溶液，−10 °Bé 表示蒸馏水。对在 20℃时（系数 145）使用比重计，应该在 20℃的蒸馏水中校正比重计读数为 0，这就是检查其准确性的方法。

继而，人们发现，当对成熟葡萄的果汁进行测量时，波美度读数非常接近于葡萄汁发酵后所产生的酒精体积百分比。例如，葡萄汁测得 11 °Bé，当发酵成干酒时，将产生体积比约为 11%的酒精。经验值是在葡萄汁中 1 波美度相当于 1.8%的可溶性固形物，其中大部分是糖（葡萄糖、果糖和少量蔗糖）。

白令度

卡尔·约瑟夫·拿破仑·白令是捷克斯洛伐克的一名化学家（1805—1868）。他从事冶金、鼓风炉技术、糖的生产和发酵工作，1839 年发明了白令比重计用来测量糖浆的浓度。白令度所表示的是在 15.6℃或 12.5 列氏温度时，在 100 g 水中蔗糖的克数。

白利度

白令没有能够完成他的研究。1854 年，澳大利亚数学家白利，从白令的数据中得出一张表格，利用这张表格可以制作一系列的液体比重计，从 0 到 75 °Brix 可以直接读出糖浆中糖的百分含量，即从 0 到 75%的糖。白利单位几乎普遍应用于现代制糖工业。当用于葡萄果汁时，白利度表示果汁中的可溶性固形物，而不是含糖量，尽管在成熟葡萄的果汁中，糖是浓度最大的组分。今天绝大部分的白利比重计在 20℃校正，在其他温度测量时必须使用修正。高于 20℃每升高 1℃，比重读数降低 0.1 °Brix。热带地区可以使用标准温度为 27.5℃或 81.5 F 的同类比重计。

有趣的是，白利是个数学家，与制糖工业无关，而且也不做试验，他仅仅依靠研究白令的数据，就得到了我们今天所用的白利度表格。

奥氏度

这个比重单位由来自德国普福尔茨海姆的 Ferdinand Oechsle（1774—1852）引入，由于与比重直接相关，在所有的比重度量衡中，它是最基本的。对一种液体，如葡萄汁，奥氏度的度数，是比重减 1 再乘以 1 000，例如，一种 100 °Oe 的葡萄醪对应的比重为 1.100，正好相当于 13.1 °Bé 或 23.6 °Brix。

这 4 种比重单位之间可以由一系列的公式进行换算，数据值的对应比较列在表 5.1 中。如果测量不是在标准比重的温度下进行，就需要进行温度校正。对波美计的校正如下：在 20℃以上每升高 1℃，读数加 0.03 °Bé，在 20℃以下每降低 1℃减 0.03 °Bé。对于白利度的校正是 0.05 °。

表 5.1　不同计量单位的比较

D	奥氏度	波美度	白利度
1.051	51	7,0	12,5
2	52	7,1	12,8
3	53	7,3	13,0
4	54	7,4	13,2
5	55	7,5	13,5
6	56	7,6	13,7
7	57	7,8	14,0
8	58	7,9	14,2
9	59	8,0	14,4
1.060	60	8,2	14,7
1	61	8,3	14,9
2	62	8,4	15,1
3	63	8,5	15,4
4	64	8,7	15,6
5	65	8,8	15,8
6	66	8,9	16,1
7	67	9,1	16,3
8	68	9,2	16,5
9	69	9,3	16,8
1.070	70	9,4	17,0
1	71	9,6	17,2
2	72	9,7	17,5
3	73	9,8	17,7
4	74	9,9	17,9
5	75	10,1	18,1
6	76	10,2	18,4
7	77	10,3	18,6
8	78	10,4	18,8
9	79	10,6	19,0
1.080	80	10,7	19,3
1	81	10,8	19,5
2	82	10,9	19,7
3	83	11,0	20,0
4	84	11,2	20,2
5	85	11,3	20,4
6	86	11,4	20,6
7	87	11,5	20,8
8	88	11,7	21,1
9	89	11,8	21,3
1.090	90	11,9	21,5
1.091	91	12,0	21,7
2	92	12,1	21,9
3	93	12,3	22,2
4	94	12,4	22,4
5	95	12,5	22,5
6	96	12,6	22,8
7	97	12,8	23,0
8	98	12,9	23,2
9	99	13,0	23,5
1.100	100	13,1	23,7
1	101	13,2	23,9
2	102	13,3	24,1
3	103	13,5	24,3
4	104	13,6	24,5
5	105	13,7	24,8
6	106	13,8	25,0
7	107	13,9	25,2
8	108	14,0	25,4
9	109	14,2	25,6
1.110	110	14,3	25,8
1	111	14,4	26,1
2	112	14,5	26,3
3	113	14,6	26,5
4	114	14,7	26,6
5	115	14,9	26,9
6	116	15,0	27,1
7	117	15,1	27,3
8	118	15,2	27,5
9	119	15,3	27,8
1.120	120	15,5	28,0
1	121	15,6	28,2
2	122	15,7	28,4
3	123	15,8	28,6
4	124	15,9	28,8
5	125	16,0	29,0
6	126	16,1	29,2
7	127	16,3	29,4
8	128	16,4	29,7
9	129	16,5	29,9
1.130	130	16,6	30,1

果胶和果胶裂解酶(Pectin and pectolytic enzymes)

当白品种的葡萄破碎出汁时,果汁是不清亮的,有时甚至相当混浊。当澄清过夜后,一些较大的悬浮物沉淀至容器的底部,果汁变得澄清了一些。但是,如果破碎后加入果胶裂解酶,果汁被澄清,就会变得相当的清亮,并形成不少的沉淀。其中的原理是在未处理的混浊果汁中,来自葡萄的果胶使果肉的悬浮微粒保持悬浮,当果胶被果胶裂解酶破坏后,悬浮液中的物质沉到底部,剩下的果汁就澄清了。

果胶和纤维素、半纤维素及木质素一样,是构成植物细胞的结构成分。在葡萄果实中,果胶存在于细胞之间,以及细胞壁中,使细胞按照结构位置结合在一起。当葡萄果实成熟时,果胶被葡萄中天然存在的果胶裂解酶逐渐水解,使果实变得柔软。成熟葡萄中果胶的总量在 0.02%~0.5%。

事实上,果胶是一系列由半乳糖醛酸残基组成相关化合物,包括原果胶、果胶酸和果胶酯。基本的果胶由半乳糖醛酸分子的聚合体组成,每个半乳糖醛酸分子包含一个甲基侧链和各种糖,如半乳糖、甘露糖和阿拉伯糖。果胶不是成分单一的物质,它的相对分子质量范围是 10 000~400 000,相当于 50~2 000 个半乳糖醛酸单位。发酵期间,酵母产生的果胶裂解活性和酒精使葡萄汁中绝大部分的果胶分解。一个简单的测试是加入 4~5 倍体积的酒精,观察是否形成凝胶沉淀,如果有就表明葡萄汁和葡萄酒里存在着果胶。

葡萄里有天然的果胶裂解酶,缓慢地分解果胶,减少葡萄汁的黏度。在这个过程中释放半乳糖醛酸和甲醇,它们是葡萄酒中这些物质的主要来源。但是,一般葡萄中天然果胶酶的浓度不足以澄清果汁。加入商业制品,在出汁时有利于更快地获得葡萄汁,并有助于过滤。市场上商业果胶酶有各种名字,这些果胶酶一般都由真菌生产,是几种酶的混合物。葡萄和葡萄酒中很重要的是多聚半乳糖醛酸内切酶,它能随机切断长链聚合物,还有果胶甲基化酶,随着甲醇的形成去除甲基。

在果汁加工中加入商业果胶酶是很常见的,它能使果汁更快地流动,增加澄清度,许多酿酒师都经常使用它。果胶酶的活性显著依赖于果汁的 pH 值,在 pH 值范围为 2.8~4.2 时活性最高。随着 pH 值的降低(酸度增加)需要更多的酶。当温度在 8~55℃时,果胶酶都具有催化活性,最适温度是 45~50℃。在整个活性温度范围内,向最适温度方向每上升 10℃,反应速度翻番。能对果胶酶活性产生抑制的物质是游离二氧化硫、酒精(特别是高于体积比 17%以上时)以及用膨润土、丹宁下胶等。

破碎(Crushing)

葡萄果实是非常完整的水果,能耐受很多自然条件,如雨、热、一定的干燥,甚至暴露于真空。正如我们所看到的,这种耐受性是由于葡萄具有坚固的表皮或果皮层，并由油脂酸组成的蜡质所包被。因此，要释放果实的内含物，需要通过不均匀地挤压和剪切力破坏果实的完整性。直接的均匀挤压，如：放入压榨篮里，只能挤碎部分果实。由于色素只存在于果皮中，法国香槟地区使用这种不经破碎的直接压榨法，可以从红葡萄中获得白色的葡萄汁。世界上其他地区有时也使用这种方法，从白葡萄中获得品质最好的自流汁。

但是，要释放浆果中所有的果汁就需要对葡萄进行破碎，可以使用专门设计的破碎机。

历史上，澳大利亚所使用的葡萄破碎机为搅拌器类型，包含一个固定的不锈钢打孔圆桶，内部有金属或木头的搅拌器沿长轴方向旋转。这种破碎机是这样设计的：葡萄从一端被送进破碎机，进行除梗，破碎的葡萄通常被推进圆桶上的孔洞内，从机器的另一端排出葡萄梗。这个设计简单而有效，平直的搅拌器与轴向呈一个角度安装，这使它们能够在与圆孔筛板接触的一端对着圆孔将葡萄剪切破碎。在筛板的远端，搅拌器与筛子之间的角度推动果梗离开筛板，并把它们送到位于末端的出口。因此，破碎机也必须同时是除梗机。例如：怀特希尔和 Bagshaw 葡萄压榨机，在美国加州广泛使用的 Garolla 除梗破碎机，除了圆桶形筛板是旋转的以外，与上述设备非常相似。

破碎机操作中，搅拌器和筛板之间的间隙很重要，大小依靠中心轴轴承上的垫片来调节。用于较小果实的搅拌式破碎机在处理较大的果实时，通常需要进行调整，反之亦然。筛子上的圆孔内侧最好加工成内倒角，以去除可能刮破葡萄梗的毛边。筛板上的开孔也可以是其他形状的。这些搅拌式破碎机仍在使用，但正在被滚筒式破碎机所取代，滚筒式破碎机工作起来更为柔和，也更适合佐餐葡萄酒的生产。

滚筒式破碎机也可以附带除梗功能。有多种形式可供选择：只有滚筒、滚筒后连接除梗机或者除梗机连接滚筒。滚筒部分包含 2 个、4 个或更多的水平带凹槽的滚筒，滚筒由硬铸造橡胶、包橡胶的钢、不锈钢或铝合金制成，由齿轮驱动并进行相对旋转。滚筒是可调节的，设置适宜的间隙能够对葡萄进行破碎，又不压破种子，或碾碎果梗。最近投放市场的法国设计的戴莫西破碎机，其特点是安装了钻石形横截面的橡胶双锥圆盘，能够和一体化葡萄醪泵协同工作。

去梗可以在破碎之前，也可以在破碎之后进行，但在破碎之前进行更好，这样在果实破碎前果梗就已经被去除了。除梗机有一个中央旋转轴，上面放射状地安置了很多直棒，外面是表面有孔的圆柱形笼筐，笼筐自身可以旋转或不能旋转。葡萄穿过笼筐上的孔，而较大的果梗则被送到末端的出口。一个好的除梗机应该能完全去除果梗，而不弄破它们或者将它们混入果汁，也不弄破葡萄。使用滚筒式破碎机，通常可以通过关闭与除梗机的连接而实现不除梗的直接破碎。

市场上也有其他类型的破碎机，如垂直式破碎机和葡萄磨，但在澳大利亚很少使用，因为它们不适合用于酿造优质葡萄酒。它们趋于将葡萄组织粉碎得过细，导致泡沫和果汁中含有大量的空气。

葡萄醪泵是破碎机组件的一部分，可以与破碎机整合，也可以单独分开。人们使用过各种各样的泵，现在通常使用柱塞泵或螺旋泵，后者有一个开口，结合一个阿基米德螺旋进口。最好采用全浸入式泵吸，这样泵只在有葡萄醪的时候才工作，从而避免吸入空气，造成葡萄醪充气。

果梗的移除可以使用果梗吹送设备，通过在出口末端产生真空来实现，或者通过带木头、塑料和金属板条或尼龙刷的传送带来完成，两者都存在卫生问题。果梗吹送设备只对短距离有效，比传送带要消耗多得多的能量。果梗可以弃置在葡萄园里，或者进行清洗提取残留的糖，糖能够发酵获得酒精。对破碎葡萄和弃置果梗的区域要仔细设计，以便对它们进行清洁，并保持卫生。

出汁和压榨(Draining and pressing)

当葡萄破碎后，果肉和已经裂开的果皮细胞中的汁液就会从葡萄果实中慢慢流出来。果汁流出的速度取决于出汁的时间、对果汁流动的限制、压力、是否有额外添加的果胶酶以及温度等。葡萄汁的质量以及出汁率，在一定程度上受到二氧化硫、氧气、抗氧化剂，如抗坏血酸和异抗坏血酸的影响。

历史上，甚至直到今天，在加压之前把葡萄压榨机用作出汁器都是很普遍、很经济的做法。传统上使用垂直的篮式压榨机，它今天仍是葡萄酒酿造的象征性标志，但近年来人们开发了其他类型的出汁器和压榨机，以加快出汁的操作，并提供品质更好的葡萄汁。以下是几种类型：

静态出汁器让葡萄汁流过一个多孔的或多狭缝的筛板，可以暴露于空气中或处于部分二氧化碳保护下。目前这种出汁器有几个类型正在使用，最流行的是米勒静态二氧化碳压力出汁器和利达民改进型。它们都为打破出汁后剩余的果皮进行了准备，安装有内置式的水平转动的传动轴，轴上有推动棒，通过两个在内部水平反向转动的阿基米德螺旋来清空。

水平篮式压榨机从一端或两端施加机械压或液压。压榨篮可以旋转，以便打破压实的果皮，并进行清空。篮筐可以覆盖一个防护罩或盖子，这样出汁和压榨就可以在惰性气体的部分保护下进行。在这种压榨过程中，随着压榨的进行，果皮被压缩成很小的体积，出汁表面因而缩小。

麦克威廉多功能垂直罐由麦克威廉葡萄酒有限公司开发，操作原理是液压促进出汁。这些高大的(大约 13 m)不锈钢罐结构上很简单，没有可活动的部分，底部大约 1/3 有多孔的内衬，与罐壁之间有几厘米的距离作为出汁表面。静态出汁机有各种不同的式样，带筛子或不带筛子的。

波特出汁发酵罐是一种多功能容器，可以在发酵前、发酵中或发酵后对破碎的葡萄进行出汁，也可以用作储藏容器。通过一个居于中央的垂直的圆柱形带槽的不锈钢筛来实现出汁，在清洗或用作储藏容器时可以将不锈钢筛移出。

倾斜出汁器通过一个缓慢移动的阿基米德旋杆，在一个倾斜的圆柱槽孔筛上对破碎的葡萄进行挤压，同时完成出汁和对葡萄的柔和挤压。像其他所有在网筛上对破碎的葡萄进行挤压的设备一样，流出的葡萄汁中含有较多的固体悬浮物。

气囊压榨机基于水平篮式压榨机的原理，内部是纵向的可膨胀的橡胶袋，对压榨机内部的原料产生压力。这类压榨机的优点是在压榨期间出汁表面保持恒定。通过旋转物料篮，实现对压榨后的葡萄重新定位配置和再次压榨以及内部清空。

罐式压榨机内部安置了沟槽的压力容器，在完成对葡萄的出汁和压榨的过程中，压力由安装在内壁上的可膨胀的膜提供。这种压榨机的优点在于能充填惰性气体，在整个压榨和出汁操作中出汁表面保持恒定。

麦肯齐多级连续压榨机是由南非研发的，在一个循环运动的多孔的传送带上应用可膨胀气袋的原理。压榨点(通常 4 个)与固定的传送带同时操作。当传送带移动将葡萄运往下一个压榨位置时，被挤压过的葡萄就通过旋转搅拌器在传送带上重新分配。这种压榨机市场上已经没有供应了。

水平螺杆压榨机包括出汁部分，以及将压榨过的葡萄汁从压力柱的不同部位取出的装置。可以在固体废弃物的出口加一个反向压力，以增加对果皮的挤压。这种压榨机通常与一些能够重新分散经破碎的葡萄以便进一步进行压榨的设备相配套，如双阀设备。

泵送(Pumping)

早年有时将葡萄酒厂建在山边，以借助重力移动葡萄汁和葡萄酒。葡萄被运送到山顶并破碎，经过酿酒操作过程变成葡萄酒到达底部。虽然这个系统具有利用重力的优势，但该体系也有不易操作的缺点，今天取决于土地的轮廓，葡萄酒厂可建在一个或多个水平面上，但并不是专为利用重力。移动葡萄酒靠的是各种泵，配合固定的或可移动的输送管线。在葡萄酒厂使用的泵基于以下几个原理：

带不可变叶轮的离心泵便宜，并且泵送能力大，但不能进行自动初始填装，因此需要抽吸泵。它们缺乏多功能性，不能泵送酒脚，但能处理少量的果皮和种子。在小酒厂，这类泵通常被用作大容量的二级泵。它们受气栓和液体中高二氧化碳含量的影响，一般不可逆。可在运行过程中从出口处进行关闭，如间歇性将葡萄酒输送到罐装机。

带可变叶轮的离心泵对没有悬浮固体的澄清葡萄酒非常好用，但对会造成磨损的微粒，如硅藻土，就会很快磨损可变转子。这类泵重量轻、高效、有小体积的型号，能自动初始装填，不受气栓和液体中高含量二氧化碳的影响，当电源关闭时立即停止。但是，它们不能处理高固体含量液，空转会造成损坏。

可变定子的螺旋转子泵——单一类型是自动初始填装的，能有效移送高固体物质，广泛用于泵送葡萄酒、酒脚和除梗后的葡萄醪。它们可以连接张开或封闭的喉(前者使这类泵能够接受破碎后的葡萄醪)，可以旁通，而且可逆。当关闭电源后，这类泵并不立即停止，绝对不能干转，因为这会损坏橡胶定子。运转时出口要对着密封条，这样如果有泄漏就会很明显，空气不会被吸入泵内。总体上，它们对酒窖工作非常有用。

柱塞泵能进行有效的运输，自动初始填装，高效而且关闭迅速。能处理相当大量的悬浮固体，以前广泛用于葡萄醪的泵送，能短时空转而不被损坏。但是，它们很少完全用不锈钢制成，清洁起来很困难(有一个不是全湿的气室)，在长时间停用后，由于活塞趋于干燥，不进行装填就不能使用。在葡萄酒厂的操作中，对它们的使用比以前减少了。

齿轮泵有互相啮合的叶或齿轮，使液体均匀流动，没有急流。能处理很大的黏性范围，但是不能用于高固体含量液。可以安装一个旁通支路，能用蒸汽消毒，是很好的计量泵和罐装线泵。

市场上有很多构造和样式不同的泵，选择取决于实际的泵送需要和泵工作的环境条件。应该咨询有关专家，确保正确的选择。除了费用，应注意的其他几点是：

- 预期需要和泵的设计泵送能力相匹配。
- 易于清洗消毒。
- 考虑维护的需要和是否容易获得配件。
- 可能存在的铁或铜等金属对产品的污染。
- 操作简单、轻便、具多功能性。
- 足够的压力(尤其用于过滤)。
- 可选择的额外配置，如旁通和速度可调等。

对抽吸带有悬浮固体而不含太多气体的葡萄汁和酒来说，最常用的是正向传送的螺旋泵，而离心泵适用于快速传输葡萄酒，以及对澄清的葡萄酒和葡萄汁的常规泵送。

关于装瓶的进一步信息会在第 15 章介绍。

葡萄醪和葡萄汁的冷却(Must and juice cooling)

在澳大利亚的大部分葡萄酒产区，温度控制具有第一位的意义，加上葡萄在到达葡萄酒厂时常常温度很高，考虑到这些因素，在酿制佐餐酒时，在酿制程序中尽可能早地进行制冷是非常重要的。

酿造白葡萄酒时，广泛采用对葡萄醪的降温处理，目标是将葡萄醪的温度降低到 10～18℃，最佳的平均温度为大约 15℃。在这个范围内，越凉越好，但是降温的成本需要与预期收益相平衡。一些酿酒师把葡萄醪冷却到更低的温度，如2～10℃，来酿制特殊品质的葡萄酒。白葡萄醪在出汁或浸皮前进行冷却，以减缓酚类物质的氧化速度。葡萄汁也应该冷却,有时冷却到更低的温度,如－2～4℃,进行储藏,以用于晚一些的发酵或作为干酒的增甜原料。

由于葡萄破碎后酶促氧化很快,最好能尽快降温,而不是等到出汁完全并去掉大的悬浮固体后再进行。尽管有人可能会认为用于冷却果皮和种子的能量是额外的损失,这样做有些浪费,但是得到的好处超过了成本支出。

我们必须首先考虑热负荷的概念。一个系统中温度的高低用摄氏度来表示,而热作为能量用焦耳(J)或千焦耳(kJ)来衡量。从葡萄醪、果汁和葡萄酒中的去除热量所需要花费的时间取决于制冷设备的大小。压缩机、蒸发器和冷凝器的容量都表示为单位时间的能量,也就是 kJ/s。kJ/s 的另一个名称是千瓦(kW)。随着对国际标准单位的使用,"冷藏吨"或吨 R(tR)以及马力(HP)等单位正在逐渐被废止。它们之间的关系是:

$$1\ \text{tR} = 3.517\ \text{kW}$$

$$1\ \text{HP} = 0.746\ \text{kW}$$

同样地,压力的旧单位,磅/每平方英尺标准压或 psig,由帕(Pa)或千帕(kPa)所取代,1 磅/每平方英尺标准压相当于 6.895 kPa 标准压。

以千瓦表示的葡萄醪冷却负荷是每 24 h 破碎葡萄吨数所得到的总产物量,乘以所需要降低的摄氏温度数值再除以 24。例如:要使 1 t 葡萄的温度从 30℃降低到 15℃,需要去除 0.63 kW 的热量。换句话说,1 kW 的制冷设备每天能使约 1.5 t的葡萄降温 15℃,比如从 30℃降到 15℃或从 35℃降到 20℃。

输送泵是热量的另一个来源,在泵送葡萄醪通过冷却器和与它相连的管子时,导致热量进入葡萄醪。这些能量主要来源于摩擦热,必须由冷却器去除。例如:来自于葡萄醪泵的热量就是驱动泵的马达的额定功率。

其他的热量来源是热传递,当葡萄汁或葡萄醪通过管子,热量从周边的空气传递进来。如果冷却器能充分隔热,所获得的好处是节省大约为葡萄醪或葡萄汁冷却负荷的 5%。如果冷却器不是隔热的,就会增加葡萄醪或葡萄汁冷却负荷的 15%～20%。选择冷却器时必须考虑热负荷总量,它是葡萄醪或葡萄汁降温、泵的能量和来自环境热量的总和。

葡萄醪降温的常规操作是在除梗和破碎后,让葡萄醪通过套管或螺旋热交换器,依靠冷的盐水或直接扩压制冷。管道内径至少为 100 mm,具有大半径的螺旋管,而且末端可分离,能减少在除梗和破碎后留在葡萄醪中的果梗造成管道阻塞的几率。

冷媒可以是冷水、盐溶液或进行直接扩压制冷。盐水是对所有次级冷媒的统称,无论它是氯化物或氯化钙溶液、甲醇、乙二醇还是其他冷媒。带冷套的出汁器和发酵罐有时在小酒厂也用于对葡萄汁和葡萄醪进行批次制冷,但相对效率较低,因为葡萄醪是静止的,因此热传导的速度慢。一旦控制了葡萄醪的温度,随后的处理操作和发酵就容易了。

对于果汁降温，如果果汁在一个热交换器中连续降温，用千瓦表示的果汁冷却负荷是每小时按升计算的果汁的流量乘以需要降低的温度度数除以900。在这个数值上还要加入用于泵送的电能所产生的少量热负荷和来自环境中的热量。但是，如果果汁在罐中降温，以千瓦表示的冷却负荷是以千升表示的果汁体积乘以所需要降低的温度的度数加1.1，除以果汁降温需要的小时数。

虽然没有泵带来额外的热负荷，罐从环境中获得的热量比从热交换器获得的热量还要多。如果罐使用至少40 mm厚的聚亚氨酯进行隔热处理，按千瓦表示的所获得的热量是罐表面积（壁和顶）的平方米数除以150。相应地，如果罐本身不是隔热的，又放置在没有制冷的厂房里，按千瓦表示的获得的热量为罐表面积的平方米数除以20。当然，如果罐不是隔热的，置于室外，暴露在热的北风和太阳下，按千瓦表示的获得的热量则是罐表面积除以6。葡萄醪、葡萄汁和水的热化学特性列于表5.2。

表5.2 葡萄醪、葡萄汁、葡萄酒和水的热化学特性

	温度/℃	密度/(kg/m³)	导热率/(W/m·℃)	比热/(kJ/kg℃)	动态黏性/(mPa·s)
葡萄醪	0	1 095	0.48	3.65	25
	10	1 090	0.49	3.70	15
	20	1 085	0.50	3.75	10
	30	1 080	0.51	3.80	7
果汁	0	1 100	0.49	3.56	5.0
	10	1 095	0.505	3.58	3.4
	20	1 090	0.52	3.60	2.5
	30	1 085	0.535	3.62	1.9
葡萄酒	0	982	0.49	4.25	3.8
	10	978	0.50	4.30	2.6
	20	975	0.51	4.35	2.0
	30	972	0.52	4.40	1.6
水	0	1 000	0.569	4.21	1.75
	10	1 000	0.587	4.20	1.30
	20	998	0.603	4.18	1.0
	30	996	0.618	4.18	0.8

葡萄醪的巴氏灭菌（Must pasteurisation）

与其他的工业化发酵相比，如酿造啤酒和发酵生产抗生素产品，从微生物角度看葡萄酒酿造并不是一个严格控制的过程。葡萄醪除了加入二氧化硫，一般不进行灭菌，使用纯系酵母，只是基于让这种酵母对天然存在的其他微生物占据数量上的优势。这是为什么许多葡萄酒存在微生物破败的一个原因。相反，在啤酒酿造中，加入酵母之前麦芽汁要煮沸，因此发酵就在一个有效灭菌的环境中完成。

在白葡萄酒的酿造中对葡萄醪进行巴氏消毒，能够更好地实现对微生物的控制。葡萄醪经过轻微澄清，然后通过一个平板式热交换器，被迅速加热到约 87℃，并持续 30 s，然后冷却至 15℃。这种短时间的高温加热使葡萄醪中的大量微生物被杀灭，还破坏了氧化酶和热不稳定性蛋白。这种处理对源自病害葡萄的葡萄醪尤其有用，这类葡萄醪中的氧化酶含量往往很高。

从酿造的角度看，热处理使酿酒师在不破坏葡萄醪的前提下，显著提高了对酿造过程的控制，因为加热是在没有空气的条件下进行的，而且持续时间很短。缺点是处理的成本，因为尽管利用加热后的葡萄醪和新进入的冷凉葡萄醪进行热交换，也仍然需要相当的能量来升高葡萄醪的温度，然后又降低其温度。

加热葡萄醪的另一个用处是增加葡萄汁的风味。这项操作在澳大利亚已经使用很多年了，对芳香型的葡萄品种特别有益，如麝香葡萄。最近澳大利亚葡萄酒研究所的研究结果表明，加热葡萄汁能使风味物质的前体形成更多的风味物质。

葡萄汁的保存(Conserving grape juice)

由于多种原因人们要对葡萄汁进行储藏保存，如：对干酒进行加甜、用于以后的发酵、加入其他饮品作为增甜剂，以及将葡萄汁作为饮料等。

在酿制甜白佐餐酒时，可以使用不同的加甜方式来获得最终期望的甜度，前提是：在葡萄汁里所有的糖发酵完全之前不停止发酵。尽管以后介绍的方法能够得到品质更好的葡萄酒，但将增甜原料加到干酒中更容易操作，并能准确获得所要求的甜度。在新西兰向葡萄酒中加糖是允许的，本章末尾会进行阐述。在澳大利亚，加糖是不允许的(除了起泡酒或加香葡萄酒)，酿酒师需要依赖其他方法。德国和奥地利的常用方法是使用“Suss-reserve”，即没有发酵或部分发酵的葡萄汁最多包含 8 g/L 的酒精，对这种没有发酵或只部分发酵的葡萄汁有商业化的生产专门用于上述目的。

葡萄汁能通过不同的方法来保存。

部分发酵的葡萄汁在二氧化碳压力下保存 葡萄汁先进行部分发酵，这是来自瑞士的波希工艺(阿道夫·波希，1884—1925)，需要使用能承受高压的结实的压力罐。葡萄汁置于压力罐中，接种酵母，并在压力罐的气体释放阀关闭的条件下进行发酵。积聚的二氧化碳产生足够的压力使发酵停止，低酒精的甜葡萄汁在二氧化碳过饱和的条件下，储藏在罐内直到使用。对最初工艺的改进是用钢瓶中的二氧化碳或干冰灌注经灭菌过滤的葡萄汁，不再通过发酵获得二氧化碳。由于二氧化碳的压力随温度的升高而增加，压力罐应保持冷凉，温度不超过 20℃。15 mg/L二氧化碳在 10℃时为 6.2 个大气压，15℃时为 7.6 个大气压，20℃时为 8.5 个大气压。压力罐的成本使这种方法很昂贵，它正被别的方法所取代。

无菌过滤葡萄汁 所有的容器和配件都必须加热灭菌，小心确保不存在微生物污染。葡萄汁通常包含 100～300 mg/L 二氧化硫。这个工艺可以得到高质量的葡萄汁，但总存在酵母污染的可能性。山梨酸可以加到 200 mg/L 的浓度，相当于每升加入山梨酸钾 270 mg。最好进行冷藏。

冷却澄清的葡萄汁 储藏温度越低，葡萄汁越稳定，储藏温度的范围为－4～2℃。葡萄汁也可以用膨润土处理，进行蛋白稳定，用果胶酶降解果胶。游离二氧化硫的含量保持在 30～50 mg/L，pH 值尽可能的低，范围是 2.9～3.2。在澳大利亚这种储藏方法使用广泛，能得到高质量的果汁，并保持其品种特性、风味和外观。由于一些酵母(喜寒的)能在低温下缓慢生长，需要经常按时检查葡萄汁中酵母的生长。葡萄汁可以先进行巴氏灭菌，杀死活的微生物。在高大的储藏葡萄汁的不锈钢容器中，存在一个温度分层，最高温度出现在顶部。因此，酵母趋于在葡萄汁的上层生长，然后慢慢向下，储藏期间需要连续监控果汁，经常对葡萄汁进行过滤。

巴氏杀菌葡萄汁 1869 年美国的托马斯·B·威乐士第一次对葡萄汁进行了巴氏灭菌。现在，进行巴氏灭菌是很常规的操作。利用板式热交换器在 85℃对葡萄汁处理 2～3 min，然后通过热回收装置对葡萄汁进行冷却，再将葡萄汁室温储藏在不锈钢容器中。葡萄汁中应保持少量的二氧化硫，如总量为 100 mg/L，以减少氧化。经巴氏灭菌后，果汁是无菌状态的，并必须一直保持无菌状态，否则就会发酵。这意味着所有的容器、接头和管子都必须预先加热灭菌，对葡萄汁必须进行经常性的监控，看是否出现酵母的生长。

高硫葡萄汁 这个工艺已经在欧洲使用了很多年，产品被称为“不会发酵的葡萄汁”。在澳大利亚，它的应用时间不长(1975 年)，并被称为“硫磺汁”。到 1980 年，A&G 工程公司建立了 9 个高硫葡萄汁生产线，1981 年澳大利亚葡萄总破碎量的 12%是用这种方法进行硫处理的。葡萄汁先用膨润土进行蛋白质稳定处理、澄清，然后通过氢离子交换将 pH 值降低到约 2.7，最后加入二氧化硫使其浓度达到 1 000～2 000 mg/L，葡萄汁于室温下储藏在不锈钢容器中(316 型)，直到使用。

使用前葡萄汁要在一个专用设备中脱硫(图 5.2)。高硫葡萄汁在没有空气的条件下，被迅速加热约至 110℃以释放二氧化硫，二氧化硫在那个温度和 pH 值下是自由态的。用热的氮气或水蒸气压力将释放出的二氧化硫转移到一个分馏柱内，并用氢氧化钙悬浮液进行吸附，所产生的亚硫酸钙被废弃。葡萄汁在分馏柱中只保留很短的时间(1 min 或更短)，氮气或水蒸气在密闭系统中进行循环。脱硫的过程非常有效，葡萄汁中剩余的二氧化硫量通常不超过 100 mg/L。尽管没有大的变化，葡萄汁的风味会多少有点儿改变，一般用来生产盒中袋型的葡萄酒。接种酵母之前，要加入 0.5～1.0 mg/L 的维生素 B_1，因为这个工艺过程破坏了果汁中的维生素 B_1。

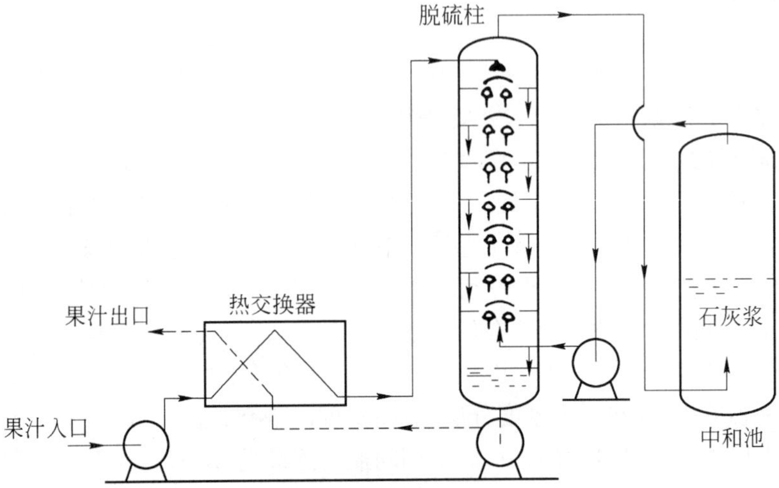

图 5.2 葡萄汁脱硫工艺

（引自《澳大利亚食品技术》）

低 pH 值储藏 高酸度（低 pH 值 2.2～2.4），外加约 50 mg/L 游离二氧化硫通常可以抑制酵母在经过滤的新鲜葡萄汁中的生长，这个工艺可用于常温下对葡萄汁的延长保存。经澄清和过滤的果汁经过氢离子交换（在第 7 章介绍）后会被酸化，再经过膜过滤，储藏在不锈钢罐中。据报道，处理后的葡萄汁品质良好，可在脱酸后用于酵母接种菌株的培养或其他用途。最好能加入一些磷酸氢二铵，如果游离二氧化硫的水平下降太多，这种葡萄汁就可能发酵。这个工艺并不是为生产高品质的葡萄酒而设计的。

强化葡萄汁 当葡萄汁用葡萄酒精强化至酒精体积含量达到大约 10%时，酒精和糖的共同作用就会抑制酵母的生长，这种方法被前人用于保存葡萄汁。其产品被称为“mistelle”，在南非被称为“jeropico”。它被用来对餐后酒和味美思酒进行甜化，并可以通过橡木桶陈酿来增加它的风味。由于酒精的成本，它价格昂贵，不适合用于发酵。

浓缩葡萄汁 现代高真空/瞬时浓缩机的引入，使浓缩葡萄汁的质量超越过去的时代，浓缩葡萄汁已经用于对干葡萄酒进行甜化。产品大约为 68 °Brix，相当于 3.5～4.1 倍的浓缩。在环境温度下是稳定的，但是储藏时容易变褐，最好进行冷藏。

二氧化硫(Sulphur dioxide)

葡萄酒酿造中几乎到处都用到二氧化硫，它也是少数有法定最大限制使用量的物质之一（目前澳大利亚为 250～300 mg/L，新西兰为 250～400 mg/L，取决于酒的甜度，包含 35 g/L 糖和更甜的酒，其允许数值较高）。二氧化硫是一种独特的物质，它结合了杀菌作用和抗氧化特性，是相对无毒的，如果超量可以通过嗅觉来发现。还没有发现任何其他的物质拥有以上所有的这些特性，并被法律允许加入葡萄酒中。

化学上，二氧化硫相当活跃，在葡萄酒中以游离或称未结合态、束缚或称结合态的形式存在。游离态包括分子态或称非离子态二氧化硫、亚硫酸氢盐阴离子和亚硫酸盐阴离子。这 3 种形式的比例取决于 pH 值，最酸的葡萄酒有最多的未解离的二氧化硫。游离二氧化硫包括以上 3 种形式，其中未解离的和分子态的二氧化硫具有最强的杀真菌能力，但在葡萄酒的 pH 值(3～4)条件下，以亚硫酸氢盐形式存在的量最多。束缚态或结合态的形式涉及许多化合物，特别是乙醛，它具有很强的结合特性。许多结合态的产物或添加物的存在彼此间保持着一种复杂的平衡关系。

游离和结合态的二氧化硫一起组成总二氧化硫。因为游离二氧化硫是更有效的部分，对它的测量比对总二氧化硫的测量更为重要。由于其特别的重要性，随着时间的推移，我们以后所谈论的可能是分子态的二氧化硫，而不是目前所说的全部的游离态二氧化硫。

保存葡萄酒所需要的游离二氧化硫的量与葡萄酒的 pH 值相关，因为 pH 值影响各种游离二氧化硫存在的比例，特别是影响其中处于最有效的分子形式的二氧化硫的量。这是因为在低 pH 值情况下，即较酸的酒中，会有更多未解离的二氧化硫，在这类葡萄酒中我们需要较少的游离二氧化硫。以目前我们的知识水平，只能准确测定白葡萄酒中的游离二氧化硫含量。在红葡萄酒中，几乎所有的游离二氧化硫都松散地与花青素结合在一起，在测量时，通过对酒的酸化得以释放。因此，红葡萄酒中的表观游离二氧化硫的量，从化学角度看不是真实的数据，而是相应地代表了葡萄酒中色素含量的多少。无论如何，尽管没有能够完美定量，它对红葡萄酒来说仍是一个有用的概念。

pH 值对游离二氧化硫中的分子态形式所占百分比的影响，见下表(a)。

从表中可以看出，对白葡萄酒来说至少需要 0.8 mg/L 的分子二氧化硫水平才能抑制细菌的生长，防止氧化。为达到这个水平，在 pH 值 3.0～3.7 的范围内，需要保持的游离二氧化硫水平(mg/L)，由下表(b)给出。

因此，不可能对不同葡萄酒中的二氧化硫浓度提出统一的标准，因为每种葡萄酒类型都必须分别处理。以下是推荐浓度：

(a)	pH 值	游离 SO_2	
		亚硫酸氢盐	分子形式 SO_2
	3.0	94.0	6.0
	3.2	96.0	4.0
	3.4	97.5	2.5
	3.6	98.5	1.5
	3.8	99.0	1.0
	4.0	99.4	0.6

(b)	pH 值	游离 SO_2
	3.0	13
	3.1	16
	3.2	21
	3.3	26
	3.4	32
	3.5	40
	3.6	50
	3.7	60

白葡萄餐酒

pH 3.00～3.20　　10～20 mg/L 游离二氧化硫

3.12～3.40　　20～30 mg/L 游离二氧化硫

3.41～3.50　　30～50 mg/L 游离二氧化硫

高于 3.5　　50 mg/L 以上游离二氧化硫

红葡萄餐酒

pH3.4～3.6　　10～20 mg/L 游离二氧化硫或 50～150 mg/L 总二氧化硫

取决于 pH 值和是否需要苹果酸乳酸发酵。为促进苹果酸乳酸发酵，二氧化硫应保持尽可能低的水平。

白餐后甜酒

游离二氧化硫 10～15 mg/L，总二氧化硫 100～150 mg/L

红餐后甜酒

总二氧化硫 50～150 mg/L

市场上二氧化硫主要以 3 种形式出售：

1　液化气。以液体或以液体上面的气体形式称量后加入葡萄醪或葡萄酒里。常温常压下二氧化硫是气体，所以如果要作为液体使用，必须保持在压力下。

操作起来有一定的危险。它的沸点是－10℃，1 mL 重 1.43 g，葡萄醪中 1 mL/100 L 的浓度相当于 14.3 mg/L(ppm)。如果使用旧的英制单位，如用一些旧的二氧化硫计，1 盎司每英制加仑相当于 63 mg/L。

从压力容器中释放液体二氧化硫，由于液体膨胀成气体，会造成温度的降低。如果快速释放大量的液体二氧化硫，减压阀可能会冻结，需要对其进行加热。20℃时气化压力为 280 kPa 每平方厘米或 40 磅每平方英尺标准压。

2 亚硫酸或二氧化硫水溶液。通过向冷水中通入二氧化硫气体形成亚硫酸或二氧化硫水溶液，可以用液体比重计测量它的浓度，结果请查阅下表：

重量百分比	SO_2/(g/L)	15℃时比重
1.0	10	1.005 6
2.0	20	1.011 3
3.0	30	1.016 8
4.0	40	1.022 1
5.0	50	1.027 5
6.0	60	1.032 8

通常制成 6%的二氧化硫溶液，必须保持冷却，因为二氧化硫的蒸发速度与温度成正比。对于 6%的二氧化硫溶液，向 1 L 葡萄汁或葡萄酒中加入 1 mL，相当于 63 mg/L。

3 亚硫酸盐。通常为钾或钠的偏亚硫酸盐，是气体含量最丰富的盐。钾盐(一般称为 PMS 或 meta)会随时间的延长逐渐吸潮并失效。实际操作中，当加入葡萄汁或葡萄酒后，所释放的二氧化硫的重量大约是总加入重量的 50%，尽管理论值是应该释放 57%。向 1 L 白葡萄汁或葡萄酒中加入 60 mg，可以使葡萄汁或葡萄酒获得接近 30 mg/L 的二氧化硫。将 1 L 5%的偏亚硫酸钾冷水溶液，加入到 1 000 L 葡萄汁或葡萄酒中，可以获得 25 mg/L 的二氧化硫浓度。

二氧化碳浸渍法(Carbonic maceration)

二氧化碳浸渍法是先将整串葡萄储藏在惰性气体环境中，用于酿制佐餐酒的一种工艺。最近在澳大利亚得到关注，许多酒以这个工艺或稍加改变后酿制。主要应用于红葡萄，也可以用于白葡萄。

历史上，二氧化碳浸渍工艺有一个不同寻常的开始。1934 年，一个法国研究小组要试验开发一种新方法，使葡萄在从葡萄园到消费者的整个运输和储藏期间保持新鲜。整串的葡萄于大约 0℃，在充满二氧化碳的条件下储藏。2 个月后检查，发现葡萄含有酒精、气体，不再适宜出售，但风味却相当怡人。人们对这些葡萄进行了破碎，酿制成酒，得到一款不同寻常的令人喜爱的葡萄酒。法国南部的米歇尔·弗兰齐教授对二氧化碳浸渍法进行了最早的科学研究。由弗兰齐教授、他的儿子克劳德，以及来自靠近阿维尼翁 Montfavet 小镇的法国国立农科院的安德烈·皮埃尔博士完成了绝大部分的研究工作，还有来自薄若莱、勃艮第和其他相关地区的合作者，他们共同组成了二氧化碳浸渍法研究协作组。

这项技术被广泛使用证明了他们的工作成就，二氧化碳浸渍法首先在法国的隆河河谷地区应用，然后推广到法国其他葡萄酒产区和海外，包括澳大利亚。在研发工作中，研究小组尝试通过使用二氧化硫和二氧化碳来获得厌氧条件，最终确定后者是从储藏的葡萄中排除空气的最好方法。该过程的根本特征是：将整串葡萄储藏在无氧的二氧化碳分压环境中。

有趣的是，1872 年巴斯德曾观察到将整串葡萄在厌氧条件下储藏，比暴露在空气中能更好地保留葡萄的风味。他预言这种处理可能会使葡萄酒具有特殊的特性，产生商业上的优势。但是，他没有把这个预言探究到底，被人们忽略遗忘了近 60 年。

二氧化碳浸渍工艺可以分为 4 个阶段：

1 将整串葡萄(不去梗)储藏在一个密闭的充满二氧化碳的容器中。法国南部使用品种特征不突出的葡萄品种进行这个工艺，如阿拉蒙、佳丽酿、佳美和歌海娜。可以通过上层葡萄的自重压破下层葡萄获得葡萄汁进行酵母发酵，或通过外部添加，以及同时采用上述两种方法获得二氧化碳。必须用二氧化碳充分替换空气，果穗内部的空间也要充满二氧化碳，否则就会生长醋酸菌或其他破坏性微生物。要防止上述不良反应，容器中氧气的含量应该低于 0.5%体积比(正常的空气中含有 20.9%的氧气)。

2 浸渍阶段，果实经历内部无氧代谢。这个过程不同于葡萄汁的酵母酒精发酵，其化学过程相当复杂。容器中新收获的果实仍然活着，用 1 d 左右的时间消耗完它们内部的氧气。这种在活的葡萄细胞中发生的酶反应被称为细胞内发酵或无氧代谢，并一直持续到果实细胞死亡。葡萄果实的死亡是由积聚的酒精(果实中高达 2%)或由于上面葡萄的重量将果皮压破所造成的。果实的死亡标志着二氧化碳浸渍中重要的果香产生阶段的终止。葡萄的死亡在果实耗尽其氧气供应至少 5 d 后才发生，或至少在葡萄进入储藏容器 8 d 后(取决于温度)。35℃时大约 8 d 后葡萄死亡，25℃时为 10～20 d，而在 15℃时约 2 周后才发生。

在无氧代谢过程中，葡萄从环境中吸入二氧化碳，在 35℃时吸入量可达果实总体积的 10%，25℃时可达果实总体积的 30%，15℃时达到 50%。这个过程在果实二氧化碳释放后发生，同时还伴随着苹果酸被降解成酒精、糖和其他酸。在 35℃时，约一半的苹果酸被消耗，温度较低时苹果酸的消耗较少。此外，无氧代谢提高了葡萄醪的营养水平，主要是由于增加了氨基酸的数量，人们认为氨基酸能刺激二氧化碳浸渍法所生产的葡萄酒的苹果酸乳酸发酵过程。另一方面，在这个过程中，酒石酸只有很少或者几乎没有变化。

压榨后，由于酵母作用下的糖的酒精发酵，温度会迅速上升。因此，压榨之前需要进行冷却，因为温度的升高对这种芬芳型的葡萄酒是不适宜的，之后对它们的处理应该和白佐餐酒一样。

3 不经破碎直接压榨整串葡萄。通过这种方式压榨获得的葡萄汁的品质高于自流汁。丢弃果皮、种子和果梗。

4 酵母酒精发酵。压出的自流汁接种酵母发酵成干酒。苹果酸乳酸发酵通常与酒精发酵并发，或稍后发生。

经二氧化碳浸渍法生产的红葡萄酒具有以下特点：

- 与按常规方法生产的葡萄酒相比，颜色较浅，单宁酸较少。
- 产生了二氧化碳浸渍法葡萄酒的独特特征，造成这种特征的 3 个因素是：由葡萄细胞内厌氧发酵所产生的果香成分、酵母酒精发酵以及酒精对葡萄组成成分只有最少浸提。
- 通常会出现如樱桃和草莓般的芳香。葡萄酒闻起来香气更加芬芳和清新，由于单宁含量低，口感的成熟也较早。

与经典的发酵相比，这种组成和质量上的差异意味着葡萄酒能够更早上市，加快了资金的周转，生产者和经销商不需要对葡萄酒进行储存，消费前也不需要滗酒以除去沉淀。

在二氧化碳浸渍过程中，葡萄果实中会有 1%～2%体积比的酒精产生，根据温度的不同，酒精含量在 1～2 周后达到平台期。这个过程还产生了甘油（约 2 g/L）、甲醇（约 50 mg/L）、乙醛（约 20 mg/L）以及琥珀酸、莽草酸、奎宁酸及含量更少的其他物质。此外，多酚类物质从果皮扩散到果肉中。

温度对二氧化碳浸渍具有深远的影响，最适温度为 30～35℃。随着温度的升高，所有以上列出的物质的生成速度都会加快，因此，二氧化碳浸渍时间的长短与温度有密切的关系。对二氧化碳浸渍的时间有不同的建议，上面列出了最常用的。然而，这还取决于葡萄品种、其组成成分以及其他因素。阻碍对真正的二氧化碳浸渍工艺进行推广的一个原因是几乎没有哪个酒窖是专门为这个工艺而建造的。该工艺不仅需要更大的储藏空间，而且需要能将整穗的果实装入罐中。单为二氧化碳浸渍工艺设计酒窖会非常昂贵，而且对其他葡萄酒的酿造方法也不太合用。

在法国南部的一些酒厂，专门为二氧化碳浸渍法设计了水平式不锈钢发酵罐。在发酵罐的顶部有一个开口，用作葡萄串的入口，在罐末端的底部有一个大的门，用于在浸渍过程结束后移出葡萄。

尽管有不少限制因素，二氧化碳浸渍法的应用正越来越普及。在法国，目前二氧化碳浸渍法作为特殊工艺还没有被纳入原产地命名保护体系，但支持者认为这一天一定会到来。在博若莱，下面提到的二氧化碳浸渍工艺已经应用了多年。整串的葡萄先在发酵罐里储藏 1 周，葡萄的自重会释放足够的葡萄汁以启动酵母发酵，使发酵罐充满二氧化碳。这些葡萄随后与正常破碎的葡萄进行混合，使发酵在厌氧条件下进行。这样酿出的葡萄酒具有怡人的新鲜感，两种新酒分别在每年的 11 月 15 日和 12 月 15 日上市，受到巴黎和英国市场的欢迎。博若莱酒有时指用半二氧化碳浸渍法酿成的酒，但更准确地说，薄若莱酒是传统的红酒酿造工艺和二氧化碳浸渍法结合的产物。后者占葡萄酒总体积的 50%～80%。

在澳大利亚，这个工艺有一些改变，其中一种是让葡萄通过一个齿离得很远的滚筒式破碎机，这样大部分的葡萄没有被破碎。然后接种酵母进行发酵，流出来的葡萄汁发生酵母酒精发酵，而没有被破碎的完整葡萄则进行前文所述的酶降解过程。随后对体系进行出汁，对葡萄和果皮进行压榨，并将压榨液加回到正在发酵的葡萄汁中。和真正意义上的二氧化碳浸渍法相比，这种方法相当简单易行，同时还使葡萄酒获得了一定的二氧化碳浸渍法的风味。

用二氧化碳浸渍法所生产的葡萄酒的一个很重要的特点是，它们的瓶中寿命仅比 2～3 个月的时间稍长一点，如同巴黎市场上的博若莱新酒那样。这种短寿是因为薄若莱新酒用大桶运到巴黎，带一点气，有点轻微混浊，又几乎没有进行苹果酸乳酸发酵。它们会在 2～3 个月之内被消费掉，如果留到来年春天，暖和起来的天气再次启动了苹果酸乳酸发酵，葡萄酒就可能变质。但是，如果对葡萄酒处理得当，并在苹果酸乳酸发酵后装瓶，或者保护葡萄酒不发生苹果酸乳酸发酵，新酒就可以在瓶中保存相当长的时间。

从红葡萄中热提取色素(Heat extraction of colour from red grapes)

澳大利亚用于酿酒的红葡萄品种，以及新西兰所使用的经典的欧亚葡萄品种，花青素和单宁存在于果皮中，即表皮下层细胞的液泡中，葡萄汁是没有颜色的。某些杂交品种(澳大利亚几乎不栽培)有红色的葡萄汁。当葡萄被加热到大约 50℃以上时，这些表皮下细胞被杀死，色素被释放到葡萄果肉中。如果这时对葡萄进行压榨，葡萄汁就具有很深的颜色，就可以像白葡萄酒一样直接发酵，而不用进行果皮接触发酵。温度越高，色素的释放就越快，实际生产中使用 60～70℃的温度，处理 20～30 min，使释放出的色素物质扩散到果肉中。

人们应用色素的热提取方法已经很多年了，在美国东部的红葡萄汁生产中这是标准的商业化工艺过程。以葡萄酒酿造为目的，对葡萄进行热处理的大规模工艺已经有 60 年的历史，最早是在欧洲用于处理有霉病的葡萄。在实际生产中，有几种热处理方法可供使用，虽然程序不同，但原理都是一样的。首先破碎葡萄，放出一部分葡萄汁，可以对葡萄醪进行加热，也可以单独对分离的葡萄汁进行加热，再喷到葡萄原料上。加热要快，因为葡萄醪中各种酶(氧化酶、果胶酶、蛋白裂解酶等)的活性在 45～50℃最高，这也取决于酶和 pH 值。因此，应该尽可能快地越过这个温度。最有效的方法是利用表面快速热交换器，它能快速加热葡萄醪，而又不会造成局部过热。

用葡萄汁从破碎的表皮细胞的液泡中提取色素，要伴以对热葡萄醪的缓慢搅动，以促进色素的扩散。然后对葡萄进行压榨(通常这是连续的操作过程)，然后对红葡萄汁进行冷却，接种酵母，就可以像白葡萄汁一样开始发酵了。最后得到的葡萄酒以稳定态保持着紫红的色泽，但与传统发酵方法(未经热处理)得到的葡萄酒相比，葡萄酒的品种特性较少。热处理还释放了相当多的果肉，使葡萄酒混浊。由于热处理破坏了天然的果胶酶，在葡萄汁的降温过程中加入果胶酶将有利于葡萄酒的澄清。

这个过程有优点也有缺点。优点是可以进行连续或半连续的操作，易于对果皮进行处理(不需要压酒帽，也不需要从发酵罐中去除皮渣)，处理的当天就可以从酒厂移除果皮。因此，这个工艺在经济上具有明显的优点。缺点是热处理设备通常仅仅只有一个用途，因此一年中的多数时间都处于闲置状态；在发酵前必须对葡萄汁进行冷却；葡萄酒需要更多的澄清处理；可能与相同品种按照传统发酵方法酿出的葡萄酒在风味上有所差别。按照这种工艺生产的葡萄酒没有也不应该有烹煮的味道。这个过程已经实现了自动化，有不同厂家生产的设备可供购买。此外，通过葡萄醪加热的方法生产干白、甜红和甜白葡萄酒也都已经在澳大利亚应用多年了，生产出的葡萄酒体量大，风味饱满。在澳大利亚，这个工艺已经正式成为葡萄酒酿造的途径之一。

葡萄酒的冷冻浓缩(Freeze concentration of wine)

这个工艺的原理是基于当水溶液部分冻结时，水最先凝固，从而提高了剩余溶液中溶质的浓度。一个典型的例子是，当盐水表面结冰时，冰所包含的是较纯的水，而周围盐水中盐的浓度就相应提高了。

在葡萄酒中也是这样，当部分冻结并去掉冰块时，葡萄酒的浓度就增加了，具有更高的酒精、糖、酸以及其他所有溶质的浓度。在气候严寒的地方，如德国，使用冰冻的葡萄生产冰酒就是应用了这个原理。在不加热的条件下，将冰冻的葡萄进行压榨以提取浓缩的葡萄汁，而把作为部分水分的冰和皮渣一起去除。经过对高浓度的葡萄汁进行发酵，获得以高甜度和高复杂性而闻名的冰酒。

在澳大利亚，有时将冰冻浓缩应用于甜白佐餐葡萄酒，使其更加甘甜芬芳。一种简单的方法是将制冷螺旋管浸入葡萄酒，在表面形成大量的冰，然后取出螺旋管，使冰融化。这使葡萄酒被部分浓缩，螺旋管里的制冷剂温度越低，冰块的形成速度就越快。

加糖(Chaptalisation)

加糖是指向葡萄醪或葡萄酒中加糖的过程，在气候冷凉的葡萄酒生产国这是一项广泛使用的技术。这个词来源于一位叫让·安东尼·夏皮特尔(Jean Antoine Chaptal)(1756—1852)的法国总理，他于 1801 年正式提出了这种方法。这个词在法语中叫做 sucrage，在德语中叫 zukerung，anreicherung 和 verbessrung，在意大利语中叫 zuccheraggio，在英语国家则称为加糖或增甜。在气候冷凉的葡萄酒生产国，当葡萄醪中的糖含量太低，而酸含量过高时，这是合法的操作。

对加糖进行管理的法律很复杂，不同的国家有所不同。在一些地区并不是每年都允许加糖，而要看当年的气候条件。在新西兰加糖是合法的，这就是我们为什么要在这里考虑它的原因，但在澳大利亚加糖是不允许的，尽管在塔斯马尼亚和最为冷凉的内陆地区在不好的年份会有个别的特例。在澳大利亚允许对起泡酒的二次发酵、加香葡萄酒、Wine Cooler（一种以葡萄酒为基酒并进行调味的葡萄酒饮料——译者注）以及白兰地中添加糖分。新西兰食品管理法（1984/262）允许向葡萄醪和葡萄酒中添加以下成分：果糖、葡萄糖、葡萄糖浆、蔗糖以及 BP 糖浆，添加量要求不超过水分含量的 5％。

在欧洲，欧盟根据纬度不同将葡萄酒产区分为 5 类。规定了每类地区对应不同葡萄酒类型应来自于葡萄醪天然糖分的最低酒精含量、糖化后总的最高酒精含量，以及对加糖的限制量。在最北最为冷凉的地区，加糖是正常的，在中部地区只有在不好的年份才允许加入，合法的加入量也较低，而在最暖和的地区则不允许加糖。在德国优质葡萄酒级别（QmP）的产品不允许加糖。

生产上常用晶体状的甘蔗糖（蔗糖）而不是甜菜糖，只有在红葡萄酒中使用这两种糖才不会产生显著的区别。由于红糖或棕色糖会为葡萄酒带来糖蜜味，所以要避免加入。在葡萄酒中，加糖的量取决于人们所希望的最终酒精含量，因此取决于葡萄醪的状态。这是基于在每升葡萄醪中，每 100 g 转化糖完全发酵将会产生 45～48 g 酒精的原理。要使葡萄酒中的酒精含量提高 1 g，每升葡萄醪中就需要添加 2.4 g 的蔗糖，这是因为酵母中的转化酶在将蔗糖转化成葡萄糖和果糖的过程中会吸收一分子的水，使转化糖的总量比蔗糖的总量要多 5％。在白葡萄酒中，为了增加 1％体积的酒精含量（这是很常见的增加量），每升需添加 17 g 的糖，而在红葡萄酒中，由于较高的发酵温度和循环喷淋所造成的酒精损失，每升需加入 19 g 的糖。

对于白葡萄酒来说，通常对自流汁而不是葡萄醪进行加糖处理，而在红葡萄酒中是对葡萄醪进行加糖。在法国这经常是通过两步来完成的，第一次加糖是在发酵开始时，以促进发酵，提高温度有利于色素的提取，第二次加糖是在发酵的末期，以最大限度地进行浸提。在欧洲如果不进行加糖，将会产生成千上万升口感单薄的劣质葡萄酒。但是，加糖过多会使葡萄酒体量过轻，而且不平衡，这是加糖工艺中的风险。在德国寒冷产区的极端的事例中，加糖的量等同于加入高达 4.5％体积酒精的量。

在加糖之前要先将糖进行溶解，这是因为如果直接将糖加入葡萄醪或葡萄汁，就会沉到底部，随着糖慢慢溶解形成一个高糖层。对发酵罐进行加糖时，要先将需要加入的糖慢慢倒入一个小容器，让发酵罐中的葡萄醪或葡萄汁不断地流过并进行搅拌,溶解了糖的葡萄醪和葡萄汁被不断泵回发酵罐中。加糖最好一步完成,在发酵前或发酵开始时进行,这时的酵母最为活跃。必须记住,加糖会使温度进一步升高,在计算制冷需要时必须加以考虑。在红葡萄酒进行苹果酸乳酸发酵之前或正在进行时加糖是很危险的,因为可能会出现乳酸发酵,导致葡萄酒风味和质量的降低。

下面给出了低糖葡萄醪的比重与葡萄酒的潜在酒精含量之间的关系。它基于德国白葡萄醪的大致数据。

奥氏度	白利度	波美度	潜在酒精度	
			g/L	%(v /v)
50	12.2	6.9	48	6.1
55	13.5	7.5	54	6.8
60	14.7	8.2	60	7.5
65	15.8	8.8	67	8.4
70	17.0	9.4	73	9.2
75	18.1	10.1	78	9.8
80	19.3	10.7	84	10.6

6 微生物学与发酵

Microbiology and fermentation

葡萄汁对于微生物的生长是有抑制作用的。葡萄汁是甜的(一般含18%～24%的糖),也是酸的,通常情况下pH值为3～4,滴定酸以酒石酸计为3～8 g/L,还含有人工添加的二氧化硫。葡萄酒的抑制作用比葡萄汁更强,因为其含有酒精(7%～20%体积)。因此,只有那些可以耐受这些抑制作用的微生物才能生长,包括一些酵母和某些乳酸菌、醋酸菌。由于酒精的抑制作用,霉菌可以在葡萄汁中生长,但不能在葡萄酒中生长。许多微生物可以在葡萄的蜡质果霜上生长,因为其中的主要成分是油酸,进化通过自然选择的过程决定了哪些微生物能生长,哪些不能生长。

路易·巴斯德说葡萄酒是最健康、最卫生的饮料,这暗示了病原或致病微生物不能在葡萄酒中生长。在散装葡萄酒中还可以分离到一些无害的细菌,比如产孢杆菌,它们和上面提到的其他微生物在葡萄酒中的生长不一样,只是偶尔少量存在。偶尔也可以从散装葡萄酒中分离到,但不会对葡萄酒产生令人察觉的影响。它们有超强的酒精耐受性,有时可以在含有38%酒精的白兰地中分离得到。

葡萄的天然微生物种群主要是霉菌,以及数量较少的细菌和酵母,还因气候及土壤类型的不同而存在差异。正是这些天然存在的微生物启动了自然发酵过程,这与纯系酵母发酵是完全不同的。由于不同地区葡萄上天然的微生物种群不同,而且事实上不同葡萄园之间也存在不同,所以天然发酵是否能成功进行是不可预测的。

易于在葡萄汁中生长的酵母是发酵酵母,多为喜糖的酿酒酵母属,今天作为精选的纯系酵母被添加到葡萄汁中,这将在本章随后进行介绍。酿酒酵母的不同菌株和孢子在耐受酒精的程度上有很大的区别。实际上,通过在酒精发酵期间有规律地加入少量的糖,可以发酵得到酒精体积比达到18%的产品。因此,可以在不进行强化处理的条件下得到强化酒。

所涉及的细菌仅限于两组:

1 分属于乳酸菌属(*Lactobacillus*)(长杆状)、明串珠菌属(*Leuconostoc*)(短杆状)以及小球菌属(*Pediococcus*)(球状)的乳酸菌类(*Lactic acid bacteria*)。主要的作用是苹果酸乳酸发酵,有时造成乳酸破败病。

2 醋酸菌(*acetic acid bacteria* 或 *Acetobacter*)，这是一种几乎只产生破坏作用的细菌，主要产物是醋酸(在澳大利亚最大允许浓度为 1.5 g/L，在新西兰为 1.2 g/L)和乙酸乙酯。

所以，我们可以看出只有很少种属的微生物可以在葡萄酒中生长。尽管葡萄酒和葡萄汁具有天然的抑制作用，如果不对这些我们不期望的微生物生长加以控制，就会造成巨大的质量损失。这些微生物的特点将在随后讨论。

酵母发酵剂及其制备(Yeast starter-cultures and their preparation)

在过去，葡萄酒的发酵是依赖于天然存在的酵母进行的，其结果通常是不可预测的。约在 1890 年，纯系酵母开始应用于啤酒酿造以及后来的葡萄酒生产。很有趣的是，巴斯德在其经典的发酵研究中用的并不是纯系酵母。在澳大利亚，纯系酵母用于葡萄酒的生产始于 1950 年，在此之前已经在起泡葡萄酒的生产中得到应用。

我们可以对使用纯系酵母进行酒精发酵的目的界定如下：

- 使发酵快速启动和进行，在最短时间内对发酵容器进行高效使用。
- 获得可预测和可控制的发酵。
- 不产生不良的味道和气味。
- 高效地将糖转化为酒精，无可发酵糖残留。
- 可能产生特定的和人们所期望的酵母风味。
- 在特定条件下可预测的凝絮特征，比如：在起泡葡萄酒酿造中。

从以上我们可以清楚地看出，为什么纯系酵母在葡萄酒产业中得到广泛地应用，以及为什么它是澳大利亚和新西兰能生产高质量葡萄酒的保障之一。酵母本身不能创造葡萄酒的质量，葡萄酒的质量来自于葡萄，但是酵母可以防止生产出劣质的葡萄酒。更进一步，也可以对酵母加以选择，通过提高酒精和脂类的产量来增加风味。这对中性葡萄品种很有用，但是由于脂类随着时间延长会水解，其影响时间也相对较短，如 6～12 个月。

纯系酵母可以来自澳大利亚和国外的研究机构、酿酒实验室以及活性干酵母的商业供应商。只能从知名商家那里购买酵母，这些厂商会不断监测酵母的活力、污染以及变异情况。酵母以琼脂斜面和干酵母两种形式供应。当使用琼脂斜面或干酵母(冻干)时，葡萄酒厂需要将其作扩大培养成为纯系发酵剂。这个过程通过使用灭菌培养基进行一系列体积放大的转接来实现。最终的灭菌接种物就可以加入到大量的通常未经灭菌处理的葡萄汁中了。这个过程如下(图 6.1)。

使用经火焰灼烧灭菌的接种环，在无菌条件下，从琼脂斜面培养基转接少量酵母到 100 mL 经高温灭菌并稀释的葡萄汁或其他合适的培养基中。当使用琼脂斜面时，要准备新的琼脂斜面对原代培养物进行继代，并保存于 4℃冰箱中。这就是工作菌株，使用它们以防对母代原始菌株造成污染。

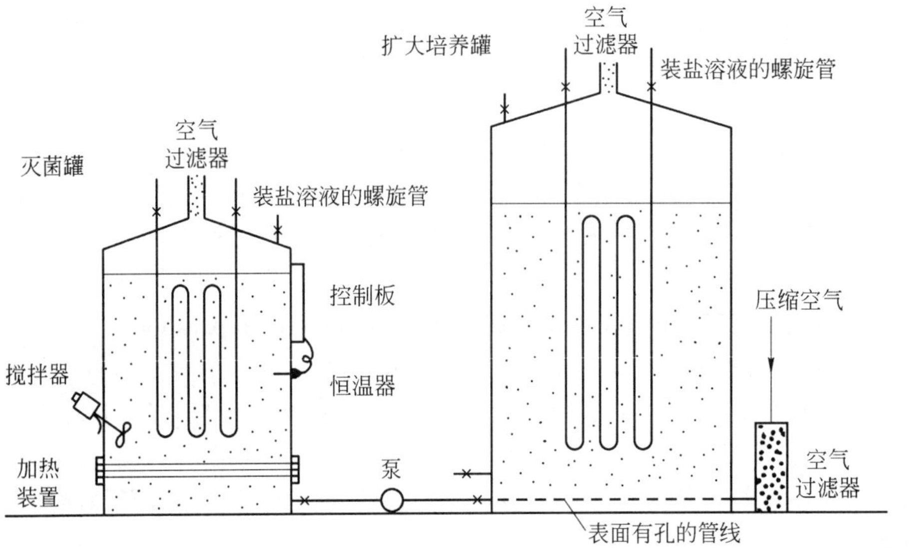

图 6.1 纯系酵母培养

将上述约 100 mL 液体培养物置于 25～30℃下培养 2～3 d，直到开始出现活跃的发酵为止，标志是培养物变得混浊，并伴随着气体的产生。这个温度很接近酵母生长的最适温度(30～35℃)，但是高于葡萄酒发酵的最适温度。

在无菌条件下，将以上培养物倒入 2 L 约含二氧化硫 50 mg/L 的灭菌并稀释的葡萄汁中，在与酒厂发酵温度相同的条件下进行发酵。

再将这 2 L 培养物转入含有 50～100 L 灭菌葡萄汁的带喷气装置的容器中，使培养物能够在通气条件下生长。这会增加酵母细胞的数量，并提高固醇和脂肪酸的含量，它们能够促进酵母的生长。

如果需要更大量的酵母发酵剂，就将以上培养物再转入一个更大的带有鼓气装置的酵母繁殖罐。通过不断取出培养物去接种葡萄汁，并添加新的经灭菌的葡萄汁，纯系发酵被维持在持续进行的状态。葡萄酒厂的繁殖罐必须足够大，应达到每天需要接种的葡萄醪总量的约 1/10。酵母要定期更新，如每两周更新一次。

在生产启动酵母的有氧发酵高峰期，酵母细胞数至少应该达到 300 万个/mL。如果低于这个量，其生长条件就没有得到充分满足。用于接种葡萄醪的酵母必须含有高水平的麦角固醇、脂类和储能物质，如肝糖和海藻糖。在缺乏氧气或缺乏麦角固醇的条件下，酵母很难生长很多代。用于葡萄酒生产的酵母菌株需要 B 族维生素、生物素、泛酸、葡萄糖醇肌醇和含氮化合物，如氨基酸。后者可以用磷酸氢二铵或氢氧化铵来代替或补充。

在澳大利亚，除了脱硫葡萄汁缺乏维生素 B_1 以及葡萄浓缩汁缺乏生物素外，葡萄醪中没有发现维生素缺乏的现象。在一些葡萄醪中，氨基酸的缺乏可能会限制酵母的生长，导致硫化氢的产生，同时使高级醇和酯的产量降低。这就是要在发酵前向葡萄汁或葡萄醪中加入磷酸氢二铵的原因。对于进一步的细节请见本章后面有关澄清后的葡萄汁的不完全发酵的相关内容。

接种葡萄醪所需的酵母细胞数为终浓度 500 万～1 000 万个/mL，高浓度用于需要带皮发酵的红葡萄醪。因此，最好能对繁殖罐中的细胞进行计数，以计算出需要加入多少酵母发酵剂。最好在显微镜下用血球计数板进行计数，或通过测量浑浊度进行计数，但第二种方法的准确度不高。在葡萄醪的发酵过程中，与酵母发酵剂的繁殖过程不同，发酵高峰期的细胞浓度为 800 万～1 600 万个/mL。葡萄酒或酵母初始培养物的澄清度可以为其中的酵母数量提供一定的线索，信息见下表：

葡萄酒的外观	每毫升酵母细胞数
非常清亮	1 000(10^3)
澄清	10 000(10^4)
稍有混浊	100 000(10^5)
淡云薄雾	1 000 000(10^6)
如厚云遮挡	10 000 000(10^7)
完全不透明	100 000 000(10^8)

如果使用商业化的干酵母，必须严格按照厂家的说明书进行操作，特别是要注意复水过程。复水一般在 35～40℃的温水中进行 30 min，如果不这样做，菌株的有效性会降低。现在可以使用的商品化干酵母有很多种，使得启动酵母的制备变得相当简单。在复水后，干酵母就可以直接加入到葡萄醪中了，也可以使用先前描述过的，与长在琼脂斜面培养基上的酵母完全一样的方法，使用繁殖罐进行培养。对商业酵母菌株的活力可以通过活性染色后，在显微镜下进行检测，比如：使用亚甲基蓝进行染色，只有死细胞可以着色。

有时也使用混合精选酵母，但是有一个问题，即如何维持人们所需的不同菌株的比例。有些酵母通过分泌毒杀因子，来阻止或限制其他类似酵母的生长，使自身在数量上占据优势地位。

毒杀型酵母(Killer yeasts)

毒杀型酵母在 1965 年首次被发现，对这个有趣的课题现在已经有了相当多的信息。已知至少来自 7 个属的不同酵母能够产生蛋白质或糖蛋白类的“致死性毒素”，这些毒素能杀死一些特定的酵母。通过观察当一个菌株存在时，另一个菌株的生长受到抑制的现象，证明了酵母释放致死性毒素的方式与真菌释放抗生素是相同的。

依据这种相互关系可以把酵母分为 3 类，即毒杀菌株、会被毒杀酵母所分泌的毒素杀死的敏感菌株以及不受影响的抗性或中性菌株。已经分离确认了许多毒杀蛋白，最初被分成 10 组，分别称之为 K_1 到 K_{10}。实际上，一些最近才分离得到的毒素不属于这些群体，很明显致死毒素的分类需要扩大。

毒素的活性在 pH 值 4～5 时最强，但是葡萄酒发酵期间 pH 值在 3～4 的范围也有明显的活性。在毒杀型酵母中，有类似于病毒的粒子，最近的研究集中于产生致死毒素的基因机制。毒素在温度高达 30℃时仍然稳定，pH 值较低时比较高时稳定，一般在 pH 值高于 5 时活性丧失。需要指出的是，可以买到含有毒杀因子的商品化干酵母。

毒杀特性对维持酵母纯系来说并不有效，这是因为毒杀型酵母和其他酵母一起生长时，只能杀死某些特定的敏感菌株，所以不能认为毒杀菌株能够对培养基起灭菌作用。毒杀型酵母抑制敏感菌株生长的机制并没有完全研究清楚，但是很重要的一点就是致死毒素在饮品中的存在对消费者的健康没有不良影响。当然，啤酒厂注意到了毒杀型酵母，但是由于它们可能给啤酒带来不良风味，啤酒厂尽量避免对其的使用。对毒杀型酵母的生态学研究表明，它们在温暖的条件下比寒冷的条件下在菌群中的比例要高，对欧洲的冬季条件不具有抗性。此外，毒杀型酵母在长期保存时会显著丧失其毒杀因子。

最近的研究集中于一类不同属的酵母产生致死毒素的基因特点。在形态上，除了它们的细胞质中含有小的类似病毒的微粒，毒杀型酵母与普通酵母完全相同。此研究的最初希望，即依赖于致死毒素对其他微生物的杀灭作用，让这些菌株可以在有导致污染和破败的其他微生物存在的条件下获得纯酵母发酵，还没有被证明是可靠的。

发酵的酒精产率(Alcoholic yield from fermentation)

计算葡萄汁中发酵时来自糖的酒精产量的基础是酒精（乙醇）和二氧化碳是两个主要的产物，但不是唯一的产物。在发酵期间，糖被分解成为酒精和二氧化碳，并有一系列有利于酵母生长的其他次生物质的生成。在完全发酵的情况下，1 000 g转化糖（葡萄糖和果糖）大约产生 480 g 酒精，这与温度、通气和酵母种类有关。所依据的乙醇产量公式是由盖-吕萨克在 1810 年提出的，如下所示：

$$\underset{180\ g}{C_6H_{12}O_6} \longrightarrow \underset{92\ g}{2C_2H_5OH} + \underset{88\ g}{2CO_2}$$

例如，1 L 含 20.0%糖（以化学分析方法测得，以还原糖计）的葡萄汁可以通过发酵产生 96.3 g 或 12.20%体积比的酒精，后面的数字是通过重量百分比除以酒精比重(0.789 3)得到的。这个数值是在假设酒精最小蒸发量，酵母没有产生多余的其他副产物，不通气及低温发酵的情况下测出的平均值。

然而，葡萄醪中的糖经常用液体比重计，按照如波美度、白利度计或奥氏度计量。例如：22.0°Brix 的葡萄醪为 12.2°Bé，比重为 1.092 或 92°奥氏度的糖度。这种液体比重计测量的是总的可溶性固形物的读数，葡萄醪中来自成熟葡萄的糖是其主要部分。白葡萄醪中来自成熟葡萄的实际还原糖比白利度读数要平均低 2% 或 20 g/L，比波美计读数低 1.1。红葡萄醪的差距会更大一些，多少取决于在发酵过程中从果皮中提取的色素以及其他物质的数量。

所以，白利度为 22.0°或波美度为 12.2°的白葡萄醪平均含有 20.0%的可发酵糖，这和葡萄品种以及成熟度有关。在发酵时，可获得 12.2%体积比的酒精。波美度和酒精产量的关系因不同的波美度高低而不同，在 10～12 °Bé 范围内，将产生与波美度几乎相同数量体积比的酒精。这就是为什么酿酒师的速算方法是调节 1 °Bé 来增产 1%体积的酒精。但是由于葡萄醪中还原糖并不能由液体比重计准确地测得，任何用液体比重计得到的葡萄汁中的酒精产量都是近似数值。因此，准确的测量方法是用化学法检测葡萄汁中的糖含量，然后由以上列出的数据与公式进行计算。

澄清葡萄汁的不完全发酵(Incomplete fermentation of clarified juice)

在经澄清的白葡萄汁中偶然发生的不完全发酵是酿酒过程中令人讨厌的事情。发酵过程缓慢进行，并最终结束，同时还有一些糖没有被用完。要想重新启动这种"不完全"发酵并非总能轻而易举，需要重新加入的相同或不同的酵母，可能还需要对葡萄汁进行加温。在生产季，如果有 10 万 L 葡萄酒发生了不完全发酵，就会有大麻烦。

我第一次遇到白葡萄汁不完全发酵是在 20 世纪 50 年代，在一次测试不同葡萄酒酵母菌株的试验中，在一批 1～5 L 经过无菌过滤的葡萄汁中，许多发酵都没有完成，或者只能以很慢的速度进行。部分原因在于特定酵母菌株之间在发酵速率和完成程度上存在不同。但是，导致问题的主要原因还在于葡萄汁的澄清度。如果葡萄汁没有经过澄清处理，则发酵通常可以完成。

在那时，这方面几乎没有任何资料可以查阅。后来德国盖森海姆(Geisenheim)的珊德尔教授也遭遇了这个问题，他们发现附加惰性颗粒可以刺激发酵的进行。上述酵母评估试验中，通过在发酵前添加上述物质，解决了这个问题，很多种惰性固体都有效，包括硅藻土、纤维粉和皂土。

这些固体物质的促进作用可以从两个方面来分析。固体分子因其特有的结构，可以吸附空气(氧气)。在显微镜下观察悬浮在葡萄酒中的皂土时，发现其土层的自然骨架可以将气泡吸附在每一个单独颗粒的钩状结构中，这种骨架实际上是硅藻含硅成分的残留。如果这些空气被酵母所吸收，将导致其生长率的提高，进而促进固醇的合成以及酵母的生长。然而，通过这个途径吸附的气体是很少量的，还有其他的作用机制也参与其中。其分子具有通过氢键将营养物质吸附在表面的能力。许多酵母生长所需的营养成分以这种方式被吸附，当酵母接近这些分子的时候生长便加快了，因此，能够繁殖更多的酵母细胞促进发酵的完成。这样的情况在乳浊状或混浊状的葡萄汁中也存在，悬浮于葡萄汁中的颗粒以同样的方式起作用。葡萄酒生产商都知道，混浊的葡萄汁比澄清的葡萄汁更容易发酵。

我们进一步的研究还发现，酵母的生长与葡萄汁中的营养物质有关。添加磷酸氢二铵有助于在发酵中防止硫化氢的生成，并改善发酵中葡萄汁的营养水平。澳大利亚葡萄醪中可利用的营养物质以欧洲标准来看是偏低的，因此，酿酒师通常会添加每升 200 mg 的磷酸氢二铵。

澳大利亚葡萄醪中通常含有足够的维生素供酵母生长。维生素 B_1 是维生素中唯一的在含量太低时会抑制酵母生长的物质，这通常存在于脱硫的葡萄汁中。来自法国的数据表明，生长在葡萄果实上的灰霉也会降低葡萄醪中维生素 B_1 的含量。如果维生素 B_1 的量不足，酵母的生长率也会降低，其生长率主要受到酵母自身合成维生素 B_1 的能力制约。生物素也是酵母所必需的，但是因其大量存在于葡萄醪中，所以不会发生生物素缺乏的问题。一些酿酒师也添加一些含有维生素和磷酸氢二铵的营养助剂，但是尚没有足够信息表明添加维生素是否可以得到许可。但是这并没有害处。

葡萄醪中氧气的不足会使发酵不能彻底进行。在培养酵母发酵剂时，氧气可以帮助繁殖更多数量的细胞；可以保证合成足够多的固醇及其相关物质，它们有助于发酵中酵母的繁殖和生存。因此，培养酵母起始菌群时，需要进行通气，然后才加入葡萄醪，以保证具有高比例的高活性细胞。如果葡萄醪中没有足够的氧气，例如：在二氧化碳下保护下取汁压榨，从接种酵母到发酵启动之间的迟滞期就会延长，延迟的发酵是缺氧的标志。

对酿酒师来说，以上这些内容的重要性在于，如果要对澄清的葡萄汁进行发酵，启动酵母在加入前要先通气（无论如何这是一个通常用到的预防性措施），最好还额外添加磷酸氢二铵（大约 200 mg/L）和维生素 B_1（大约 1 mg/L）。

发酵中挥发性物质的回收（Recovery of volatiles from fermentation）

酿酒师们长期以来推测，葡萄酒发酵过程中产生的二氧化碳会胁裹出相当量的人们所喜欢的挥发性物质，应该将其回收、浓缩并加回到葡萄酒中。

这种观点已经在其他领域得以实现，在浓缩果汁的生产中已经从商业规模上实现了对香气的回收。然而，葡萄酒的情况不同于浓缩果汁，因为在葡萄酒中，挥发性物质以很低的浓度（一定程度上取决于发酵温度）存在于大量的二氧化碳中。因此要浓缩是很困难的，需要很低的浓缩温度，如：－196℃的液氮，大约为－15℃的工业制冷温度是不够的。

如果使用工业制冷，浓缩的产物将主要由水和酒精构成，而人们所需要的以很低浓度存在的香气物质，绝大多数都不能从包裹它们的大量的二氧化碳中浓缩出来。

强化(Fortification)

这与在第4章中谈到过的关于强化酒的生产有关。强化是在发酵前、发酵期间或发酵结束后,在葡萄醪或葡萄酒中加入高浓度的精馏葡萄酒精或白兰地酒精,达到提高酒精含量目的的操作过程。澳大利亚国家食品药品法(State Food and Drug Acts)规定,在澳大利亚销售的商业强化酒的最低酒精含量为17%体积比,最高酒精含量不得超过23%,如果是为了出口到允许酒精含量超过24%的国家,则可以例外。大多数强化酒的酒精含量在17%~19%。

澳大利亚和新西兰的葡萄酒产业具有悠久的生产强化酒的历史,直到1965年,澳大利亚葡萄酒总产量的一半以上是强化酒。按照国际标准来看,它们中的许多产品以前和现在都是品质超群的,并为澳大利亚在此领域赢得了令人羡慕的声誉。

一般强化使用的精馏葡萄酒精为94%~96%体积比(SVR全称为校正酒精体积,spiritus vinum rectificatum)的高纯强化酒精或蒸馏得到的57%~83%体积比的白兰地酒精。强化酒精必须是除了水之外不含其他成分(同系物)的高纯度酒精。由于酒精与水的混合物达到96.4%体积比时会形成沸腾混合物,不能通过蒸馏将两者分开,即使是用最高效的蒸馏柱也不行。为了得到高于上述酒精浓度的强化酒精,如100%含量的酒精,即纯酒精,必须通过加入其他物质如苯,以形成三元共沸混合物来达到除去水分的目的,因酒精更易与苯结合,并可以通过蒸馏达到分离的目的。与高纯强化酒精不同的是:白兰地酒精中除了高含量的酒精外,还含有很多同系物,主要是高醇类物质、醛类和酯类,这使得白兰地酒精的复杂度增加,同时也使它强化出的葡萄酒的复杂度增加。

发酵期间加入酒精并混合,会抑制酵母的生长,从而达到阻止发酵的目的。如果外加的酒精没有和正在发酵的葡萄汁混合均匀,就会浮在表面,使下面的发酵得以继续进行。最后得到的强化酒的甜度和强化时葡萄醪或葡萄汁的含糖量有关。最甜的强化酒就是不经发酵直接对葡萄醪或葡萄汁进行强化得到的(又叫混成葡萄酒),而最干的强化酒就是通过强化干葡萄酒得到的。

强化不是一个精确的操作过程,因为通过波美计精确测定发酵中的葡萄醪的糖含量是很困难的,同时加入酒精前从皮渣上分离出的葡萄汁会继续发酵。发酵期间用液体比重计测出的糖含量读数是很不可靠的,因为酒精(其比重为0.789)会使液体比重计下沉,使指示出的糖含量低于实际的含量。可以使用术语"表征波美度"代表糖与酒精共存状况下的波美计读数结果。"模糊"这一术语在这里的意思是真正的酒精含量被其他物质,如糖、焦糖,溶解于溶液而遮蔽了,使得液体比重计的读数增大。估计这种模糊值的方法是基于1.0%体积的酒精含量会模糊0.26 °Bé或0.47 °Brix。

强化酒精的加入还会导致温度的升高,因为加入的酒精与葡萄醪或葡萄酒中的水发生溶解热反应,结果导致其体积增加。然而,当热量散失以后,终体积小于两体积之和。在实际生产中,这种体积的变化量通常很小,可以忽略不计。

为进行强化处理,需要以下信息:

- 以波美度为单位的需要强化的葡萄醪或葡萄汁的初始糖度。
- 需要强化的葡萄醪或葡萄汁的初始体积及其酒精含量。
- 要使用的中性强化酒精或白兰地酒精的体积及其酒精含量。
- 强化后的葡萄酒体积。
- 强化后葡萄酒的酒精含量。

为了估算加入的酒精量和加入时间,必须搞清楚葡萄醪或葡萄汁中本来的酒精含量和进行强化处理时的波美度(或白利度)。有了这些数据后,就可以用基于皮尔森方程的一个算式计算需要加入多少给定酒精浓度的强化酒精或白兰地的体积了。计算的依据以及一个实例都列在下面:

葡萄醪:5 870 L,13.4 °Bé。

强化酒精:95.0%(体积比)的酒精。

目标:获得含 18.5%(体积比)酒精的葡萄酒,4.5 °Bé。

问题:需要加入多少强化酒精?什么时候加入?

1 模糊数:终酒精含量乘以 0.26,因每 1%体积的酒精模糊 0.26°Bé,即 18.5×0.26=4.8 °Bé。

因此,这个酒精含量模糊 4.8 °Bé 的糖。

2 强化后的**表征波美度**经酒精模糊数修正后,可得出真实的或称**修正后的波美度**,即表征波美度 4.5 加上模糊数 4.8,等于 9.3 °Bé。

这个数据用于计算强化处理前发酵所获得的酒精含量,其依据是 1 °Bé 能产生 1%体积的酒精。

3 强化前所产生的酒精:初始波美度减去如 2 所述的代表酒精含量的真实波美度或称修正波美度,即

$$13.4-9.3=4.1\ ^{\circ}\text{Bé}$$

因此,强化之前可产生的酒精为 4.1%体积比。

4 发酵期间酒精对**波美度的模糊数**,使用 1 中的系数 0.26:

$$4.1\times0.26=1.1\ ^{\circ}\text{Bé}$$

因此,发酵产生的酒精模糊 1.1 °Bé。

5 强化时的表征波美度:这可以用真实波美度或称修正波美度减去发酵酒精产生的模糊数得到,即

$$9.3-1.1=8.2\ ^{\circ}\text{Bé}$$

因此,应在葡萄醪为 8.2 °Bé 时进行强化,此时葡萄醪含 4.1%酒精。

6 需加入的强化酒精的量:使用皮尔森方程式进行计算,即

$$X=\frac{V(C-A)}{B-C}$$

式中：X 为需要的强化酒精的体积，L；V 为需要强化的葡萄酒的体积，L；C 为最终的酒精含量；A 为强化时葡萄醪或葡萄汁中的酒精含量；B 为强化酒精中的酒精含量。

$$X=\frac{5\,870(18.5-4.1)}{95-18.5}=\frac{84\,528}{76.5}=1\,105\ (\mathrm{L})$$

即将 1 105 L 强化酒精加入到 5 870 L 8.2 °Bé 的发酵葡萄醪中，将得到 6 975 L（体积大约减少 1.6%，但是可以忽略不计）4.5 °Bé，酒精体积含量为 18.5%的葡萄酒。

7　葡萄醪和葡萄酒的酸度调节

Adjusting acidity in musts and wine

在澳大利亚较温暖的葡萄酒产区葡萄的天然酸度总体较低，与之相反，冷凉国家，如新西兰，由于葡萄很难完全成熟，酸往往过多。适当的高酸度，更可行的说法，适当的低 pH，对于生产平衡协调的佐餐葡萄酒是必须的。如果葡萄中的酸太少，就需要对葡萄醪进行酸化，将 pH 值调节到一个如下所列的适合范围内。低 pH（高酸度）对于生产过程以及提高产品质量有如下重要好处：

- 增加二氧化硫抗微生物和抗氧化的特性。
- 促进发酵所需的微生物的生长。
- 有利于抑制微生物破败。
- 促进葡萄汁和葡萄酒的澄清。
- 总体上强化酒的果实特征和平衡。

因此，在澳大利亚人看来，考虑增加酸度方法是很重要的。

酸化（Acidification）

通常加入的酸是 *L*(+)酒石酸，酒石酸也是葡萄中天然存在的成分。不应加入消旋酒石酸或 *DL*-酒石酸，因为所形成的 *DL*-酒石酸钙沉淀缓慢。加入酒石酸后会使 pH 值降低，随后出现酒石酸氢钾的沉淀。沉淀是发生在酸度增加之后，因此添加酒石酸已经获得了其效果。

由于不同葡萄酒的缓冲能力不同，加酸所导致的 pH 下降和加入的酸量并不直接相关。最先加入的那部分酸会导致最大的 pH 下降，以下的实例可以说明：

- 向 pH 值为 4.04 的干红葡萄酒中缓慢加入 2 g/L 的酒石酸，pH 值的降低依次为 0.34，0.22，0.16，0.14 和 0.10。
- 对 pH 值为 3.72 的干红葡萄酒进行同样的处理，pH 值的降低依次为 0.24，0.18，0.14 和 0.11。
- 对于白葡萄酒而言，因其含钾量较低，缺少色素及其他酚类等对 pH 变化有缓冲能力的物质，pH 值的降低幅度要更大一些。pH 值为 3.75 的干白葡萄酒，加入同样量的酒石酸，pH 值的降低依次为 0.35，0.22 和 0.13。

不可能建立一个非常精确的加酸量的经验公式，一般加酸的幅度是 1～

4 g/L。将柠檬酸加入上述葡萄酒时，其降低 pH 的效率大约比加酒石酸低 15%。另外，部分柠檬酸可以在发酵过程中被酵母所代谢，还能被某些乳酸菌代谢成醋酸。此外，柠檬酸不允许加入用于出口的葡萄酒中。

可以用苹果酸降低 pH，但通常不用于这个目的。不仅酵母在发酵期间能对其进行部分代谢，而且还会增加葡萄醪和葡萄酒的苹果酸含量。这意味着，当苹果酸乳酸发酵启动后，苹果酸的减少会导致葡萄酒的酸度过度降低，下降约 0.45 个 pH 单位。如果没有后续的加酸校正，这样大幅度的酸度降低会严重影响葡萄酒的质量。

加入石膏(硫酸钙)可以增加葡萄酒的酸度，这种处理只降低 pH 值，而不影响可滴定酸度。在西班牙的雪利酒生产中这是常规的处理，结果产生酒石酸钙的沉淀并释放出氢离子。这种处理容易使葡萄酒带上苦味，正因为这个原因以及酒石酸钙的沉淀速度很慢，因此添加石膏的做法在澳大利亚和新西兰并不普遍。

向葡萄醪和葡萄汁中加酸比向葡萄酒中加酸更重要，酿酒师需要根据对他们自己葡萄酒的经验决定加酸的量。可以根据 pH 值需要降低的幅度建立指南。对用于酿造干红葡萄酒的葡萄来说，推荐通过加入酒石酸使葡萄醪的 pH 值降低到 3.2～3.4。对于白葡萄来说，需要使葡萄醪或葡萄汁的 pH 值降低到 3.1～3.3。最好在葡萄的破碎阶段加入酒石酸，将称量好的酒石酸溶于尽可能少的冷水中并在破碎处理前加到葡萄上，或在葡萄破碎后立即加入。尽可能早地加酸是非常关键的，最好是在发酵之前加。澳大利亚食品药品法允许用最少量的水溶解酒石酸。

脱酸(Deacidification)

脱酸或降低葡萄汁或葡萄酒酸度的处理常在寒冷地区进行，因为那里的葡萄不能充分成熟，含酸量过高而含糖量不足。因此，在新西兰有时需要脱酸，而在澳大利亚很少这么做。在冷凉的欧洲葡萄酒产区，如德国和瑞士，脱酸是常规操作。

在欧洲流行的脱酸处理是向葡萄醪或葡萄酒中加入碳酸钙或碳酸-苹果酸钙双盐，从而产生酒石酸钙的沉淀，如果加入的是双盐就产生酒石酸钙和酒石酸-苹果酸钙的混合沉淀，并降低酸度。其他还可以使用碳酸钾脱酸以及生物脱酸，在生物脱酸过程中特定的微生物对酸进行降解。

碳酸钙脱酸的原理是 1 g/L 的碳酸钙能沉淀 1.7 g/L 的酒石酸。首先将碳酸钙粉末与少量葡萄醪混合，再缓慢加入到大量的葡萄醪中，并不断搅拌。酒石酸钙开始缓慢沉淀，处理后的葡萄酒可能会不稳定一段时间，时间的长短取决于酒石酸钙沉淀下来所需要的时间。

双盐脱酸法已经部分让位于单一的碳酸钙处理了。双盐脱酸法是由德国人穆兹于 1960 年发明的，在 1965 年首次得到应用，这一年莫舍尔地区的葡萄酸度非常高。建立这个方法的目的是同时除去葡萄醪中的部分酒石酸和苹果酸(两种主要酸)，是对传统方法的改进，传统的添加碳酸钙的方法只能通过形成不溶性的酒石酸钙去除酒石酸。在这两种过程中都会有二氧化碳的释放。在这之前，苹果酸的含量只能在葡萄酒中通过生物的方法进行降低，比如：通过苹果酸乳酸发酵或使用能分解苹果酸的粟酒裂殖酵母。上述这两种方法对酸度很高的葡萄酒来说都不是可靠的方法。

双盐脱酸法需要专门制备含有少量酒石酸-苹果酸钙的碳酸钙。德国 Ingelheim 的 C. H. 保林格公司生产这种产品，名为“Acidex”。与葡萄醪混合后，使其 pH 值升高到 4.5 或 4.5 以上，苹果酸和酒石酸的阴离子都和钙结合形成特征性的辐射状苹果酸-酒石酸钙晶体。这种不溶性的消旋酸化合物由一个环形结构组成，其中带有两个钙原子的酒石酸和苹果酸阴离子相互结合在一起，分别位于两个分子的末端。

双盐脱酸剂 Acidex 的加入量由葡萄醪的起始可滴定酸度和人们所期望的脱酸后的酸度来决定。对于 1 000 L 葡萄醪来说，推荐使用量如下：

起始酸度/(g/L)	12	15	15
所需酸度/(g/L)	8	8	10
双盐试剂加入量/kg	2.7	4.7	3.4
葡萄醪的升数	380	520	380

即如需将可滴定酸含量为 15 g/L 的葡萄醪(以酒石酸计)脱酸到 8 g/L，需要将 520 L 的葡萄醪缓慢加入 4.7 kg 的双盐试剂并搅拌(而不是将双盐试剂加入葡萄醪中)。搅拌 15 min 后，过滤悬浮液，将滤液转入未经处理的 480 L 葡萄醪中。

脱酸曾广泛使用于白葡萄醪中，其过程如下：

1　准备用于接种酵母进行发酵的葡萄汁。

2　测量葡萄汁的体积及其可滴定酸度，按制造商的使用量计算表格，计算需要加入的双盐脱酸剂 Acidex 的量，前面已经对它进行举例。

3　将规定量的葡萄醪加到双盐试剂中，边加边搅拌，并检查 pH 值达到 4.5 或更高。15 min 后过滤或离心，然后将澄清的滤液加入到未经处理的剩余葡萄汁中。

与简单的碳酸钙脱酸相比，双盐脱酸更为复杂，因为部分葡萄醪被过度脱酸，然后过滤并加回到未经处理的葡萄醪中。然而，因为苹果酸和酒石酸都被脱去了一部分，所以脱酸更为彻底。

碳酸氢钾脱酸法　可以通过加入碳酸氢钾或碳酸钾达到降低酸度的目的，前者是作用更加温和的脱酸剂，因而更推荐使用。钾离子和酒石酸阴离子结合形成酒石酸钾沉淀，而碳酸氢根以二氧化碳的形式散失。可以在发酵前或发酵后进行，加入 1 g/L 即可使可滴定酸度降低 0.75 g/L(以酒石酸计)。和钙盐处理相比，这种方法的优点在于不涉及钙的加入(酒石酸钙的沉淀速度很慢)；pH 值不会升高到超过 3.6，酒石酸氢钾的沉淀产生快。因此，此方法更为常用。

微生物脱酸 粟酒裂殖酵母属的一些种和菌株具有降解葡萄酒中苹果酸的能力，使用它们就是基于这个目的。然而，它们需要糖等额外的碳源，而且与快速发酵的酿酒酵母属的酵母相比竞争力不足。此外，它们还可能产生不良的气味，这使得对它们的使用显得相当不可靠。

通过离子交换调整酸度（Adjusting acidity with ion-exchange）

在葡萄酒生产中，离子交换被用于一个工艺过程。主要用途是去除酒石酸钾结晶以达到稳定葡萄酒的目的，近年来主要用于改变葡萄酒的酸度。对离子交换的原理和背景，请参考第 10 章关于离子交换对葡萄酒进行冷稳定处理的有关内容。

离子交换可以提高葡萄汁和葡萄酒的酸度，降低 pH，对 pH 的降低要大于添加酒石酸或其他弱酸达到相同可滴定酸水平时的数值。加入酒石酸，意味着同时加入了氢离子和弱碱性的酒石酸阴离子，而经离子交换葡萄酒中只有氢离子的增加，以及其他阳离子，如钾、钠、钙和镁的相应减少。

氢离子交换的过程是用无机酸对离子交换柱进行再生，用氢离子饱和阳离子交换树脂，用含有少量阳离子的水洗去多余的酸，然后让澄清的葡萄汁或葡萄酒流过树脂，直到树脂的交换力能力被耗尽，然后对交换柱进行清洗再生，并重复以上过程。葡萄汁中的阳离子，如钾、钙、镁和钠等，被吸附在树脂上，等量的氢离子被释放，导致葡萄汁 pH 值降低。有关离子交换柱操作的具体细节请见第 10 章的相关内容。

以下的讨论所指的是葡萄酒，但同样的过程也适用于葡萄汁，差别仅在于后者 pH 值的降低较少。在离子交换过程中，葡萄酒的 pH 值很快降到 2.0～2.2，保持在这个水平直到树脂的交换能力耗尽，然后很快上升到其初始值。树脂对葡萄酒的处理能力，在完全交换的条件下需要树脂床体积 10～20 倍的葡萄酒才会耗尽，流速为每小时 6～12 倍的树脂体积。钙和镁与树脂的结合最为紧密（如果存在微量的铁和铜，其结合也很紧密），然后依次是钾、钠和氢离子。因此，饱和了氢离子的树脂将吸附其他所有的阳离子，并把等量的氢离子释放到葡萄酒中。树脂的再生需要用氢离子替换钾，以及其他与树脂结合的阳离子，也就是反向处理。

二价阳离子钙和镁位于树脂柱的上端，而一价阳离子钾和钠则位于较低的位置。当进行酸再生时，最先释放的是一价阳离子，然后是二价阳离子。用于降低 pH 值的设备和树脂与用于稳定酒石酸钾的钠交换过程一样，特别是二者都不能使用如铜等会发生腐蚀的金属。

离子交换柱至少需要 75 cm 厚的树脂，对柱子进行再生处理要用 6 倍于树脂体积的无机酸缓慢逆向冲洗 30 min，使酸能够均匀地扩散到树脂中。然后从上到下用水冲洗树脂柱以去除多余的酸，并排除多余的水分。这个清洗过程要使用

6倍树脂体积的水，全程持续约30 min。然后从底部缓慢导入澄清的葡萄汁或葡萄酒，直到充满离子交换柱，去除气泡，然后可以开始让葡萄酒从上向下流，进行离子交换处理操作，流速为每小时6～12倍的树脂体积，当柱交换能力到达极限时，即树脂交换能力耗尽(pH快速升高)，停止对葡萄酒的处理。让柱子流干，然后用12倍树脂体积的水反向洗涤柱子，以去除可能存在的悬浮物质，树脂床就可以进行再生处理了。

各种无机酸，如盐酸、硫酸和硝酸，只要达到了可接受的商品质量都可以用于树脂的再生，选择时主要考虑的是价格、使用的方便性以及树脂生产商的推荐。在澳大利亚基于价格和方便，硫酸是最常用的树脂再生酸，常用浓度为体积比3%～5%，大约需要6倍树脂体积的量(5%的硫酸每升含51 g酸，波美度为4.5，比重为1.032)。不可使用更高的酸浓度是为避免在树脂中产生硫酸钙沉淀。还可以使用10%的盐酸溶液(1份酸加上2份水)和硝酸溶液(1份酸加上9份水)，每种都需要树脂体积2倍的量，再生过程的所有产物都是可溶的(10%的盐酸每升含酸105 g，波美度为6.6，比重为1.048；10%的硝酸每升含酸105 g，波美度为7.5，比重为1.054)。用于再生的酸其纯度很重要，比如：使用在黑色回收塑料容器中存放的盐酸，在树脂中就可能出现类似酚的污染。

要使用尽可能高纯度的水，因为水中的任何阳离子都会与树脂结合，导致交换力的降低。如果用于洗涤的水中含有大量溶解的盐，就会显著降低交换能力，在这种情况下就需要提前对水进行氢离子交换处理或者使用雨水。如果树脂中有高含量的钙，再生时用了浓度超过5%的硫酸，而且再生过程中不管由于什么样的原因导致了再生酸液流动的停止，离子交换柱中由于出现了硫酸钙(石膏)，就会固化得像充填了水泥一样。

如果用于洗涤柱子的水中含有悬浮固体，树脂床就变成了过滤器，结果导致操作效率降低和树脂堵塞，产生过压导致树脂的崩溃。在澳大利亚的一些地方，很多水都同时含有大量的悬浮物质以及溶解的固体，在使用前应加以澄清和处理。雨水是很好的选择。由于在操作过程中有可能造成葡萄酒的通气，所以要预先使用惰性气体对柱子和通道进行冲洗。在处理前要由下而上地加入葡萄酒，以去除树脂床中的空气或惰性气体，否则就会由于沟流效应使交换不能高效进行。

有两种处理葡萄酒的方式：一种是对一部分葡萄酒进行处理，直到达到柱子交换能力的终点，然后将处理过的葡萄酒与未经处理的葡萄酒勾兑；另一种是将处理过的葡萄酒加入原来的容器中并进行搅拌。通过检测pH的变化，两种方法在商业上都得到了使用。在第二种方法中，当达到所需要的pH时，即停止进行离子交换处理。如果将处理过的pH值约为2的葡萄酒与未经处理的葡萄酒勾兑，加入15%体积的酒将导致混合后的pH值降低约0.2，这与葡萄酒的种类及其缓冲能力有关。另一种方法是，在超越树脂的交换饱和点后继续进行离子交换处理，等待pH值的升高。

取决于树脂的交换能力、再生效率、葡萄酒成分以及处理工艺，离子交换柱能够处理的葡萄酒体积为树脂体积的 10 ~ 20 倍。树脂的交换容量由树脂的体积及类型所决定。再生的效率会影响树脂中有多少交换位点被氢离子所占据，并影响树脂的状态，如污垢的数量和所吸附的物质等。葡萄酒的组成，特别是阳离子的浓度，影响着离子交换柱能够处理的特定葡萄酒的体积。最后，如果想要得到最好的结果，处理葡萄酒的各项操作，如清洗用水的纯度、正确的流速等都是非常重要的。

当使用离子交换柱处理红葡萄酒时，色素对树脂造成的污染不能通过常规的再生和洗涤程序完全去除。如果此时将白葡萄酒通入柱子，一些色素就可能释放到葡萄酒中，所以如果柱子既用于处理红葡萄酒又用于处理白葡萄酒时必须小心，最好是分别使用两个不同的柱子。悬浮物质可能被吸附到树脂上，使可交换位点的数量减少，从而使树脂的交换能力降低。可使用 1%的甲醛、5 倍稀释的过氧化氢或含 3%活性氯的次氯酸钠溶液对柱子进行恢复。当不使用时，对树脂最好的保存方法是：将它们经过氢离子再生后，保存在含有 500 mg/L 二氧化硫的酸性水溶液中、盐水中或酒精体积比约 20%的经稀释的强化酒精中。

氢离子交换本身是一个很有效的增酸过程，又不会增加酒石酸的含量，后者既昂贵又可能导致酒石酸氢钾结晶的产生。澄清的葡萄汁和葡萄酒都可以使用此处理，这个方法是降低高硫葡萄汁 pH 的标准方法，可以将 pH 值降低到 2.8 或更低，这时二氧化硫大多处于单分子状态，使其能更有效地在脱硫设备中被除去。离子交换的一个重要特点就是其多功能性，同样的树脂（硫酸阳离子交换树脂料）和设备可以用于氢离子交换、氢钠离子混合交换以及钠离子交换。前二者可以增加酸度，三者都可以使葡萄酒对酒石酸盐稳定。

8　葡萄酒处理工艺

Wine-handling operations

倒罐(Racking)

倒罐是将葡萄汁或葡萄酒从一个容器转入另一个容器，从而获得上清液而留下沉淀的工艺过程。这和滗酒的原理是相似的。“倒罐”这个词是葡萄酒产业的术语，由中古英语词汇“rakken”发展而来，它最初来源于法国普罗旺斯方言 arraca 或 raca，意思是葡萄的皮、果梗和种子。

初看倒罐工艺很简单，其实不然，就像我们将要看到的那样。在葡萄醪和葡萄酒中存在很多的沉淀，如葡萄上的固体颗粒、酵母和细菌、酒石酸结晶、沉淀的澄清剂、金属和蛋白质沉淀，等等。它们形成沉淀的速度取决于颗粒的大小、颗粒与液体的相对密度差、电荷(如果有的话)、容器中的温度梯度以及液体的黏滞性。沉淀的速度符合斯笃克定律，它指出了在黏性液体中细小的球形颗粒的沉淀速度。

某些沉淀相当得稳定，在移去上清液时不容易被扰动悬浮。这类沉淀包括：酵母酒脚、酒石酸结晶和用蛋白下胶所获得的沉淀。另一些沉淀物不易沉降，且容易被扰动而混于液体中，如葡萄汁中的果肉碎片、膨润土和鱼胶等。用膨润土下胶会造成两个问题，特别是钠基膨润土，一是形成轻盈的微絮状沉淀，相互之间结合得不紧实，很容易被扰动，二是其体积很大。

置于葡萄酒厂外露天的大型不锈钢罐很容易在垂直方向上形成温度分层(详细信息随后介绍)，如果罐体的一侧由于太阳照射温度升高，就会形成液体的对流。这会减慢絮状沉淀的沉降，不能有效通过倒罐去除沉淀。对于高罐来说，另一个问题是来自液体表面的流体静压力使得二氧化碳更多溶于罐下层的液体中。当对葡萄酒进行倒罐处理时，由于压力降低，气体溢出溶液产生气泡，使已经形成的沉淀重新悬浮起来。

一些带电荷的直径约为 1 μm 的小颗粒其比重与葡萄酒相当，如乳酸菌：明串珠菌(*Leuconostoc*)、乳酸菌(*Lactobacillus*)、小球菌(*Pediococcus*)，因其所带的电荷，趋于保持分散状态，沉淀的速度很慢。如果不提前用下胶的方法对这些细菌进行处理，对这些混浊的葡萄酒进行倒罐就不会有明显的效果。

对葡萄汁或葡萄酒进行倒罐时的要点如下：

- 在泵的吸入管路中安装一个观察镜，进行光线照明，这样当上清液被抽取出来时就可以对其澄清度进行观察了。
- 在带有止回阀的刚性倒罐管（不是软管）的末端安装倒罐板。倒罐板（图 8.1）通常是平的或稍微呈碗状的不锈钢板，固定在倒罐管末端大约 1 cm 处，与倒罐管呈直角。这可以使液体从水平方向被吸入垂直的管道。止回阀中通常包括一个重橡皮球和与之配合的球座，以防止泵关闭时导致液体回流，造成沉淀的扰动。

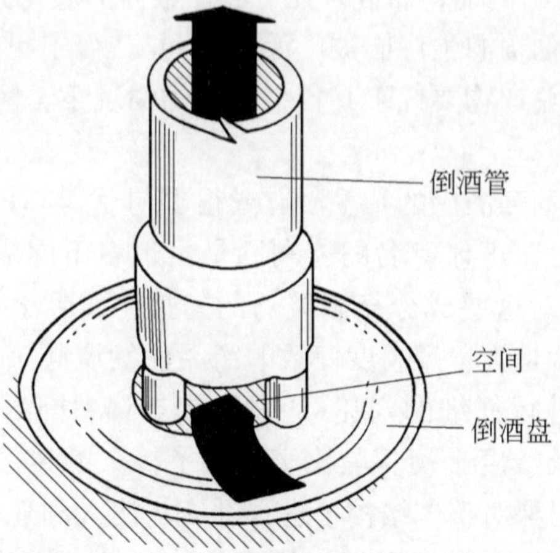

图 8.1 倒酒管和盘

- 在处理容易被扰动的沉淀时，通过光照监测葡萄酒液面的下降会有帮助，这样可以将吸收点总是刚好保持在正在下降的液面之下，同时还可以对泵的速度进行相应的调节。
- 对容易由于通气而受伤害的那些葡萄酒，要保证所有的连接都是密封的，对葡萄酒倒出和倒入的容器都要使用惰性气体。
- 将一个可旋转的短倒罐管永久地固定安装在不锈钢罐中是一个很好的方法。这个管在不锈钢罐中弯成直角，可以从外面在罐中对管子进行旋转，使之跟随葡萄酒液面的下降一直到达沉淀层。在大罐上通常在不同的高度安装有两个有时更多的固定倒罐阀门。安装约 1 m 长的可旋转倒罐管可以使倒酒操作具有更大的灵活性。

在处理白葡萄酒时，应尽可能少地对其进行转运，而且最好将倒罐与其他操作，如：离心或者皂土过滤结合起来。在有空气存在的情况下，对冷凉的白葡萄餐酒进行倒罐不是一种好的处理方法，因为空气中的氧溶解很快。然而，红葡萄酒通过倒罐而受益，并伴随着温和的通气。波尔多的红葡萄酒在发酵后的第一年通常要进行数次倒桶。

勾兑(Blending)

葡萄酒的勾兑是葡萄酒酿造的重要一步。勾兑特别指基于以下目的对 2 种或更多葡萄酒进行混合的操作：

- 为获得特定的葡萄酒风格。
- 使产品标准化。
- 使来自不同品种、不同地区和不同葡萄园的葡萄酒达到最大限度的平衡与复杂度。
- 最重要的是将不同葡萄酒混合在一起使整体品质得到提高。

这个工艺在各个葡萄酒生产国被广泛使用，并获得了更优质的葡萄酒。勾兑的黄金法是只有在勾兑产物要优于其各个组分的情况下，才将 2 种或更多的葡萄酒勾兑在一起。

勾兑的程度从小葡萄酒厂的几乎没有或很少勾兑，到对某些餐后(强化)甜酒进行大量勾兑。例如：西班牙有名的雪利酒是由很多不同成分勾兑而成的，雪利酒的制作秘密就在于对这些成分充满技巧的勾兑。实际上，部分勾兑的操作，索莱拉系统，在西班牙就是为生产高度一致的产品而发展起来的。在法国香槟的生产过程中，要对基酒进行仔细的勾兑，通过对黑比诺、比诺莫尼耶和霞多丽的勾兑，得到最佳的风味及酸度平衡。黑比诺提供了持久的口感风味，霞多丽则贡献了花朵的香气，而莫尼耶对整体结构了进行补充。澳大利亚在葡萄园和酿酒厂进行勾兑都是常见的，用这种方法酿起泡酒和其他各种各样的葡萄酒。实际上，最成功的酿酒师通常都是最好的勾兑专家。

一些人，有时也包括一些葡萄酒专栏作家，认为勾兑在一定程度上是不合适的，葡萄酒勾兑有掺假的意思，并低于其中单独的成分，现在可能是消除这种臆想的时候了。上述看法是不正确的，在澳大利亚最好的葡萄酒都是经过或多或少勾兑的产物。对用生长在同一个葡萄园的葡萄酿造的葡萄酒也是如此，在那里葡萄酒分别在不同的发酵罐酿造，然后进行勾兑成为装瓶的产品。一种绝对没有勾兑的葡萄酒可能具有教学意义，用于展示来自某个特定时期、特定葡萄园的葡萄所酿造的葡萄酒的风格，但从质量与口感的吸引力角度看，它在一个或多个方面可能存在缺陷。涉及澳大利亚葡萄酒命名体系的机构必须认识到这一点。

对用勾兑生产标准化的葡萄酒的事例，澳大利亚的市场上有大量的这类产品，要保证其中每一瓶酒都有相同的质量。我们都知道很多因素影响着葡萄酒的特征和质量。例如：同一个葡萄园在不同的年份可能会生产出多少有些不同的葡萄酒来，这与当年的降雨量、温度以及其他气候因子有关。葡萄园的葡萄酒产量也发生类似的变化。我们所讨论的葡萄酒产量如此之大，涉及很多不同的葡萄园，这样所获得的葡萄酒具有不同的特征。由于这些差异的存在，对广为销售的大品牌来说，对数种葡萄酒进行勾兑，以保持风格的连续性是正常的操作。

对勾兑不同的葡萄品种，以得到特殊的风味或特征，可以举出很多的例子。

来自波尔多西北部梅多克的知名红葡萄酒都是用多个红葡萄品种勾兑而来的，主要品种包括：赤霞珠、品丽珠、美乐和玛尔贝克。多年来的经验表明，这个品种组合在当地所经历的广泛气候变化中，都能生产出最好的葡萄酒，这些葡萄品种互为补充。一个例子就是少量的美乐能为赤霞珠葡萄酒在口感的中部补充其所欠缺的柔和与平顺。

在澳大利亚，赤霞珠和西拉这两个红葡萄品种是如此的互补，两者的勾兑一般要优于其中任何一个单品种，以至于一些消费者认为赤霞珠－西拉是单一品种的名字。另一个例子是琼瑶浆和雷司令，两者的勾兑综合了双方的优点。还可以举出很多其他的例子。

勾兑提高了葡萄酒的平衡性或协调性（适饮性），含酸太多或太少的葡萄酒都是不平衡的，含有过多单宁的红葡萄酒也是如此。最好能通过勾兑校正这些口感上的不完美之处。对酿酒师来说这是一个很重要的领域，酿酒师寻找理想的品种和产区进行勾兑，包括不同的单个葡萄园贡献给最终成品的特色以及合适的橡木桶陈酿程度，等等。

勾兑时要考虑以上列出的各种因素，当开始勾兑时酿酒师心里要清楚地知道勾兑的结果。也就是说，随意的勾兑没有什么价值。此外，勾兑也不应该成为摆脱劣质葡萄酒的途径，这样做会污染或稀释优质葡萄酒，得到的勾兑成品质量较低。应该总是依照刚一开始就提出的黄金法则，即勾兑的结果必须优于任何一种单一成分。

从葡萄酒酿造的角度看，对勾兑产物进行稳定比对单独的成分进行稳定更为重要。其原因是当两个（或更多）稳定的葡萄酒勾兑在一起时，可能获得不稳定的勾兑产物。其中的原因可能很复杂，但一个简单的例子足以说明。葡萄酒的冷稳定性取决于很多因素，其中之一是 pH 值。如果将两种不同 pH 的已经经过冷稳定的葡萄酒混合在一起，所发生的 pH 改变可能足以使混合产物变得不稳定。

勾兑是一项精确的操作，开始要在实验室里进行，要用到当作勾兑成分的各种葡萄酒、量筒和品酒杯等。这就是勾兑试验，比较勾兑结果与基酒的不同，以确保达到勾兑的要求。对酿酒师来说这是基本的技巧和艺术，他们应了解勾兑方案中每一个组分的长处和弱点，以便在最终的勾兑中进行最大限度地利用。

最后还必须牢记相关法律的要求。这一点在澳大利亚很特殊，标明了葡萄品种或产地的葡萄酒必须含有至少 80％的该品种或来自该产地的葡萄。如果葡萄酒是由两个或多个品种勾兑而成的，标签上品种的顺序必须和勾兑中各组分所占比例的顺序相一致。最后，年份要求至少 95％的葡萄酒必须来自所标志的年份。

降温（Cooling）

在葡萄酒生产中，降温处理具有悠久的历史。早在 16 世纪，人们就注意到由寒冷造成酒石酸盐的沉淀可以提高葡萄酒的质量。在 1900 年以前，意大利和法国就发展起通过制冷进行人工冷处理的方法。同样，在 16 世纪人们就提出了通过使部分水分结冰，对葡萄酒进行浓缩的可能性，并在1870年发展了相应的技术。早期的制冷用于协助香槟生产中的“吐渣”，即在瓶中发酵结束后，除去倒立的瓶子中积聚在软木塞(后来用皇冠帽)口上的酵母沉淀。那时(现在也是这样)人们将瓶颈浸入-20℃的盐水中，当去除软木塞或皇冠盖时，瓶口上那块含有酵母沉淀的冰块就被推出。当1884年成功发明了此操作后，到1900年就已经在香槟地区就建立了15个这样的处理车间。

在澳大利亚，位于毛菲特谷的鸸鹋葡萄酒有限公司最先在1932年将制冷用于葡萄酒的冷稳定处理。其他人效仿这个车间，在随后的20年中，所有新建立的制冷设备都用于冷稳定处理。最先在发酵中将制冷用于温度控制的是在20世纪50年代中期，由分别在巴罗萨山谷的格拉普父子有限责任公司和悉尼仙山露葡萄酒厂进行的，他们给压力发酵罐加了制冷套，让冷盐水循环其中。此后建立了很多这种用盐水降温的压力发酵罐，显然在非压力发酵罐中生产的葡萄酒也可以通过低温盐水控制其发酵速度，从而使品质得到提高。

最先直接使用制冷剂而不用冷冻介质如盐水的是位于墨本恩的米尔达拉葡萄酒厂，在1956年他们将使用了液氨的快速表面热交换器(快速冷冻器)用于葡萄酒的冷稳定。在1960年，贝瑞联合葡萄酒厂(现在的统一合作葡萄酒有限公司)安装了使用液氨的三管快速表面热交换器，用于在发酵前对来自破碎机的葡萄醪进行及时的降温处理。快速搅拌不仅促进了酒石酸氢钾沉淀的生成使葡萄酒达到稳定，有益于保持热交换表面的清洁，而且还增加了湍流，并因此增加了冷却热的传递。

最近几年，葡萄酒产业在冷冻系统中研究并安装了更为简单和便宜的蒸发器：管筒式换热器(shell-and-tube)、筒中筒换热器(tube-in-tube)、套状罐(jacketed tanks)、表面降温(skin cooling)以及浸入式制冷器(immersion chillers)。在更大型的酒厂还引入了螺旋式压缩机，通常用于满足主要的制冷需要，而较轻的制冷负荷则由往复压缩机承担。近年来，我们看到对可编程控制器和计算机管理越来越多的应用，在这样的体系中对制冷车间的控制就与包括破碎、离心等工艺的整个控制系统协同进行，并有打印出来的结果。

控温的重要性

在佐餐葡萄酒的生产中，控温具有很重要的作用。温度在葡萄果实的成熟过程中就开始起作用了，并贯穿葡萄酒的整个发酵过程、成熟过程以及装瓶过程。如果在酿造阶段没有控制好温度，即便是最好的葡萄品种、最高质量的葡萄果实，也不可能酿造出高质量的葡萄酒来。控温对于佐餐葡萄酒的质量有很重要的影响，原因如下：

- 高温促进氧化作用、微生物破坏作用，以及增加葡萄酒的不稳定性。
- 有益的香味和风味成分以及酒精都会因发酵和储存时的高温导致挥发

而耗尽。

- 温度高于38℃左右时，酵母活性就会大为降低，可能导致发酵滞缓并残留糖。

所以，制冷在澳大利亚白葡萄酒生产中已经发展成为最重要也是必不可少的环节。被广泛应用于从对葡萄醪和发酵过程进行降温处理，到对葡萄酒进行冷稳定的过程，现在，甚至开始对整个酒厂进行降温。酿酒中主要的热负荷来自葡萄自身的温度以及葡萄醪的冷却，分别进行有效的处理是非常重要的(见第2章关于葡萄温度部分及第5章关于葡萄醪冷却部分)。

制冷

所需制冷量取决于压榨葡萄的吨数、温度、酿酒厂中其他的热负荷、白葡萄酒在总产量中所占的比例以及其他因素。酒厂的大小与所需的制冷量之间不存在必然联系。在我们看来，热葡萄是最重要的热负荷，其温度可高达40℃。如果可以降低葡萄的温度，例如：在冷晾的夜间进行采收，这样对制冷量的需求就会在很大程度上得到降低。计算结果表明，如果葡萄温度每降低10℃，每吨葡萄每小时的制冷量就可以节约8.7 kW(2.5冷吨，1冷吨就是使1 t 0℃的水在24 h内变为0℃的冰所需要的制冷量，译者注)，甚至完全不需要制冷。

举个例子，假设某葡萄酒厂平均每小时压榨20 t葡萄，平均每吨葡萄得到750 L的葡萄醪，将葡萄醪从30℃冷却到10℃，就需要约350 kW(100冷吨)的制冷量。如果运达酒厂的葡萄温度降低了10℃，在制冷时就可以节约175 kW(50冷吨)的能量。所以，在不考虑额外用如盐水罐或类似储存冷媒方式存储的制冷量的情况下，冷冻设备的功率就可以减少约50%。

冷却系统的类型取决于不同的需要。在限定给定输入功率的条件下，冷却效率最大最高的系统就是那种直接使用制冷剂进入蒸发器制冷的系统，只需与薄薄的不锈钢片相隔。主制冷剂是在制冷循环中使用的工作流体，其气化和液化过程导致吸热和放热。尽管现在可以使用其他的制冷剂，但是主制冷剂通常还是R22(氟利昂的一种)和氨水。制冷剂的选择，一般是我们对两种不同制冷剂特性权衡利弊的结果，氟利昂通常用于较小的制冷设备，而氨水通常用于较大的制冷设备。氨水比氟利昂的效率约高2%，潜在的气化热较高，且在已知热负荷的条件下，冷冻循环中只需较少量的冷制冷剂。氟利昂既没有毒性也没有臭气，而氨水有强烈的气味，可以指示渗漏的发生。氨水是最便宜的冷冻剂，而且澳大利亚可以自己生产，而氟利昂都是进口的。但是还需考虑其他很多因素，如冷冻剂与其他普通污染物的反应——湿气、空气以及油等。

许多酒厂还使用次级制冷剂或“盐水”系统，作为冷负荷峰谷之间的缓冲储存。对于酒厂来说改造扩建其制冷系统，形成管网，从而获得更加经济灵活的冷却管道及控制系统并不是一件难事。因为盐水系统没有直冷式冷却(取决于盐水/制冷剂蒸发器和葡萄酒/盐水热交换器的尺寸)有效，所以保持盐水尽可能高的温度，从经济的角度考虑就很重要。盐水的平均温度越高、冷却容量越大时，占用的制冷量就越少。

通用的次级制冷剂是不存在的。因水具有廉价和理想的热力学特性，所以是理想的次级制冷剂，已经在一些酿酒厂中将其应用在2～5℃的温度范围。然而，因其凝固点高(0℃)，所以水不能用于冷稳定处理。附加一些可溶性盐(如氯化钠、氯化钙)或水溶性液体(如普通酒精、丙二醇)可使水的凝固点降低，形成"盐溶液"。当到达一个特定的点后，溶解的盐越多，其凝固点就越低。随着盐含量的增加，液体的流动性(黏性)、比热容、导热率都会降低，由此导热特性也就随之降低。因此，溶液浓度越大，相同制冷量的情况下就需要更大量的循环。澳大利亚的很多酒厂使用的是含20%酒精的盐水，再附加一些抗腐蚀物质，其凝固点为-10℃。

最近几年，澳大利亚的酒厂对制冷使用得越来越多，其要求也改变了。白葡萄酒发酵中的制冷处理方法很多，从简单廉价的表面冷处理，到使用高效昂贵的带制冷套，并包裹隔热层的发酵罐，冷冻剂可在制冷套中循环，使用温度计监测发酵中的葡萄汁的温度，以自动阀门控制冷冻剂的流动。

表面冷处理使用的是循环冰水，冰水从不锈钢罐上方流下，在积水盘积累的水再流向冰水库，在冰水库冷冻压缩机使水重新冷却。冷水在罐体表面循环的速度大约是每小时每米直径1 500 L。

其他一些内置式的热交换器包括：各种置于罐内的螺圈或双面平板，既有永久固定式的也有可取出式的，或者部分罐壁是带夹层的，这种情况下只有平板的一面用于冷却。制冷剂盐水在平板、螺线管或制冷套中循环，冷却后的葡萄酒或葡萄汁也由于发酵所产生的二氧化碳或机械搅拌而不断地循环对流。这样的冷却处理非常容易实现自动化。

另外，也可以将葡萄酒或葡萄醪通过一个外设的热交换器，如平板状或筒中筒结构的快速冷却器。在快速冷却器中经常使用制冷剂蒸发直冷，或使用盐水作为冷媒，如在筒中筒葡萄醪制冷器中那样。

制冷循环

为了去除葡萄酒中的热量，制冷机组必须要提供低于葡萄酒温度的制冷剂，以便其中的热量从高温物体传向低温物体。这种热传导使得处于较低压力的制冷液，在热交换器或蒸发器中得以汽化或沸腾，成为蒸汽。这就必须使用沸点较低的液体，其沸点温度必须低于葡萄酒的最终温度。制冷机组还包括：压缩机、冷凝器和减压阀，通过简单的循环后，气体又回到了低压的液体状。尽管制冷剂在完成将葡萄酒中的热量吸收的制冷过程后，可以被排放到大气中(例如液氮制冷)，但一般都是在一个闭环系统中持续地参与循环。

制冷循环由4个相互独立的操作组成。

1 来自蒸发器的蒸汽通过吸收管道进入压缩机。在这里进行压缩使其温度和压力升高，高温高压的蒸汽就可以释放到冷凝器了。

2 在冷凝器中，蒸汽被冷却水和冷却气冷却，从高温降低到压缩机出口压力下相应的“饱和温度”，然后在恒温下将饱和蒸汽冷凝成液体。当冷凝剂到达冷凝器的底部时，所有的蒸汽都被冷凝为液体。

3 将液体暂时储存在一个接收器中，然后中温高压的液体流向减压阀。当液体通过这个阀门时，压力降低，使液体开始汽化，正在汽化的液体的温度降低到所要冷却的葡萄酒的温度以下。部分液体在通过阀门时就发生了汽化，被称为“瞬时气体”。

4 在蒸发器中，葡萄酒的热量传过蒸发器的壁，使制冷液在恒温恒压下汽化。离开蒸发器的蒸汽，与正在蒸发的液体具有同样的温度和压力。这就完成了一个循环，并重复进行循环。

因此，制冷机其实是个热泵。它从低温处带走热量，再在高温处释放热量。在制冷循环中存在两个压力，通常称为“低端压力”和“高端压力”，而在压缩机中分别叫“进口压力”和“出口压力”。对于这里的每个压力来说，都对应着发生沸腾(或蒸发)和凝结相关的温度。在相同的温度条件下，不同的冷凝剂对应不同的饱和蒸汽压力，例如：−15℃氨水的压力为 135 千帕斯卡(表压)，或简写为 kPa(g)；R12，81 kPa(g)以及 R22，194 kPa(g)，或者反过来说，在大气压或 0 kPa(表压)的氨水的饱和蒸汽温度为−33.3℃；R12，−29.8℃以及 R22，−40.7℃。

由于制冷的唯一目的是转移热量，因此用温度来表示压力更有意义。相应地，我们常说“−10℃的进口压力”，而不是按照标准的方式表示为“进口压力为表压 190 kPa”(即大气压以上 190 kPa)。

发酵热负荷

因为发酵是放热反应，所以葡萄汁发酵是一个很重要的热来源。1 mol 糖(180 g)发酵产生的热量为 98.5 千焦(kJ)。也就是说，葡萄中每 1 kg 的糖(葡萄糖和果糖)产生 545 kJ 的热量。葡萄醪中每 1%的糖(大约 1 °Brix 或 0.56 °Bé)在发酵期间如果没有热量的损失，最多可使葡萄醪的温度升高 1.3℃。因此，12 °Bé(21.7 °Brix 或 91°奥氏度)的葡萄醪可以产生足够的热量，使葡萄醪的温度升高 28.2℃。然而，其中高达 20%的热量会被占总体积 35%～50%的二氧化碳带走，具体数值与葡萄汁中的糖含量有关。通过这样的方式所散发出的热量的准确比例，与发酵罐的尺寸、形状、构建材料、周围空气的温度以及发酵速度等有关。

葡萄汁的温度越高，其发酵速度就越快。凭经验，每吨压榨的葡萄大约需要 100 兆焦(MJ)的制冷量，也就是说每千升或每立方米 12°Bé 的葡萄汁需要 110 MJ 的制冷量。当然，这说明葡萄的初始温度有很重要的影响作用。发酵的峰值速度是平均发酵速度的 1.5 倍。用这个值乘以发酵葡萄醪的体积，就得到了最大产热率。制冷套或外部热交换器所需的功率就可以计算出来了，这也包括了散发到发酵罐周围的热量。

发酵的速度与温度有关，在白葡萄酒的发酵过程中，通常调整其发酵速率为每天减少 0.5～1 °Bé。相应地，发酵温度为 10～20℃。许多白葡萄酒的发酵温度在 12～16℃，而大多数红葡萄酒则在 18～24℃。

发酵降温

发酵热负荷用千瓦表示，即在给定每天所需降低的波美度情况下，每千升或立方米体积葡萄汁发酵所产生的热量。白葡萄酒每天只释放出葡萄醪降低 0.5 °Bé的热负荷，而红葡萄酒每天要降低 2 °Bé，所产生的热负荷是白葡萄酒的 4 倍。例如：1 kW 的制冷量可以控制 20 t 在隔热发酵罐中每天降低 0.5 °Bé 的白葡萄汁的发酵，但是同样的制冷量只能控制 5 t 在隔热发酵罐中每天降低 2 °Bé 的红葡萄汁的发酵。另外，1 tonR（或者 3.517 kW）可以为 35 t 葡萄汁在绝热发酵罐中以每天降低 1 波美度的发酵速度进行控温。

在降温处理的制冷量计算中，应考虑到葡萄汁从外界环境中所吸收的热量。这些热量也必须计算在发酵热负荷中，从而得到需要降温或制冷的总热负荷。如果发酵罐不是隔热的，而是整体置于 75 mm 厚的聚苯乙烯隔热房中，其中的空气已经经过冷处理降温，用千瓦来表示从外界吸收的热量，即房子的总面积（墙壁以及天花板）用平方米来表示，再除以 85。尽管这不是由发酵产生的热，但是这仍然是制冷设备需要考虑的热负荷。在低温密闭的车间里进行发酵降温时，也会有额外热负荷的增加。主要热量来自风扇电动机，其始终作为空气中的摩擦热来源而存在。其他的热量来源于工作人员（每个人约带来 0.25 kW）、照明（0.015 kW/m^2）、泵以及从门缝等漏进的空气等。更多关于制冷的信息请参见雷・怀特(Ray White)所著的《葡萄酒生产中的制冷处理》(《Refrigeration for Winemakers》, Winetitles Adelaide, 1989)一书。

控制葡萄酒的储存温度

在葡萄酒特别是白葡萄酒的后发酵中，控制储存温度是很重要的。将葡萄酒从发酵罐转入储存容器，或从一个容器转入另一个容器时，通常会导致氧饱和，对未被二氧化碳饱和的葡萄酒来说情况更为严重。储存温度还影响着不可逆的氧化褐变反应的速度，当白葡萄酒的温度低于外界温度时，温度每降低 10℃，氧化速率可降低为原来的 1/5。同样，温度每降低 10℃，羧酸脂的水解速度也会降低一半以上。

因此，对于佐餐葡萄酒来说。从发酵到装瓶后都应该将储存温度控制在 0～18℃。简单说来，要想得到较高质量的葡萄酒，就要将其储存在较低的温度下。如果葡萄酒是储存在可单独控温的罐中，这就很简单，但是如果是储存在橡木桶或瓶中，就不那么简单了。这就是为什么现在有人要对整个葡萄酒厂进行制冷，以便让每一步的操作和每一种储存方式都在控温的条件下进行的原因。在这里必须强调的一点就是：葡萄酒的氧化变质是不可逆转的，而冷却发酵只是现代的葡萄酒生产所需的整个冷却控制体系中的一个环节。

与制冷相关的冷稳定请参见第10章。葡萄醪、葡萄汁、葡萄酒和水的热力学特征已经在第5章的表5.2中列出。

酿酒厂中的温度分层(Temperature stratification in the winery)

如我们所知，研究温度及其控制对于优质葡萄酒的生产是很重要的，特别是在温暖或炎热的地区。在澳大利亚，酒窖温度的差异很大，以欧洲的标准来看，很多地区属于炎热地带。例如：德国酒窖的温度通常在9～15℃，葡萄醪的温度也就在5～15℃。而在波尔多，红葡萄醪的温度通常在15～20℃，只有极个别情况下达到30℃。如我们所熟知的，在澳大利亚的炎热地区，酒窖所处的温度范围与上述相比要明显得高，这就在绝热制冷时产生了大量的热负荷。

此外，由于自然的温度垂直梯度的存在，葡萄酒厂内部不同高度，以及装在大罐中不同高度位置的葡萄酒，在温度上是不一样的。有很多例子可以说明这点，下面就举一个有典型性的。从两个酒厂不同高度所测得的温度层变，就说明了高度的影响。第一组数据来一个新酒厂，铺设了具有反射作用的箔膜隔热，所列出的是葡萄收获期中3 d的平均值：

测定高度/m	最低温度/℃	最高温度/℃
0.8	17	23
4.5	18	25
8.0	18	30

第二组数据来自一个未进行隔热处理的相邻酒厂在同一时期的测定值。这两个葡萄酒厂都位于南澳的南谷地区。

测定高度/m	最低温度/℃	最高温度/℃
0.5	22	24
3.7	23	29

两个酒厂内的温度日变化都是明显的，白天温度升高，夜晚温度降低。

第一个酒厂，在一个独立的隔热空间，即置于货盘上带包装箱的葡萄酒的存放位置，温度层在一天中没有变化，如下所示(7 d的平均值)：

测定高度/m	温度/℃
0.5	20±1
3.7	25±1

这些数据清楚地表明了，不可忽视酒厂内天然存在的垂直温度梯度，这在很大程度上会显著影响葡萄酒的质量。储存和包装葡萄酒时，温度如果超过了20℃，就会严重破坏葡萄酒的质量。这就是为什么葡萄酒厂现在都对暴露在具有温度梯度的环境中的瓶储酒窖进行降温的原因。

我们现在来讨论一下将葡萄酒储存在不锈钢罐中的情况，以及所涉及的温度变化范围。储存在罐中的葡萄酒在自然条件下形成层温，罐顶的温度最高。温度梯度的范围与罐所处的位置和其是否隔热有关。暴露于日照下而没有任何隔热措施的罐，有时其温度梯度差从罐顶到罐底可达 30℃。罐底温度为 20℃，而罐顶温度达 40～50℃的情况屡见不鲜。顶部温度在 1 d 内显示出极大的差异，而靠近底部的温度则很稳定。以下给出了一个 3 月份在巴罗萨山谷的例子，暴露于阳光下的隔热和不隔热的 91 000 L 的罐，4 d 内 3 个深度的干红葡萄酒的温度变化如下：

距离液面的深度/cm	无隔热密封的罐/℃	隔热密封的罐/℃
10	20～43	23～33
50	26～38	29～30
500	25～26	24～25

我们必须清楚地知道，一天中温度的变化会影响整个罐中成分的混合。由于过高的热量会使位于罐顶的葡萄酒质量较差，而在夜间较低的温度条件下得以降温。上层的酒因其较高的密度而下沉，相应地下层密度较低的葡萄酒占据了上层。这就是说，顶层葡萄酒由于受热而损伤，会由于自然的对流而转移到整个体系中，导致整罐葡萄酒质量的降低。

温度梯度对葡萄酒质量影响的重要性很充分地说明了：为了保证红、白佐餐葡萄酒的质量，从压榨到生产、储存、包装出售瓶装酒或桶装酒，都必须将温度保持在 20℃以下。加州潮流公司(Current Californian)推荐最适合的储存和陈酿佐餐葡萄酒散酒的温度为 13～18℃。在更低的温度下沉淀与澄清缓慢，而风味变化与陈酿的时间有关。如果温度超过 18～20℃，易挥发的香味物质和风味成分容易流失，氧化和褐变反应速度加快，且不易控制。另外，二氧化硫的损失以及微生物的生长速度都会加快。很多有益的香味成分都具有极强的挥发性，随着温度的升高，会加快气化而脱离葡萄酒。如果容器未经密封，这些有益的挥发性香气成分就会散失到外界空气中，结果导致这些物质在葡萄酒中的浓度降低，也造成葡萄酒质量的降低。

9 下胶

Fining

下胶是一个对液体进行澄清和纯化的过程，当用于葡萄酒时指通过加入天然或人工合成的物质，从而达到使产品澄清和稳定的目的。在法语中叫做 collage，在德语中叫做 Schonung。下胶是澄清葡萄酒的传统工艺，其操作（而非机理）是个很简单的过程，即将一种物质与葡萄酒混合，然后将葡萄酒静置，通过倒罐或滗酒将澄清的葡萄酒从沉淀上分离出来。

健康的葡萄酒静置后通常会达到澄清、闪亮的状态，但这个过程可能需要很长的时间。人们使用下胶来加快这一进程，在这个过程中呈悬浮态的颗粒被下胶剂聚合为沉淀，从而沉降下来。然而，下胶绝不仅仅是一个简单的澄清过程，澄清的效果可以通过过滤达到，下胶还涉及到对葡萄酒的稳定，它是一项独立的和独特的操作。一个例子是膨润土下胶，在这个过程中除去热不稳定蛋白质，具有使葡萄酒达到稳定的作用，这比使葡萄酒达到澄清更为重要。

下胶的机理非常复杂，常常被过度简化。最简单的解释就是利用静电相互吸引的原理，通过携带特定电荷的下胶剂与葡萄酒中携带相反电荷的成分发生反应，中和产物聚合成沉淀而沉降下来。例如：带正电荷的明胶与带负电荷的单宁之间的反应。

下胶是经验主义的，因为对特定成分的去除与下胶剂的加入量并不直接相关，二者的反应更接近对数关系而非线性关系。还需考虑其他的很多因素，如：温度（膨润土对温暖的葡萄酒的下胶效果要优于对冷凉葡萄酒）、下胶剂与悬浮颗粒的不同分子量、混合量及其效率，等等。因此，在每次下胶之前，都应进行试验，从而了解可达到目标的最低澄清速度。

必须牢记：下胶剂可能会对葡萄酒中的风味物质产生吸附作用，特别是膨润土会高效吸附这些物质，明显降低它们在葡萄酒中的含量，减少风味。另外，除非有特别的保护措施，对葡萄酒的每一次移动都可能使其与空气相接触，所造成的部分通气将导致葡萄酒的氧化。下胶剂通常都是天然物质，纯度不一，加入后可能导致葡萄酒的污染。一个例子是膨润土中的铁含量，它可能高到使下胶后的葡萄酒出现铁混浊。如果没有有效的酒脚过滤或其他措施，葡萄酒倒罐后留下的沉淀或酒脚会造成一定量的葡萄酒损失。因此，只有在必要时才进行下胶，并尽可能保持最慢的反应速度。

明胶(Gelatin)

加入明胶是为了降低带涩味的红葡萄酒中的单宁含量,在白葡萄酒中使用较少。明胶作为下胶剂可以改善过度苦涩的葡萄酒的风味,可以和其他下胶剂,如膨润土、单宁或硅藻土溶胶,一并加入。

使用量为 0.05～0.15 g/L,方法是将需要量的明胶粉混入冷水中过夜,形成水合物,然后加温使之溶解,通过充分地搅拌加入到葡萄酒中。明胶无味,几乎无色。用开花数(bloom number)来表示凝胶的胶化能力,明胶的开花数应在 80～200。这个数是指对 6.7%的明胶在 10℃下溶解 18 h,所获得的固体凝胶块的抗变形能力的测定值。开花数反映了明胶的吸水能力,通常是其重量的 6～10 倍,开花数越大,明胶的吸附能力就越强。下胶所需的相对分子质量范围在 15 000～140 000。

明胶的等电点为 pH 4.7,远高于葡萄汁或葡萄酒通常的 pH。因此,明胶在溶液中带正电荷,与带负电荷的分子如酚类物质通过氢键发生反应。需要记住的是明胶是一种蛋白质,如果在葡萄酒中加入过多就会导致蛋白质混浊。

鱼胶(Isinglass)

初看鱼胶似乎是加入葡萄酒中的一种怪异的物质,这样做是为了除去酚类物质和苦味的单宁。鱼胶来源于有点奇怪的原料,某些鱼的鱼鳔,如:西贡与槟榔屿的大海鱼和短吻丝鲹,以及卡拉奇和巴西的鲶鱼。鱼胶的名称来自于首先使用的鲟鱼的鳔(在德国称 hausenblase,法国称 ichtyocolle 或没有特指的鱼胶)。国际酒典将用于葡萄酒下胶的鱼胶组分界定为:湿度低于 18%、灰分低于干重的 1.2%、总氮高于 14%、铁含量不超过 100 mg/kg。鱼胶通过沉淀酵母以及其他不溶性物质,主要用于发酵后啤酒的澄清。它在葡萄酒中的应用与啤酒中相同。

鱼鳔组织几乎完全是由胶原质组成的,这是一种含有大量稀有氨基酸羟脯氨酸的蛋白质。等电点为 5.5,所以在葡萄酒的 pH 下(3.0～4.0),它带正电荷,对葡萄酒中带负电荷的颗粒具有静电引力。有时一些不带电荷的颗粒也会被吸附到复合体中,一并沉淀到底部。一旦下胶剂使沉淀稳定下来,就提高了沉淀在分离倒罐时的抗扰动能力。

鱼胶是一种较难制备的原料。使用中最主要的问题是必须对其进行彻底的溶解。传统的方法需要多步才能完成。将挑选出来的干燥鱼鳔洗净、漂白、消毒,然后切成条,再进一步切成碎片或磨成粉。新发展的磨粉工艺所得到的产品的溶解速度明显加快,鱼胶分割得越细就越容易溶解。

由于其化学组成,鱼胶在相当低的温度下(10℃)就开始变性,所以要储存在尽可能低的温度下。如果在高温下制备鱼胶,它就会发生部分水解,相对分子质量将从 140 000 降低至 15 000～58 000。下胶效果也会相应降低，此时的作用就会类似于明胶。

用鱼胶对白葡萄酒下胶时，具有不会过度去除葡萄酒颜色的优点，当使用酪蛋白或明胶时就有可能存在这样的问题。产生的酒泥量很少，与其他下胶剂相比，通常小于它们的2%。例如：膨润土处理会产生高达10%的酒泥。与明胶和酪蛋白相比，鱼胶可除去较多的无色的原花色素苷，而除去的浓缩单宁较少。很多酿酒师认为鱼胶是最好的蛋白质下胶剂，可以得到闪亮清澈和较为柔和的葡萄酒。下胶用量低，一般为 0.02～0.1 g/L，应该将溶解后的原料通过充分搅拌缓慢加入葡萄酒。（啤酒的下胶量为 10～20 mg/L。）鱼胶还经常与膨润土一起使用，先加入膨润土。不应加入单宁，它可能会有害于澄清反应。

下胶过程如下：

在 250 L 的容器中加入 60 L 新接的雨水、500 g 柠檬酸和 140 g 焦亚硫酸钾，充分搅拌直到溶解。将 1 kg 充分细细粉碎的鱼胶喷洒在液体表面，继续搅拌，直到它们均匀地分散在溶液中为止。在冷凉条件下（15℃）过夜，使之成胶。第二天通过加入雨水，并充分搅拌，使体积达到 200 L。进一步的放置与混合会有好处。让混合物通过一个丝网可以降低颗粒的大小，但这项操作冗长而乏味。每升这样的溶液含有 5 g 鱼胶、2.5 g 柠檬酸以及约 350 mg 的二氧化硫。

假设下胶量为每升葡萄酒 25 mg 的鱼胶，对于 1 000 L 葡萄酒而言，就需要准备 25 g 鱼胶或 5 L 的上述溶液。加入时，要从搅拌葡萄酒的泵的一侧入口慢慢加入，不断进行循环直到所有的鱼胶完全与葡萄酒混匀为止。然后静置葡萄酒直到澄清，再通过倒罐去除沉淀。

牛奶和酪蛋白(Milk and casein)

在白葡萄酒中，用牛奶下胶是一项传统的工艺，以除去酚类的苦味。牛奶本质上是一种蛋白质下胶剂，其反应过程和明胶、蛋清以及鱼胶类似。牛奶的基本成分为酪蛋白，是一类含钙的蛋白质。与前面提到的其他蛋白质的不同之处在于，酪蛋白不会由于加热而沉淀，但在酸性的介质中会发生沉淀。酪蛋白在水中是相对不溶的，但溶于碱，这就是为什么在加入葡萄酒之前酪蛋白被制成碱性的原因。一旦加入葡萄酒中，它暴露在酸性环境中，就会发生絮凝。

酪蛋白下胶广泛应用于佐餐白葡萄酒以及雪利酒，达到软化口感、除去苦味、粗糙感和异味以及增亮酒色的目的。不同酪蛋白的脱色能力与其滴定价直接相关，滴定价是衡量自由氨基基团多寡的指标。

有多种牛奶下胶原料可供使用：脱脂乳或全脂乳、酸凝干酪素和酪蛋白钠。如果将全脂乳加入葡萄酒（加入量高达 1 L/100 L），奶油容易漂浮在表面，由于这个原因，更常用的是脱脂乳（除去了牛奶中的脂肪）。只需简单地将其与水相混合，然后缓慢加入葡萄酒中并混匀即可。与酪蛋白产品相比，脱脂奶的反应更温和，这可能是由于与前者相比，它避免了溶解与混合中存在的问题。

许多酿酒师更喜欢使用酸凝干酪素，但有时很难买到。它需要在碱性条件下进行溶解，一般通过将其加入为酸凝干酪素重量1/3的碳酸钾温水中。通常酸凝干酪素的加入量为0.05～0.3 g/L(50～300 g/1 000 L)。首先准备浓缩液，然后再缓慢加入到葡萄酒中，直至所需的浓度。

更容易买到酪蛋白钠，而且它已经是碱性的，所以溶解性更好，但在一定的程度上仍难以溶解。因此，人们在酪蛋白钠水溶液中加入碳酸钾，然后搅拌并静置过夜。添加比例与酸凝干酪素相同。

使用酸凝干酪素或酪蛋白钠进行下胶，和膨润土一样，混合是个很大的问题。需要在温水中准备碱性的下胶剂，充分搅拌以去除结块，在加入葡萄酒前要过筛或滤网。加入的过程必须缓慢，最好通过葡萄酒循环泵的入口一侧的喉管。下胶后，对经过静置澄清的葡萄酒进行倒罐或过滤。如果过快加入下胶剂，它们会以小块的形式结聚在一起，要么漂浮在表面，要么沉淀在底部，这两种情况的下胶效果都会明显降低。

为了减少总的处理操作，酪蛋白下胶可以和其他处理结合进行，或在其他处理之前进行，如冷稳定处理或膨润土下胶。酪蛋白，无论是酸凝干酪素或酪蛋白钠，都主要用于白葡萄酒，对红葡萄酒使用明胶更为合适。酪蛋白是唯一一种能够高剂量使用，而不会导致下胶过度，而产生蛋白质混浊的蛋白质。

蛋清或白蛋白(Egg-white or albumen)

这种蛋白质下胶方法在有限使用的情况下，用于对红葡萄餐酒进行澄清，并去除粗糙的单宁。鸡蛋中的蛋白质主要是含有一些球蛋白的白蛋白，每个鸡蛋的蛋清含有3～4 g蛋白质。

使用时首先将鸡蛋打破，分离蛋黄，并将蛋清合并(蛋黄能煎很棒的蛋饼)。然后将蛋清制成10%的溶液，其中要含0.5%的氯化钠，它有利于蛋白质的溶解。然后将此溶液通过葡萄酒循环泵的一侧入口加入。通常的使用量为每200 L葡萄酒1～3个蛋清。

也可以选择冰冻的蛋清，使用量为0.1～0.5 g/L。将冰冻的蛋清粉解冻，溶于以上提到的稀盐溶液中。制备时要防止泡沫的产生，因为泡沫会影响澄清过程。

聚乙烯吡咯烷酮(Polyvinyl-polypyrrolidone，PVPP)

绝大多数用于葡萄酒下胶处理的原料都是传统的、来自于天然材料，如膨润土、酪蛋白、蛋清、明胶和鱼胶等，其成分在批次间常有一定的差别。因此，毫不奇怪在这个聚合化学的时代，人们开发了具有确定成分，功能更加精确的合成物质用于葡萄酒的下胶。PVPP就是其中的一种，同时也是用于葡萄酒的第一种合成下胶剂。它在白葡萄酒中，用于吸收导致褐化和粉红化的酚类物质。

PVPP 是聚乙烯吡咯烷酮(poly-vinyl-poly-pyrrolidone)的缩写，是 PVP 或称乙烯吡咯烷酮(poly-vinyl-pyrrolidone)的高分子量多聚物。在化学组成上，它们都基于 2-吡咯烷酮(2-pyrrolidone)，具有一个含氮原子的五环，乙烯基位于氮的对位。包含很多这样单体的多聚物通过侧链连接在一起。生产上所使用的主要产品是美国 GAF 联合公司生产的 Polyclar AT。有许多种的乙烯吡咯烷酮的聚合物，广泛用于不同用途，如：血浆代用品、化妆品、药物、黏合剂、包衣剂、去污剂和肥皂、电器成分、纤维和纺织品、印刷和摄影，以及造纸和塑料等。

较小的聚合物 PVP 其分子量范围为 10 000～360 000，都或多或少地可溶于水。1954 年 PVP 在美国首先被建议用于啤酒。相比而言，分子量更高的交连 PVPP 是 1961 年通过碱处理聚合技术开发的，它是不溶性的。在 1972 年被应用于澳大利亚的葡萄酒生产。生产商对 PVPP 的介绍如下：

> 用于饮料澄清与稳定的不溶性高分子量聚合物。在啤酒生产的结束步骤用于改善风味、澄清度、色泽以及泡沫特性。完全防冻，且未经过酶处理；也可与酶结合。用于缩短过滤所需的储藏时间。作为威士忌、葡萄酒、醋、果汁和茶的口感与色泽的稳定剂。

PVPP 在葡萄酒中作为相对专门的酚类物质吸收剂而使用，特别是在压榨汁中，酚类物质会导致白葡萄酒的涩味和褐变。PVPP 还通过吸收粉色色素的酚类前体物质，用于除去或防止葡萄酒的粉色化。它与无色原花色素苷、儿茶素、黄酮醇以及酚酸(依此顺序)通过氢键结合，在这个过程中酚与五环上的羧基酰胺基团结合。由于 PVPP 不溶于葡萄酒，所以应把它当作一种处理介质而不是添加剂。

和其他稳定剂(如尼龙 66 和硅胶)相比，PVPP 的优点是对酚的吸收能力强，并能够与其他稳定剂(如酶或凝胶)结合使用。是一种温和的下胶处理剂，在不降低葡萄酒香气的前提下，特异性地去除人们所不喜欢的酚类物质。

从法律角度看，PVPP 是合法的葡萄酒添加成分，在澳大利亚合法的最大添加量为可溶性物质 100 mg/L，在新西兰为 60 mg/L。通常 PVPP 中所含的可溶性物质不超过 1.5%，即 500 mg/L 的用量中的可溶物质残留会低于 7.5 mg。

因为 PVPP 价格昂贵，大量使用者如啤酒厂经常采用过滤或者离心的方法对其进行回收，然后用 0.5%的氢氧化钠处理，经中和后重新使用，这个过程可多次重复。将 PVPP 与过滤板相结合，也可以达到对葡萄酒进行连续处理的目的，无需添加和收集残余物的工艺。PVPP 对无色的原花色素的去除是呈指数态的，在过滤的过程中一开始去除很快，然后慢慢减少。啤酒稳定处理中的一个例子是，开始过滤时有 85%的酚类物质被除去，3 h 后为 50%，7 h 后为 30%。可以先用温水，然后用 0.5%的热氢氧化钠溶液逆向冲洗滤板，再用 0.5%的硫酸或磷酸溶液进行中和，最后用热水清洗，就可以使滤板再生。

在葡萄酒中的使用方法是：将适量的白色 PVPP 粉末(由下胶试验确定)加入

葡萄酒中，经过连续的搅拌，再加到大量的葡萄酒中，使混合状态保持 1 h，以确保不溶的下胶剂与葡萄酒充分接触。然后让 PVPP 沉到容器的底部，对葡萄酒进行倒罐分离。向葡萄酒中添加的量取决于需要去除的酚类物质的量，相应的变化幅度在 0.2～0.5 g/L 的范围。

可以从 GAF 购买到用于下胶试验的 PVPP 药片(Unitest 50)，以确定实际生产中的正确用量。将一片 50 mg 的药片加入 500 mL 的葡萄酒中，相当于 0.1 g/L 的使用量。将药片加入葡萄酒，静置，每 15 min 摇动一次，持续 1 h。然后过滤葡萄酒，进行评估以了解所需的加入量。

硅溶胶(Silica sol)

这种相对较新的下胶剂也被称为硅胶。用于防止蛋白质下胶剂，如明胶等，所造成的下胶过度，加速下胶剂的沉淀，因此它只是一种辅助剂，而不是单独使用的下胶剂。它是带有一个负电荷的二氧化硅的水性溶胶悬浮物。碰到带正电荷的颗粒(如明胶或天然蛋白质)时，发生静电结合作用，产生絮凝并沉淀。人们还研发了带正电荷的硅溶胶，当与普通的硅溶胶结合使用时，与硅溶胶和明胶单独使用时相比，具有更快的下胶澄清效果。

硅溶胶是以乳白色悬浮液的形式出售的，其中二氧化硅的浓度通常约为 30%。加入的比例为，首先加入 0.03～0.1 g/L 的明胶，然后加入 0.06～0.2 g/L 的硅溶胶，二者要按以上顺序分别添加，中间还要进行搅拌。硅溶胶使明胶的使用变得更为经济，在澄清添加了明胶的葡萄酒时，它比单宁更为有效。对白葡萄酒来说，在使用明胶下胶时，推荐用硅溶胶代替单宁，因为单宁可能会给葡萄酒带来收敛的口感。

硅溶剂与明胶结合下胶，可以得到澄清度非常高、沉淀紧实稳定的葡萄酒，特别是对于那些很难澄清的葡萄酒(如用灰霉感染的葡萄酿的酒)来说尤其如此。还有一个好处就是因为硅溶胶会除去多余的明胶，所以不可能出现明胶下胶过量。

下胶试验(Fining trials)

对葡萄酒进行下胶时，很重要的一点是要使用能完成任务的最少量的下胶剂，其中的原因前面已经说明了。葡萄酒的成分不同，对特定下胶剂的需要量也不同；因此，葡萄酒厂在进行实际的下胶工艺之前，需要做下胶试验。进行这种试验时，应尽可能模拟葡萄酒的实际生产条件，特别是葡萄酒和要使用的下胶物质的温度。如果有可能，在试验中应使用与生产规模完全一样的方法准备的下胶材料。

下胶试验除了确定对某种下胶剂合适的使用量以外，还会告诉酿酒师絮状沉淀出现的时间、絮凝的速度、葡萄酒将达到的澄清度以及沉淀的紧实度等信息。

膨润土

在一系列带标签的瓶子或具塞刻度量筒中分别加入 100 mL 葡萄酒，以覆盖所设置的膨润土加入量的范围。例如：从 0.1～0.7 g/L 设置 8 个瓶子，其中一个作为对照。将用 200 mg/L 二氧化硫保存的膨润土悬浮母液按所需的量加入每个瓶中。假设使用的是用热水制备的 5%的膨润土悬浮液，为了在 100 mL 的葡萄酒中加入 0.1 g/L 的皂土，就需要 0.2 mL 的悬浮液。加入量如下：在标签分别为 0，0.1，0.2，0.3，0.4，0.5，0.6 和 0.7 g/L 的瓶子里分别加入 0，0.2，0.4，0.6，0.8，1.0，1.2 和 1.4 mL 膨润土悬浮液，充分混匀后静置。

观察其澄清度，如果是澄清的，从每瓶中倒出一些上清液，转移到较小的密封瓶中，在 80℃的水浴或微波炉中加热 6 h。如果冷却后有混浊产生，就说明膨润土的使用量不够。或者，可以向每个盛装澄清的上清液的试管中分别加入 1 mL 的膨润土检查试剂。蛋白质不稳定的葡萄酒就会产生混浊，第一只不出现混浊的试管就指示着要加入到大体系葡萄酒中的膨润土的量。如果所有的管中都有混浊产生，就需要加大膨润土的使用量，再重复进行试验。在实际的应用中，加热的方法更为合适，因为膨润土检查可能过于苛刻，并导致下胶过度。

明胶

可以使用和膨润土相同的方法，利用不同的明胶浓度：0.0，0.05，0.1，0.15，0.20，0.25，0.30，0.35 和 0.40 g/L。假设所使用的明胶溶液浓度为 5%（溶于热水后冷却），按以下量分别加入 100 mL 的红葡萄酒中：0，0.1，0.2，0.3，0.4，0.5，0.6，0.7 和 0.8 mL，就会对应于上段所列出的一系列浓度。充分混匀后静置 1 h，然后倒出足量的上清液进行品尝。所获得的结果是葡萄酒中单宁水平的依次降低，选择单宁平衡感最好的明胶加入量即可。

鱼胶、酪蛋白、蛋清蛋白和 PVPP

可以使用和选择明胶浓度时完全一样的程序，利用上文所列出的浓度范围。对正确的下胶量的估计是通过品尝和视觉观察，包括对葡萄酒颜色的去除。基本要求是下胶剂完全絮凝，产生清亮的上清液，而不正确的用量或制备方法会导致保护性胶体的形成，从而影响结果。

10 稳定处理

Stabilisation

如果葡萄酒存放的时间足够长，最终就会达到稳定状态，包括沉淀与进一步变化两个方面。然而，酿酒师希望得到比自然状态下更快的稳定，在葡萄酒酿造中已经建立了正规的稳定处理工艺。稳定的概念应包括葡萄酒的质量和质量的保持，稳定操作必须小心地进行，否则可能会降低葡萄酒的质量。

为了在几乎任何条件下都使葡萄酒具有稳定性，有可能使葡萄酒遭受过度的稳定处理。前面已经说过，某些葡萄酒所经历的稳定处理是如此之重，当它们装瓶后已经是精气神尽失。换句话说，稳定性工艺应在不伤害葡萄酒的前提下，为葡萄酒的合理货架期而设计，比如葡萄酒至少应能在瓶中保存 1 年。例如，消费者认识到红葡萄酒在储存一段时间后，可能会产生色素沉淀，不仅不把这当作葡萄酒的缺点，而且认为这是葡萄酒经过一定时期瓶中成熟的证据，是值得赞扬的事情。然而，如果是出现酒石酸钾的结晶，或者由于热不稳定蛋白造成的热混浊，就不那么容易被消费者接受了。

因此，稳定操作就是要防止上述以及其他缺陷的发生，下面将介绍其相关处理工艺和原理。

膨润土和蛋白质稳定处理（Bentonite and protein stabilisation）

乍一看，使用像膨润土这样的黏土对葡萄酒进行澄清处理显得不可思议的，重要的是，它能使葡萄酒稳定，防止出现可溶性葡萄蛋白质的沉淀，当把不稳定的葡萄酒放在温暖的环境中就可能发生这种沉淀。膨润土是澳大利亚葡萄酒生产中最重要的下胶剂，因此也得到比其他下胶剂更多的关注，最近几年，人们对膨润土所持的观念发生了改变，因此有必要介绍这个工艺的背景，强调最近的发展，并阐述对膨润土的使用过程。

尽管在膨润土之前，人们曾使用过很多天然土，如高岭土和西班牙黏土，膨润土最早用于葡萄酒生产是在 1934 年由美国加州的赛维尔推出的。随后很快在澳大利亚也得到了响应，并在二战之前就建立了应用体系。膨润土在欧洲的应用要晚一些，在德国是 1947 年引入的，由于当年是一个温暖的年份，所产的葡萄酒由于不稳定的蛋白质而出现了明显的热混浊。在大约 1950 年之前所出版的欧洲发酵教科书中都没有将膨润土列为下胶剂。

有趣的是，由于膨润土所具有的显著而独特的特性，使它在很多领域都具有重要的商业价值，如：油的脱色、催化剂的制造、吸附发霉的沙子、制备油井钻泥、水坝的密封，以及葡萄酒澄清等。

膨润土这个词最先在1898年用于对一种独特的高胶体性的可塑性黏土进行冠名，它属于美国蒙大纳州本顿堡附近白垩纪层高岭石的一种。膨润土在包括澳大利亚在内的世界上的很多地方都有发现，它是火山灰在有水存在的条件下，通过沉积和变化而形成的。蒙大纳州和怀俄明州的膨润土因为其主要携带钠离子而不是钙离子，特别适合于葡萄酒的澄清。

从正确的命名角度看，膨润土应该被称为高岭石，但在葡萄酒产业中广泛使用前一个名称。高岭石是一个包含性术语，用于指具有明确延伸的晶格结构的各种硅酸铝盐类黏土。这个名字在1847年被首次提出，来源于法国 Poitiers 东部的蒙摩喜雍，这里曾经出产高岭石，但现在已经销售殆尽。

膨润土基本上是一种不纯的水合硅酸铝，当分散在水中时，以宽度约为5 000Å，厚度为10Å(1Å是一千万分之一毫米)的极小的平板状或片状结构存在。片层由一层层的规则排列的原子组成，片层的组成成分，特别是其中硅、铝和镁的含量，在来自不同地区的膨润土中是不同的。这些片层带负电荷，电荷吸引可交换的阳离子，如钠、钙或镁等，它们环绕片层形成一个层面。这些阳离子并不是永久性晶体结构的一部分，但赋予每克膨润土以毫克当量的离子交换能力。

膨润土通常含有90%的高岭土，其余10%由长石、石膏、碳酸钙、石英和痕量的其他金属(如重金属)组成。要特别检查铁含量的百分比，对于铁、砷、各种重金属、钙和镁等的含量限制在国际葡萄和葡萄酒组织的葡萄酒药典(OIV Oenological Codex)中有明确规定。正是由于这些杂质改变了膨润土的颜色，尽管在纯净的状态下膨润土几乎是白色的。膨润土粉末的表观比重约为2.8，根据组成成分的细腻程度而有所不同，莫氏硬度值为1～1.5，比云母稍高。

将膨润土混入温水，制成5%(重量体积比 w/v)的悬浮液，会形成一种浅灰绿色的乳浊液，当浓度升高到10%～15%时，就会形成胶状糊。这种浓厚的浆状物展示了触变性上的有趣现象，静止时为凝胶体，摇动时又成为流体。产生这种现象的原因在于膨润土小片层的边缘带有正电荷，它们按照一个夹角与其他的膨润土小片层上的负电荷形成稳定相吸的接触。由于每一个小片层都带有负电荷，它们之间相互排斥，所以优质钠基膨润土在蒸馏水中应保持分散状态。

当膨润土被浸泡在热水中时，小片层分散开来形成均一的胶体状悬浮液。在这种分散条件下会产生巨大的表面积，每克钠基膨润土的表面积可达750 m^2。钙基膨润土倾向于形成丛生结构，结果使表面积减小，其悬浮液易于形成沉淀，降低了下胶的效率，但是它所形成的酒泥更为紧实。钙基膨润土所形成的酒泥体积较小，沉淀的速度快，尽管它在去除蛋白质方面效率较低，而且也更为昂贵，有时酿酒师仍然更喜欢使用它。钙基膨润土来自欧洲，而钠基膨润土来自昆士兰州的卡金，与来自美国的膨润土一起被广泛使用。

与膨润土相比，高岭土只有轻微的膨胀，表面积要小得多，每克只有 20～40 m^2，因此其澄清效率低很多。与钠基膨润土相比，要达到同样的下胶效果，至少需要 10 倍的高岭土。

钠基膨润土的胶体特征在酿造中具有本质的重要性。它会吸收约为自身体积 5 倍的水，在完全饱和状态下，体积是干燥时的 12～15 倍。干燥时它又收缩到原来的体积，这种膨胀与收缩是可逆的。它在热水中的膨胀速度比在冷水中快，但在酒精中只有轻微的膨胀。因此，要加入葡萄酒中的膨润土悬浮液应该用热水而不是冷水配制，绝不能用葡萄酒。

膨润土最重要的特性就是它能吸收葡萄酒或葡萄汁中的蛋白质，这也是将其用于葡萄酒生产的主要目的。这个吸收过程要么是通过带正电荷的蛋白质与带负电荷的膨润土之间的静电吸引作用，要么是通过氢键结合，吸收蛋白质分子。蛋白质分子所带的电荷取决于葡萄汁或葡萄酒的 pH 值，通常是正电荷，pH 值越低，正电荷就越高。

影响蛋白质清除的因素有以下几点：

- 正确的膨润土类型——不同批次的膨润土在吸收蛋白质的能力上有很大的差异，这取决于产品的膨胀能力。水中的悬浮液应该是稳定的，不会发生沉淀，这说明膨润土已经完全膨胀了。高效的蛋白质去除与轻盈的絮状酒泥的形成有关，这是高膨胀率的特征。一个问题是需要对酒泥中所包含的葡萄酒进行回收以降低成本。
- 添加量——膨润土会吸收葡萄酒中的部分风味物质，所以应该将膨润土的使用量控制到最小。实际上，这是避免使用膨润土的一个有力的理由。
- 膨润土悬浮液的制备方法——轻轻加入用热水制备好的平滑的奶油状的膨润土悬浮液，与直接将相同量的膨润土加入葡萄酒中相比，对蛋白质的去除效果要高得多。最佳制备膨润土悬浮液的方法是用热水，并加以剧烈的机械搅拌，要有充分的时间进行水合和膨胀。当悬浮液达到稳定不出现沉淀时，它就充分膨胀了。
- 葡萄酒的酸度——葡萄酒越酸，去除蛋白质的效果就越好，这是因为在低 pH 值条件下蛋白质分子所带的正电荷会增加。在 pH 值为 3.0 时，膨润土需要量只是 pH 值为 3.6 时的 1/4。
- 温度——在温葡萄汁或葡萄酒中，去除蛋白质的效果要比在冷凉条件下好。
- 葡萄酒成分——尽管膨润土通常对葡萄酒的澄清效果很好，但对经历过阳离子交换树脂处理，以钠对酒石酸氢钾沉淀进行稳定的葡萄酒经常会出现澄清不好的情况。原因是由于阳离子交换所造成的葡萄酒中二价阳离子钙和镁浓度的降低，影响了膨润土产生絮状沉淀。因此，应该在离子交换前，使用膨润土对葡萄酒进行澄清处理。

- 水——建议使用尽可能纯净的水，因为地表水中高含量的钙离子会显著降低膨润土的效率。

其他的要点还包括膨润土中的金属污染，特别是铁、外界释放的气味或污染、膨润土在水中形成稳定悬浮液的能力，以及加入的方法等。为了保证快速混合，最好从对容器中的葡萄酒打循环的泵的吸入一侧加入膨润土悬浮液。膨润土处理中的充分混合是个关键，人们发现上述加入方法是将水合的膨润土悬浮液加入葡萄酒中的有效途径。

膨润土的添加量主要取决于葡萄酒、膨润土的类型及其制备方法。因此，有必要进行实验室下胶实验。通常 0.3～0.8 g/L 的下胶量就足够了，但对于一些由富含蛋白质的葡萄品种来说，如：麝香葡萄酿造的葡萄酒，就需要更高的添加量。比如：膨润土的加入量为 0.5 g/L，对应于将 5 L 10%的平滑悬浮液加入到 1 000 L 的葡萄酒中。

加入辅助下胶剂，如明胶，有助于膨润土的沉淀作用。葡萄酒中蛋白质去除的速度很快。如果混合得快的话，在最初的几分钟蛋白质就已经被去除，剩下的时间就用于等待膨润土的沉淀。实际上，如果膨润土能有效混合的话，可以用生产线的方式对葡萄酒进行下胶。然后对处理过的葡萄酒进行离心或过滤，可以很快达到稳定的目的。

膨润土的使用正在减少，这是由于酒泥回收的成本偏高、香气和风味物质的减少(经常发生)、处理后葡萄酒的钠含量有小量增加(这可能影响葡萄酒对欧盟的出口，欧盟要求低钠含量)，以及其他澄清方法的发展等原因。

到目前为止，蛋白质裂解酶或蛋白酶还不能完全有效地去除葡萄酒中的蛋白质，但是市场上一旦出现了能在白葡萄餐酒的酸度水平上快速经济地进行反应，而又不产生负面效应的蛋白酶，将会导致膨润土使用的进一步减少。

我们必须小心，不要认为葡萄酒中的蛋白质只有一种组分。最近对麝香葡萄汁的研究表明，其中存在许多蛋白质组分，其相对分子质量 31 000～500 000 不等。这些不同蛋白质成分的等电点差别也很大，处于 3.7～9.5 的范围内，尽管绝大多数蛋白质成分的等电点集中在 pH 值 3.7～4.7 的范围。

冷稳定处理(Cold-stabilisation)

新葡萄酒通常被酒石酸氢钾饱和，有时也被酒石酸钙饱和，酒石酸钙的量通常达不到饱和水平，除非葡萄酒中的钙含量很高。当葡萄酒被降温时，酒石酸氢钾超过了其饱和度，就会以晶体状沉淀的形式从溶液中析出。在瓶装白葡萄酒中出现这样的情况是很难看的，可能会被误认为是玻璃碎片。消费者期望白葡萄酒没有沉淀，所以，很有必要防止它的发生。

葡萄中含有酒石酸氢钾，因其在酒精中的溶解性差，会在发酵过程中部分以粗酒石的形式沉淀出来，并在新葡萄酒中以饱和态或超过了其正常溶解度的过饱和态存在。如果对葡萄酒进行降温，就会在葡萄酒容器的壁和底部以粗酒石（来自葡萄酒的色素和酒石酸氢钾不纯的结晶）的形式慢慢沉淀出来，直到达到相应温度下的饱和平衡状态为止。这种缓慢的沉淀过程可能会持续数周，有时可达数月，以达到较为冷凉温度下的新的平衡。如果继续对葡萄酒进行降温，就会有更多的酒石酸氢钾沉淀出来，直到再次达到平衡点。如果存在酒石酸钙，它也会参与这个沉淀过程，但速度较慢，因为它的溶解度受温度的影响较小。

影响酒石酸盐沉淀速度的因素如下：

- 在其上形成并生长晶体的晶核或微小核心的数量。
- 扩散速度，或溶解的酒石酸氢钾接触正在生长的晶体的速度。
- 晶体表面的生长或形成冷稳定的速度。
- 葡萄品种。

残留在溶液中的酒石酸氢钾的量取决于以下因素：

- 酒精含量——酒精含量越高，酒石酸氢钾的溶解性就越差。这就是为什么在发酵时会有很多粗酒石或不纯的酒石酸氢钾沉淀产生的原因。
- 温度——温度越低，酒石酸氢盐的溶解性越差。
- pH——取决于酒精含量，在 pH 值为 3.6 或稍有上下时，溶解态的酒石酸氢钾对溶解态酒石酸和酒石酸钾的比例最高。当 pH 值远离 3.6 时，无论是增大还是减小，酒石酸氢钾的比例都会减小，尽管酒石酸盐的总量没有改变，但沉淀的可能性减少了。
- 钾（和钙）的含量——加入钾或钙会导致葡萄酒变得更加冷不稳定。

为防止在瓶中出现难看的酒石酸盐结晶沉淀，在装瓶前对葡萄酒进行冷稳定处理的常规工艺中，要使用热交换器对葡萄酒进行降温，直到接近其冰点，为−2～2℃的温度范围，然后在隔热容器中储存 1～3 周，随后在葡萄酒还冷凉时进行过滤或倒罐。在非常寒冷的地区，冬季打开酒窖门，对葡萄酒进行自然降温，也可达到同样的效果。

技术进步已经使冷稳定处理操作发生了重要的变化，尤其是对葡萄酒中酒石酸氢钾沉淀的晶核形成机理有了显著的了解，晶核是涉及冷稳定的主要物质。目前最重要的是接触过程。

通过接触工艺的稳定

这个过程在葡萄酒的快速冷稳定中是一项重要的进步，与传统的对葡萄酒进行长时间的冷储存相比，其优势在于节省了大量的时间。德国的 Seitz-Werke 和汉克合资公司的研究人员发现，通过与磨成细粉的酒石酸氢钾晶体相接触，在−2～0℃下搅拌 30～60 min，就可以对葡萄酒进行快速冷稳定处理。常温下以饱和溶液状态存在的葡萄酒中的酒石酸氢钾，会在额外添加的晶体上发生结晶，额外加入的晶体起到晶核的作用。对沉淀出来的结晶进行收集，通过干燥、研磨后再次使用。经稳定处理的葡萄酒通过热交换器，被新的需要进行冷稳定的葡萄酒升温，在处理温度以上时，这些葡萄酒都是稳定的。

小晶体（小于 40 μm，与分散良好的冰糖颗粒相当）必须暴露足够的表面积，作为葡萄酒中酒石酸氢钾快速形成晶体的晶核位点。只有酒石酸氢钾晶体可以作为晶体种子，其他那些边缘锋利的晶体就不能得到理想的效果。因此必须加入足够量的小晶体以提供足够的表面积。实际上，4 g 良好粉末化的酒石酸氢钾（每升的推荐使用量）就有约 3 m^2 的晶体表面积了。搅拌悬浮液时，在 1 h 或更短的时间内，就可以快速完全地形成结晶，因为溶液中的酒石酸氢钾分子平均仅需移动 0.3 mm 就可以遇到晶核而结晶。

此外，晶核的聚合体抑制剂会导致常规冷稳定速度的减慢，但对接触过程所需的时间几乎没有影响。如果能防止这个问题的发生，就意味着人们能够更好地对利用接触过程进行的稳定处理做出预测。酒石酸氢钾可以通过分离、干燥、研磨后重复利用，如果有必要，还可以通过出售葡萄酒生产过程中的副产品（酒石酸氢钾食品膨松剂）改善收支平衡。稳定处理最好是在最终的勾兑结束后、装瓶前进行。

在红葡萄酒冷稳定处理的接触过程中，经常会涉及预冷处理，以除去冷不稳定性色素以及单宁，否则在回收的酒石酸氢钾中就会有大量的污染物。预冷处理的时间由葡萄酒决定，通常仅需 24 h。

接触工艺在很大程度上具有经济上的优越性，尤其是对白葡萄酒，因为葡萄酒仅仅需要被冷却到合适的温度后持续约 1 h，使得冷稳定处理过程和接触过程能够得以连续进行。当处理一大批葡萄酒时，其连续的工艺过程如下：对过滤后的葡萄酒进行冷冻，防止外来葡萄酒进入从而改变合适的稳定温度，加入 4 g/L 的充分粉末化的酒石酸氢钾晶体，混合约 1 h，然后通过离心分离晶体沉淀。

过滤稳定

另外一个用于稳定处理的工艺就是对冷处理后的葡萄酒进行过滤，使用含有酒石酸氢钾晶床的滤层，用较小的晶核添加量，如 1 g/L，处理流入的葡萄酒。正如在冷冻处理的葡萄酒中会在晶体上出现酒石酸氢钾沉淀一样，在滤层中也会形成晶体。如果需要，可以让葡萄酒再次通过滤层。

通过晶体流进行稳定

还有一个由阿尔法拉瓦公司推出的晶体流工艺，在这个方法中，通过刮板式热交换器（与表面过流热交换器不同）对葡萄酒进行冷冻处理，在葡萄酒凝固点附近生成小酒石酸氢钾晶体和冰晶。由 3 个独立的步骤组成：

1 将葡萄酒冷却到凝固点并搅拌，以诱导酒石酸盐晶核的形成。

2 在悬浮液中生长出冰和酒石酸盐的晶体。

3 在平板热交换器中将冰晶融化，使得酒石酸盐晶体可以通过过滤或者倒罐得以分离。

葡萄酒的冷冻温度约为－5℃，这是由酒精和可溶性物质的含量来决定的。晶体以晶核的形式形成，并继续生长而不必加入晶种，所使用的设备很容易操作，可以连续运转并自我调节，这与加入晶种所进行的操作是不同的。这个过程依赖于刮板式热交换器，这种设备在目前的葡萄酒产业中还没有得到广泛的使用。然而，可以通过对常规的超快速表面过流冷却器进行改进，作为刮板式表面热交换器来使用。

有人可能会问，这些工艺中哪个最适合我们的实际需要呢？在产业中似乎三者都有其适合的用武之地。尽管因为能够同时达到保持葡萄酒的质量和冷稳定性的双重目的，通过缓慢冷冻和长时间冷储存来对葡萄酒进行冷稳定处理的方法仍在使用，但是，人们能够期待上述新的进步不仅能节省时间，同时还能进行连续的生产。对冷稳定性的质量控制监测，请见第 21 章。

冷稳定所需的制冷(Refrigeration requirements for cold-stabilisation)

如果要将葡萄酒通过热交换器进行冷冻处理，以达到冷稳定的目的，用千瓦来表示所需的冷冻能量，即葡萄酒产品的流速(L/h)与所需达到的温度(℃)之和，再除以 850。还必须加上用于葡萄酒泵的电能所产生的少量热负荷，以及从外界吸收的热量，使用与第 5 章中关于葡萄醪冷却部分相同的方法计算出数据。

如果是在发酵罐中对葡萄酒进行冷却处理，用千瓦表示的冷冻负荷，即葡萄酒产品的体积(kL)和所需达到的温度(℃)，再加上 1.15 之和，然后除以冷却葡萄酒所需的时间(h)。如果用 50 mm 的聚亚氨酯对发酵罐进行隔热处理，从外界获得的热量(kW)就是发酵罐的表面积除以 8。如果没有对发酵罐进行隔热，而是将其置于一个开放的房子里，从外界所吸收的热量就需要包含来自风扇、操作人员、灯等的热量，计算方法见第 8 章关于发酵制冷的部分。

利用离子交换防止酒石酸盐沉淀(Prevention of tartrate precipitation by ion-exchange)

在澳大利亚，从 1955 年开始使用离子交换处理，防止酒石酸氢钾和酒石酸钙沉淀的发生，这给葡萄酒产业带来了巨大的收益。其中使用的树脂设备与葡萄醪和葡萄酒酸化处理相同，这在第 7 章已经提到了。

离子交换树脂是一种含有可与周围溶液中离子发生交换作用的不稳定离子的不溶性凝胶黏合物质，树脂的结构在发生交换后不会发生物理变化。树脂根据其化学集团的不同可以分为两大类：阳离子交换树脂和阴离子交换树脂，还可以再细分为弱酸或弱碱、强酸或强碱的类型。在澳大利亚，葡萄酒厂所使用的树脂是由聚苯乙烯基组成的，含有可交换氢原子的硫酸集团组成的单功能强酸性阳离子交换材料。由很小的琥珀色珠子构成树脂，这和呈不规则形状的其他种类的树脂相比更易操作。这样的树脂还具有抗化学侵蚀的能力。

从防止酒石酸氢钾沉淀产生的过程看，葡萄酒可以被看作是一种酒石酸氢钾达到饱和浓度的稀乙醇溶液，此外还含有其他阳离子，主要是钙离子、镁离子和钠离子；其中的阴离子主要是苹果酸根、琥珀酸根、乳酸根以及其他无机阴离子。使用离子交换稳定葡萄酒有以下 3 种方法：

1 使用阳离子交换树脂，通过钠循环以钠取代钾，形成可溶的酒石酸氢钠。

2 使用阴离子交换树脂上的羟基或其他阴离子取代酒石酸阴离子。

3 使用阳离子和阴离子树脂的氢和羟基，分别对钾离子和酒石酸阴离子进行交换，在水中可以有效地将部分或者全部的酒石酸氢钾取代。

实际生产中，最好是使用钠循环，因为这可以在不影响葡萄酒风味的条件下，达到稳定葡萄酒的目的，仅稍微降低其酸度。这项操作会增加葡萄酒中的钠含量，这对那些喜好低钠食品的人来说是不希望的。如果需要增加葡萄酒的酸度，可以将树脂制备成钠氢混合的形式。在处理低酸度的甜葡萄酒时，这是一个不错的选择，因为这样在防止酒石酸氢钾沉淀产生的同时，还可以将其酸度增加到所需的水平。也可以制备成为含镁的树脂，或者既含镁又含钠的树脂。

当考虑使用钠交换时，可将葡萄酒通过一个钠型阳离子交换树脂柱，这样葡萄酒中的钾就被树脂中的钠所代替了，必须小心，不要把这个过程想得过分简单。树脂对钙和镁等二价阳离子的亲和性大于钾，当葡萄酒逐渐通过树脂柱时，在顶层首先形成一层含钙镁区，然后是含钾区，剩下的就是以钠形式存在的树脂柱了。

随着葡萄酒持续不断地往下通入，树脂内的这些区域也在延伸，尽管远远没有葡萄酒的流速快，到树脂中没有可用于交换的钠时就到达了终点，此时含钾区延伸到树脂柱的底部。钾由于被钙和镁所替代，已经开始从树脂释放回葡萄酒中了。如果继续通入葡萄酒，就会发生显著的变化。树脂就会以钾、钙、镁的形式存在，随后流下的葡萄酒就会交换出树脂柱中钾，由此产生的影响是葡萄酒又开始面临产生酒石酸氢钾沉淀的可能。

操作方法

推荐使用的柱流速和相关的细节如下。恰当的离子交换柱的操作还需要有测量流速的流速表或测量计。

1 再生：使用 2.5 倍树脂体积的含有 10%氯化钠的盐水冲洗树脂床 20 min。再生时所用的量为每 100 L 树脂使用 25 kg 的氯化钠，例如：对于一个含 800 L 树脂的柱来说，需要将 126 kg 的盐溶于 1 200 L 的水中。从前，使用的是从上往下的顺流再生方式，而今已经被更有效的从下往上的逆流方式所代替。

2 洗涤:需要约 6 倍树脂体积的干净水,从上往下顺流洗涤树脂床 30 min,直到其不含盐为止。使用硝酸银溶液对盐进行检测,如果有云雾状氯化银产生,就说明有盐的残留。雨水是最好的选择,但是如果雨水供应不足,可以用去离子的自来水代替,用离子交换树脂作为软水剂。而未经处理的水因为含有大量的钙和镁,会降低树脂的使用效率。

3 葡萄酒流:以每小时 15 倍树脂体积的葡萄酒从上往下通入树脂,直至到达树脂交换饱和点。通常在处理约 30 倍树脂体积的葡萄酒后达到饱和,这与葡萄酒中钾、钙和镁的含量有关。葡萄酒流持续 2～3 h。葡萄酒中的阳离子含量有一定的随机性,这是用相同的树脂处理不同的葡萄酒时,处理量有所不同的原因所在。澳大利亚葡萄酒中主要阳离子以“mg/L”表示的含量范围如下:

葡萄酒类型	钾的含量	钠的含量	钙的含量	镁的含量	总的正离子
白佐餐酒	39～1 520	12～276	38～112	55～115	495～2 023
红佐餐酒	73～3 000	9～276	40～112	68～180	847～3 568
甜白酒	70～1 560	58～253	30～70	49～114	839～2 027
甜红酒	78～1 870	70～276	32～78	73～132	955～2 356

为了避免稀释那些最早通入离子交换柱的葡萄酒,最好先排尽洗涤用水,然后将葡萄酒从底部通入,直到充满整个柱子并排净其中的空气,然后将液流方向颠倒过来,让葡萄酒从顶部进入。因为树脂中产生的渠道会影响交换的效率,所以不能从下向上通入葡萄酒。为了防止发生氧化作用,所有葡萄酒的移动都要有惰性气体保护。

当树脂中的钠离子耗尽时,对交换终点的测定是很重要的。因为原则上,这个过程会发生两个相似阳离子钾和钠的交换作用,这样处理后期的酸度或口味就没有明显的改变,处理的进程也就不能通过测定酸度进行监测。交换中由于葡萄酒中的部分氢离子被钠离子所取代,其 pH 会有轻微的变化(升高 0.05 个 pH 单位)。

测定反应终点最理想的方法就是间隔测定过柱后葡萄酒中的钾含量,这样就可以准确测定反应的终点。可以使用火焰光度计快速测定,也可以使用化学方法,用适当的化学试剂如亚硝酸钴进行测定。火焰光度计测定既快又很准确,在购买时,要考虑在离子交换设备的整体费用中。也可以对不同阶段流出的葡萄酒样品进行冷冻试验,确定酒石酸氢钾沉淀会在什么阶段重新出现,但是这个试验不能马上获得结果,也就不能用来指示是否到达离子交换饱和点。

4 逆洗:这是对树脂床的恢复再生过程,也可以洗去某些在先前的循环中带来的颗粒状物质。需要使用约 12 倍树脂体积的水,对树脂进行 30 min 左右的由下至上的逆向洗涤,直到流出的水完全纯净为止。需要进行离子交换处理的葡萄酒必须清澈,不要将交换树脂柱当作过滤设备使用,因为表面的凝胶或悬浮物会降低其交换能力,减小流速。

离子交换柱的大小。当离子交换处理刚开始应用时,离子交换柱的直径几乎没有超过 50 cm 的,人们后来发现当这样的离子交换柱被酒厂用来大规模处理其产品时就显得太小了。后来人们致力于寻找较大直径的柱,如体积为 1 000 L,直径为 1 m 的柱。假设离子交换柱可以处理至少 30 倍自身体积的葡萄酒,然后达到反应终点,那么 1 000 L 的树脂就可以处理 30 000 L 葡萄酒了,对许多葡萄酒厂来说,这个体积比较实用,不需要在过柱之后再进行葡萄酒的回兑处理了。柱中的树脂深度至少应该达到 75 cm,否则就会产生捷径通道使交换效率降低。

无效的整体再生 有一个离子交换柱的生产商,生产了一种中间带有耳轴的交换柱,可以在垂直方向上进行翻动,意图是让盐水与树脂充分混合,以达到用一批盐水整体再生离子交换柱的目的。其实这是一个无效的方法,因为为了达到最佳的再生效果,盐水必须流过静态的树脂床产生有效的交换,使阳离子:钾、钙和镁得以释放,阳离子进入盐溶液流出后成为废水。如果再生处理以盐水整体静态浸泡的方式进行,再生后的树脂就混合有钠离子、钾离子、钙离子和镁离子,后三者是从树脂上被释放的,树脂最终所带的电荷来源于这 4 种离子,比例取决于阳离子浓度和它们与树脂的亲和力。

对葡萄酒口味的影响 许多实验都集中研究了离子交换处理对葡萄酒口味的影响 一般认为甜葡萄酒过柱后的变化是可以忽略不计的,而精致的佐餐葡萄酒可能会有轻微的改变。某些酿酒师会对他所有的甜葡萄酒和佐餐葡萄酒都进行处理,而另外一些酿酒师则不对佐餐白葡萄酒进行离子交换处理。即便是经过良好训练的品酒师,在没有任何参照的情况下也很难辨别葡萄酒是否经过了离子交换处理。

离子交换柱过度交换的危险以及勾兑的影响 必须强调超限使用离子交换柱的危险性。到达交换柱饱和点之前所处理的葡萄酒在任何情况下都不会产生酒石酸氢钾沉淀,处理后的葡萄酒也可以和一定量的未经处理的葡萄酒进行勾兑。然而,如果由于柱子过度使用,而超过树脂的饱和点,钾就会从树脂中重新释放到葡萄酒里,葡萄酒就会再度出现酒石酸氢钾沉淀,而且酒不能通过再生柱处理得以纠正,这是因为此时的葡萄酒中已经有高含量的钠存在,二次交换处理是无效的。必须记住,只要有葡萄酒的通入,离子交换就会一直持续,直到整个树脂被钙和镁所饱和。

容易出现一种过度使用离子交换柱的危险,即购买了一批已经处理过的葡萄酒,但或许会忘记或不知道它已经被处理过,然后这批葡萄酒和其他未经处理的葡萄酒进行勾兑装瓶。如果勾兑的终产品由于未处理部分的葡萄酒而产生不稳定,即使通过后续的离子交换处理仍将不能实现稳定的目的,这是因为首次处理过的葡萄酒已经使最终的勾兑产品中含有大量的钠。在这样的情况下,建议在勾兑之前要将所有组分都经过离子交换处理。

交换柱中树脂的保存 怎样保存闲置交换柱中的树脂是一个问题，因为去除处理甜葡萄酒后残留的糖分是很困难的，潮湿的树脂上可能会长霉或变臭。可以使用不同方法进行处理，如：保存在盐水、硫酸或稀酒精中。树脂必须经过再生，以氢离子的形式进行保存，尽管这会对不锈钢有轻微的腐蚀作用，大多数酿酒师还是喜欢使用盐水进行保存。硫酸保存具有这样的优点，既作为一种中强酸再生试剂，还可以去除附着在树脂上的金属离子。首次投入使用的树脂可能会影响葡萄酒的风味，最好的防治方法就是将树脂在强化酒中浸泡几天，盐水再生之前用温的稀盐酸进行处理。

长时间使用后树脂的恢复 长时间使用后的树脂可能会部分丧失其交换能力，每次再生后树脂处理葡萄酒的处理能力都有所降低。原因在于树脂吸收了一些大分子物质，如蛋白质、单宁、果胶，等等，这些物质使树脂中的可交换位点减少了。这类物质和金属都很难被盐水再生所去除，要去除它们需要更加剧烈的反应。最好的方法是将树脂浸泡在约含3%活性氯的次氯酸钠溶液中，这样就可以恢复其颜色和活性了。此外，还可以使用过氧化氢进行浸泡处理。如果这样还不能使树脂得以完全恢复，用铬酸进行处理（在交换柱外进行）清除树脂污渍，但是这种酸具有腐蚀性，且很难操作。阳离子交换树脂由于其抗氧化性，可以经受更加剧烈的化学反应而不受破坏。

树脂交换能力的测定 检测树脂交换能力的方法很简单，以下方法供酿酒师检测其树脂。

- 将树脂铺成薄薄一层在105℃下干燥1 h。准确称取1 g树脂，加水放入一个内径约6 mm的垂直玻璃试管中，将树脂铺在一片玻璃纤维衬垫上。树脂床大约10 cm厚。将一根橡胶管安装在试管底部并用夹子固定，这样就可以控制通过树脂流下的液体，将管直立安装在一个曲颈瓶支架上。保证在体系中通入液体时，树脂中没有气泡产生。
- 从上部将10 mL的稀盐酸（1份酸3份水）通入树脂，控制流速使之持续约20 min。然后以尽可能快的速度通入蒸馏水，直到流体中酸的含量低于pH值4。将10 mL20%的氯化钠溶液通入树脂，用时20 min左右，继续通入10 mL的蒸馏水，将废液通入烧杯。在烧杯中加入约50 mL的蒸馏水，再加入几滴酚酞指示剂，用标准氢氧化钠进行滴定，使用常规浓度或其10倍浓度。在滴定中每克干树脂的交换能力用毫克当量表示为常规氢氧化钠的毫升数，或者以常规浓度10倍的1/10体积的毫升数表示。不同生产商制造的树脂的交换能力会有一些差异，这点在生产商所提供的说明书会涉及，每克新树脂的交换能力通常在4～5 mg当量。

去除葡萄酒中的痕量金属 葡萄酒中的铜和铁以离子态和结合态两种形式存在。可以通过离子交换将金属离子除去，但是葡萄酒中与有机酸以结合态形式存在的非离子化合物就不能通过离子交换被去除。随着 pH 值的降低，复合物会减少，这就是为什么更容易去除酸性葡萄酒中的金属离子的原因，如果能使用的氢离子交换树脂同时提高酸度，那就最好了。离子交换处理不会使葡萄酒中的铅含量明显降低。研究发现，从葡萄酒中被去除的金属倾向于附着在树脂上，很难通过盐水再生去除。定期使用酸处理对树脂进行再生，可以有效地摆脱这些金属离子。

与冷冻的比较 与冷冻处理相比，离子交换处理费用相对较低，通常低于10%。两者都可以达到防止酒石酸氢钾沉淀产生的效果，尽管人们认为冷冻处理能同时去除葡萄酒内其他一些冷不稳定性的物质，而这些物质不会被离子交换去除。虽然大家都知道冷冻处理后，葡萄酒有被氧化的危险，还是有人认为冷冻提高了葡萄酒的质量。制冷还有其他的作用，如：葡萄榨季中的发酵降温，而且离子交换也可以和冷冻处理结合使用，例如：当某一酿酒师不愿意对精致的白葡萄餐酒进行离子交换处理时，可以对其进行冷冻，而对其他的廉价葡萄酒则进行离子交换处理。

最近几年，钠离子交换的使用有所减少，因为葡萄酒厂安装了用于葡萄榨季温控发酵的制冷机组，同时也可以用于冷稳定处理。另外，如果葡萄酒是用于出口到那些对最高钠含量有限制的国家，钠离子交换在此类葡萄酒中的使用就受到了限制。

偏酒石酸(Metatartaric acid)

最近酿造学中很有价值的发明就是防止葡萄酒在受冷时产生酒石酸氢钾沉淀的新方法。偏酒石酸就在其中之一，作为晶核抑制剂防止晶体的形成。1955 年首先在欧洲得以使用。

当对粉化良好的酒石酸粉末进行加热，达到 170℃时，就会发生熔化，产生一系列的变化，包括：释放水蒸气、脱水、酯化以及聚合等。结果得到无定形易潮解(容易吸收空气中的水分)的偏白色到浅褐色玻璃质多孔海绵状固体。其组成已经变为半聚交酯，分子连接类似于多聚体结构。如果在真空容器中以较低温度如：150～160℃进行加热，可以得到较纯的产品。

偏酒石酸不是一种精确的化学品。作为晶核抑制剂的作用效率与其酯化度或半聚交酯的含量相关。从质量控制的角度看，理想的酯化指数为 40%，作用效率是 30%酯化指数产品的 2 倍。偏酒石酸以覆盖物的形式，作用于葡萄酒中酒石酸氢钾和酒石酸钙沉淀的显微晶体上，从而达到防止可见晶体的形成和生长的目的。

然而，这种抑制作用不是永久的，因为偏酒石酸溶液会缓慢再水化为酒石酸，丧失其抑制晶体形成的作用特性。如果将葡萄酒储存在较高的温度之下，再水化作用就会加强，所以偏酒石酸加入效果的持续时间与温度有关，从几个月到几年不等。如果将葡萄酒储存在0℃下，其作用效果可以持续几年，在10℃下可以持续约18个月，然而在25℃下就只有很少的几个月了。当然，这些数据来自澳大利亚较高的储存温度条件。一般情况下，在较冷的新西兰，它在葡萄酒中更稳定。偏酒石酸在这两个国家的使用都是合法的。

因此，偏酒石酸在立即饮用或储存在冷凉酒窖中的葡萄酒中是最有效的，主要用于白葡萄酒中，因为白葡萄酒一旦出现酒石酸沉淀就不太悦目。通常的添加比例为100 mg/L，首先将产品溶解在冷水中(热水会使之水解)，然后加入葡萄酒中并加以搅拌。偏酒石酸在水中的浓缩溶液平均每天失去1%的活力，所以其溶液要现配现用。加入葡萄酒中的偏酒石酸有时会使溶液呈轻微乳白色，所以对它的添加最好在最终过滤和装瓶之间进行。

有趣的是，据估计，在澳大利亚每年偏酒石酸的使用量达4 t，足以稳定4×10^8 L的葡萄酒，这占了澳大利亚白葡萄酒年产量的很大部分。

山梨酸(Sorbic acid)

山梨酸是一种杀真菌剂或酵母生长抑制剂，在澳大利亚和新西兰，允许加入葡萄酒中的最大合法使用量为200 mg/L。山梨酸是在1895年首次被发现的，并在1900年成功合成，在1945年发现其抗真菌的特性。在法国，山梨酸使用的合法化是在1959年，在德国是1971年，现今已经在大多葡萄酒生产国被允许使用。山梨酸唯一的作用就是防止不必要的酵母生长，是酵母脱氢酶系统的抑制剂。山梨酸不是葡萄酒中天然存在的成分。山梨酸的添加量为100～200 mg/L，通常使用更加易溶的山梨酸钾，山梨酸钾含有75%的山梨酸，在20℃下的溶解度为56%，而山梨酸的溶解度只有0.16%。葡萄酒中未离解的山梨酸(作用于真菌)含量与pH值有关，在酸度较高的葡萄酒中含量较高。

因为山梨酸只是抑制酵母而非细菌的生长，所以应加入到容易发生酵母破败的葡萄酒中，特别是甜白葡萄酒中。对敏感的品尝者其阈值为大约130 mg/L。不能将其加入到需要进行二次发酵的起泡葡萄酒中。

某些酵母，主要是拜耳接合酵母的菌株具有天然的山梨酸抗性，可以在加入了山梨酸的葡萄酒中生长。因此，需利用其他的方法，如过滤或巴氏灭菌法，去除这样的抗性酵母。不同酵母种对山梨酸的抗性差别很大，其中克勒克酵母的抗性最低，而拜耳接合酵母的抗性最高。当存在大量的酵母时，山梨酸的作用效果就会降低，因此在加入山梨酸钾之前要对葡萄酒进行过滤处理，以降低酵母种群的数量。低酒精含量和高pH值也会降低山梨酸的作用效果。山梨酸需要和二氧化硫结合使用，而不能代替二氧化硫的作用，因为与二氧化硫不同，山梨酸没有抗氧化和杀菌的作用。

如果将山梨酸加入到低二氧化硫含量的红葡萄酒中，而这种葡萄酒还要继续进行苹果乳酸菌发酵的话，由于细菌的生长，细菌代谢山梨酸产生2-乙氧基-6-3：

5-二烯(2-ethoxy-hexa-3:5-diene)而导致严重的污染。这种产生异味的污染被称为天竺葵污染,这样的命名是因为其产物气味很像天竺葵的叶子。其气味也像腐败物,当然这是很不好的。对此会在第 19 章中有所阐述。

最后一点就是:山梨酸不应用于掩盖葡萄酒酿制过程中的缺陷。

二甲基碳酸氢钠(Dimethyl dicarbonate, DMDC)

多年以来,酿酒师一直致力于寻找一种合适的物质,可以在包装时加入瓶装或软包装的葡萄酒中以防止有害微生物的生长。二氧化硫是一种传统的抗氧化剂和消毒剂,但不能达到长期抑制抗性酵母的目的。山梨酸是一种有效的杀真菌剂,但我们已经知道它不能有效地消灭细菌,还会因为细菌的攻击而带来"天竺葵"般的异味。

二乙基碳酸氢钠(diethyl dicarbonate, DEDC)或称焦碳酸二乙酯(diethyl pyrocarbonate, DEPC)的使用始于 1963 年的美国,随后在澳大利亚和新西兰都得到了应用,这看起来像是寻找很久以后所得到的最佳杀菌剂,它无论是对酵母还是细菌都有效果,在加入后分解为乙醇和二氧化碳,二者都是葡萄酒的正常组成成分。然而,它还会形成氨基甲酸乙酯(ethyl carbamate),这曾被报道具有致癌性,在 1972 年被美国联邦药品管理局列入禁用名单,后来在 1972 年澳大利亚和新西兰也禁止了它的使用。

1973 年位于威斯康星州密尔沃基市的国际逻辑公司(Logical International Corporation)建议可以使用二乙基碳酸氢钠的类似物二甲基碳酸氢钠作为替换。不同实验室的实验表明,特别是在加州大学戴维斯分校的 C·S·奥教授指出,这种类似物具有和二乙基碳酸氢钠相似的抗真菌和抗细菌的特性,但不会产生氨基甲酸乙酯。现在欧洲已经允许将其用于软饮料和果汁饮料的生产中,在新西兰,葡萄酒中的最大使用量为 200 mg/L。在澳大利亚还没有开始使用,但已经通过了法律认可。

二甲基碳酸氢钠是一种无色挥发性液体,比重为1.26。是热不稳定性物质,最好冰冻储存。在水溶液或葡萄酒中会很快被水解为甲醇和二氧化碳,如下所示:

$$CH_3—O—C{:}O—O—C{:}O—O—CH_3 \longrightarrow 2CH_3OH + 2CO_2$$

假设在每升葡萄酒中加入 200 mg 的量,从上面的公式可算出,产生的甲醇量为 96 mg,这在葡萄酒常规甲醇含量以内(36~116 mg/L)。众所周知,甲醇从口服摄入 340 mg/kg 体重的量时,就会对人体有害,由此可以得出结论,在每升葡萄酒中加入 200 mg 的二甲基碳酸氢钠,通过水解产生的甲醇并不具有明显的毒性。另外,只产生约为所加入的二甲基碳酸氢钠总量 1/20 氨基甲酸甲酯,已证明没有毒性。其他产生或可能产生的成分显然也是没有毒性的。

二甲基碳酸氢钠的使用量与以下几个因素有关：葡萄酒中微生物的数量（数量越少，加入后就越有效），乙醇含量（乙醇含量越高越有效）以及 pH 值（pH 值越低越有效）。通常的添加量约为 100 mg/L，一般使用加样泵在装瓶或装桶之前加入。加样设备可以自动化，二甲基碳酸氢钠的添加还可以去除其他来源的污染，如灌装机、瓶子和盖子。水解速度与葡萄酒的温度有关，在 10℃下，完全水解需要 5 h，25℃下需要 2 h，30℃下需要 1 h。

11 氧 化

Oxidation

在澳大利亚的葡萄酒生产中，过度氧化是一个很大的问题，特别是在炎热地区，在小酒厂和家庭自酿葡萄酒中尤为严重。这是由于在温暖的条件下，当葡萄酒暴露在氧气(空气)中，会导致颜色发生褐变，丧失葡萄酒特性和葡萄风味物质，并增加苦味。一旦葡萄酒被氧化，就会对质量产生永久性损害，因为所涉及的一些化学反应是不可逆的。

因此，防范措施比补救措施显得更为重要，关键点总结如下。一些详细的处理方法请见另外的章节叙述。

防止氧化(Prevention of oxidation)

葡萄的状态

如果葡萄长了霉，并处于高温状态下，霉菌所产生的氧化酶的活性将提高，在葡萄压榨之前就会对果实产生损害。因此，一定要获得新鲜完好的葡萄，并在收获后尽可能快地进行处理。

二氧化硫

对于状态良好、温度低、酸含量充足的葡萄来说，仅需要很少的二氧化硫，10～50 mg/L 就可以了。如果果实已经损坏、霉变并且温度高，所需的二氧化硫量就会增加。二氧化硫在葡萄酒中具有杀菌剂、抗氧化剂和酶抑制剂的功能，但是在发酵期间由于与乙醛及其他物质相结合，功效会逐渐丧失。

发酵前处理

尽管某些时候有相反的特殊情况，最好是尽可能防止葡萄酒和葡萄醪的通气。如果来自健康葡萄的葡萄汁温度较低(低于 15℃)，酸度适中，比如：对白葡萄来说 pH 值在 3.0～3.3，还带有一些游离二氧化硫和抗坏血酸，它是具有一定的抗氧化性的。相反，不含二氧化硫、低酸度、温度较高的葡萄汁会很快氧化。也可以进行其他的一些发酵前的预处理，比如：葡萄整串压榨或保留部分果梗等。这些处理可以相应减小或增加最终所得的葡萄酒中的酚类物质含量。

发酵后处理

发酵后氧化是最大的破坏因素，也是最需要注意的问题，不仅在操作上要注意，还要确保葡萄酒组分中以下这些重要方面得以控制。

酸度　佐餐白葡萄酒理想的酸度范围是 pH 值 3.0～3.4，佐餐红葡萄酒为 3.3～3.7。苹果乳酸发酵（主要是在红佐餐葡萄酒中）会使 pH 值升高，可以用酒石酸进行调整，以使葡萄酒的 pH 值处于以上范围之内。由于氧化反应和微生物的生长与 pH 值的相关性更大，所以对葡萄酒的质量来说，pH 值比滴定酸更需要加以关注。

游离二氧化硫　保持适度的游离二氧化硫水平，对发酵后的白葡萄酒至关重要，可以使用兰金吸入法进行测定，这种方法精确且不受抗氧化剂，如：抗坏血酸和异抗坏血酸的影响。游离二氧化硫的水平与葡萄酒的 pH 值有关，pH 值较高（较低的酸度）时需要维持较高的游离二氧化硫含量。以下是对佐餐白葡萄酒的实用参考：pH 值在 3.0～3.2 时，需要的游离二氧化硫量为 20 mg/L；pH 值在3.2～3.4 时，为 30 mg/L；pH 值在 3.4～3.5 时，为 40 mg/L；pH 值高于 3.5 时，为 50 mg/L。

温度　氧化速度与温度有关，温度每升高 10℃，氧化速度约增加 1 倍。当温度升高 20℃时（在澳大利亚并不常见），氧化反应的速度会增加到原来的 4 倍。这就是为什么在各项独立的操作和储存容器中都需要降温的原因，只有这样才可以将葡萄酒保持在理想的 18℃以下的条件。对整个葡萄酒厂进行降温是十分有利的，如：处于加州温暖地区的葡萄酒厂，经过制冷的酒厂和未经制冷的相比，前者生产出的葡萄酒品质显著优于后者。另一个关键点就是在冷凉的葡萄酒中，氧气的溶解度更大。

抗氧化剂　对白葡萄酒来说，理想的选择是加入少量的抗坏血酸（维生素 C）或其更便宜的异构体异抗坏血酸（只有维生素 C 活性的 5%）。两种抗氧化剂的推荐加入量为 20～30 mg/L，对葡萄酒进行每一步操作之前都要加入这些抗氧化剂，以维持葡萄酒中抗坏血酸的含量为 50～100 mg/L。抗坏血酸能够迅速与所碰到的氧气相结合，所以抗氧化剂发生了氧化，保护了葡萄酒。必须小心操作使葡萄酒避免通气，还必须始终维持游离二氧化硫处于可测定的水平，否则抗坏血酸就会被氧化成过氧化氢，造成灾难性的严重氧化后果。

惰性气体　将葡萄酒暴露在空气中会造成氧化，所以理想的选择是任何时候都要用惰性气体（氮气或二氧化碳）替代所有乘装葡萄酒的容器中的空气。可以使用氧电极对储存中的散装或瓶装葡萄酒的顶部空间的氧气水平进行监测，确保氧含量在 1%以下。

葡萄酒厂的操作　下面是一些在葡萄酒厂中通常使用的防止氧化的方法。

- 在尽可能低的温度下对葡萄汁和葡萄酒进行处理。
- 处理前保证葡萄汁或酒中有适度的二氧化硫和抗坏血酸水平。
- 尽可能缓慢地开启和停止泵送。
- 输送葡萄酒的管道要安装侧向阀，这样可以在输送葡萄酒之前使管道内充满惰性气体，在输送葡萄酒之后，用惰性气体将最后的葡萄酒推出管道。

装瓶

在佐餐葡萄酒中，如果装瓶后顶部空间有空气，它们就会溶解到葡萄酒中，成为发生氧化作用的最主要的原因。因此，打塞前要用惰性气体将瓶子的顶部空间充满，检查确定打塞后顶部空间的氧含量低于1%。有多种方法可以去除顶部空间的空气，但要注意有些方法并没有想象的那样有效。

葡萄酒中的溶氧(Dissolved oxygen in wine)

在澳大利亚，特别是在较热的地区，葡萄酒生产商面临的最重要的问题就是葡萄酒中香气和风味物质的丧失。产生问题的原因有两个，一是在葡萄酒酿造和陈酿过程中过热，另一个就是过度氧化，这二者是相互关联的。在寒冷的气候条件下，如德国，葡萄的温度一般很低，在葡萄收获时工作人员还要穿上很厚的大衣御寒，氧化在那里就只是一个很小的问题。然而在澳大利亚，这可是一个非常大的问题，因为与空气中的氧气接触后，在较高的温度下佐餐葡萄酒会发生不可修复的破坏。因此，必须注意，不能机械地把德国莱茵河和莫舍尔河地区的酿酒方法照搬到澳大利亚来，在澳大利亚，理解葡萄酒中溶解氧的作用和重要性是非常必要的。在新西兰因为比较寒冷，氧化不是一个很严重的问题，但是也时有发生。

在葡萄酒生产过程的不同阶段，对溶解氧的监测对保持葡萄酒的最高质量是至关重要的。通常情况下，葡萄酒中的溶解氧量不是一成不变的，因为葡萄酒会消耗氧气，并伴随着氧化作用的发生。由于葡萄汁中天然存在的氧化酶类，使它具有很强的消耗氧气的能力，新鲜压榨的葡萄汁是氧饱和的(通常情况下如此)，因为氧化酶类的作用，溶解氧水平会很快下降为零。如果再次将葡萄汁与空气相接触，溶解氧含量将再次达到饱和，然后又会快速减少，这样的过程可以持续很多次。而成品葡萄酒消耗氧气的速度相对较低，在封闭容器中的葡萄酒，溶解氧随时间的推移，降低的速度很慢。

氧气在葡萄汁和葡萄酒中会溶解直到饱和浓度。在标准大气压下任何一次溶解的最大量都是有限的，一般是7 mg(5 mg)/L，当然这个大小与温度有关。例如：在新鲜的压榨葡萄醪中，因为压榨过程会导致葡萄汁通气，所以通常是氧饱和的。从定义上来看，通气是指在葡萄浆或葡萄酒中溶解氧气的物理过程，而氧化则是氧与葡萄浆或葡萄酒中的成分发生氧化反应的化学过程。通气在较低的温度条件下作用较强，而氧化在较高的温度条件下速度更快。

最糟糕的情况是在葡萄酒冷冻处理的时候通气（对葡萄醪通气情况会好一些），这在泵的进口处有漏气的情况时就会发生，当操作者随后将葡萄酒储存在温暖的地方，通气时溶解的氧就会通过化学反应，有时是通过酶反应，造成葡萄酒的氧化。

可以使用溶氧计监测葡萄醪和葡萄酒中的溶解氧，尽管测氧仪能够以百万分之一单位（ppm）或者毫克每升为单位进行读数，它实际测定的是液体中的氧气分压。通常使用氮气来对溶氧计进行校准调零，使用空气（含 20.9%的氧气）将读数调整到 100%饱和度（20℃下 155 mmHg）。这种溶氧计是便携式的，通常以电池提供能量。对氧含量读数与分压之间的相互关系如下：

	20℃下的气体饱和度		
	水	佐餐葡萄酒	葡萄汁
分压/mm	155	155	155
饱和度百分比	100	100	100
每升中的毫克数/(mg/L)	9.1	7.2	6.5
每升中的毫升数/(mL/L)	6.4	5.0	4.6

酒精和可溶性固形物的减少都会降低液体中饱和氧的含量，温度也会在很大程度上影响可溶解的氧的量。下表给出了针对水的数据，针对葡萄酒的数据也基于此。对于葡萄汁和葡萄酒而言，数值会稍低一点，但由于葡萄酒和葡萄汁中的主要成分是水，一般都使用水的数据。

温度/℃	溶解氧/(mg/L)
−5	18.0
0	15.0
10	11.4
20	9.1
30	7.7

以饱和百分比为单位比使用每升中所含的毫克数要好，因为这才是仪表真正的测定值。如果说某葡萄酒厂某项操作的结果使得溶解氧饱和度增加了 20%，而其他的操作却没有增加氧饱和度，这样说是很有意义的。对于白佐餐葡萄酒而言，希望得到 0%的氧饱和度。对于某些甜葡萄酒来说，可能更希望有氧气的溶解，因为成熟过程是一个氧化而非还原的过程。溶解氧影响着葡萄酒氧化还原的过程，因为存在的氧气提高了葡萄酒潜在的氧化可能。这将在随后提及。

罐、瓶和其他容器顶部空间中的气态氧会溶解到葡萄酒中，需了解其含量水平。可以使用克拉克极谱法电极表对溶解氧进行测定，也可以使用基于氧气分子顺磁性特性的仪表测定气态氧。后者操作起来更快更方便,但是不能测定溶解氧。

因此,认识到佐餐葡萄酒中溶解氧的危害,并测定各个酿酒步骤中不同操作工艺对溶解氧的影响,特别是发酵后操作对溶解氧含量的影响,是非常重要的。必须尽可能确保白佐餐葡萄酒在从发酵到包装后的各个阶段都在尽可能低的氧水平下进行。

冷葡萄酒通气的危险(Danger of aerating cold wine)

葡萄酒厂员工最难避免的一个问题就是对冷葡萄酒通气的危害。

制冷给葡萄酒的生产带来了巨大的好处,但是如果在冷冻后疏忽,而使葡萄酒处于通气状态,就会造成很大的危害。特别是在冷稳定处理过程中,当葡萄酒的温度非常低时,尤其如此。原因在于,氧气在冷葡萄酒中的溶解度更大,对溶氧的冷葡萄酒进行复温时,就会使大量的溶解氧与葡萄酒发生氧化反应,造成更快的不可逆转的葡萄酒氧化。例如:在−5℃下,葡萄酒可以溶解高达在20℃下的2倍的氧气量,读者可以从先前的叙述中得到其细节。

因此,防止低温下葡萄酒的通气,比防止常温下的通气更为重要,通气氧化本身对酒质的不良影响是毋庸置疑的。与其他的防止空气进入产品的途径一样,必须防止在泵进口端的连接处、密封管及接头处发生渗漏。对佐餐葡萄酒进行的所有处理都必须在氧气含量为0.5%以下的惰性气体保护下进行。

另外必须强调的一点就是,如果佐餐白葡萄酒能够维持在适宜的pH值、游离二氧化硫以及抗坏血酸范围内,其氧化风险就可以降低到最小,如下所示:

pH值	3.1～3.4
游离二氧化硫	15～35 mg/L
抗坏血酸	50～100 mg/L

在以上范围内,pH值越高,降低风险所需的游离二氧化硫量就越大。

氧化酶(Oxidase enzymes)

在澳大利亚和新西兰的葡萄酒生产史上,过去的30年中经历了巨大的变化,从对甜型强化酒的氧化型生产,变成对佐餐葡萄酒特别是白葡萄酒的还原型生产。葡萄酒生产工艺发生了根本性的变革,目前葡萄酒厂尽量防止酒与氧气接触发生氧化,而不是促进其发生。这样的改变,是因为人们意识到氧化酶的重要性和危害性。这些酶与其他的酶(如果胶酶或果胶裂解酶)不同,后者在葡萄酒生产过程中的加入是合法的。

氧化酶是一类天然存在的催化氧气和无色酚类物质发生反应导致褐变、涩味增加以及口感粗糙的酶。包括两种酶:酪氨酸酶和漆酶。它们具有如下的不同特性和起源。

酪氨酸酶也被称为多酚氧化酶、儿茶酚氧化酶、儿茶酚酶、酚酶、酚氧化酶以及邻二酚氧化酶。其广泛存在于果实中，是导致新鲜苹果切口褐变的酶。在完好的葡萄果肉叶绿体中常规存在，也是导致高温低酸的未加硫的健康葡萄汁发生褐变的原因。其在葡萄汁和葡萄酒中的溶解度低，会被二氧化硫迅速破坏，只能对极少的酚类物质造成氧化，在葡萄酒中不能稳定存在。其对二氧化硫的敏感性在葡萄酒酿造中显得尤为重要。

而漆酶要危险得多。其来源于灰霉菌，而不是葡萄果肉本身。它在葡萄汁和葡萄酒中是可溶的，对二氧化硫具有抗性，能氧化多种酚类物质，在葡萄酒中稳定，会带来严重和永久性的褐变与氧化。在佐餐红葡萄酒中，如果采用的是长霉的葡萄，与氧化有关的褐变问题很大程度上是由漆酶造成的。

在现代葡萄酒生产中，一个很重要的进步就是对氧化酶氧化作用的控制。要防止漆酶的破坏作用，最明显最直接的方法就是不使用发霉的葡萄，但是实际操作过程中有时很难避免。添加二氧化硫可以降低氧化酶的作用效果，而膨润土只能除去很少的一部分酶。将葡萄醪加热到 65～70℃，就可以使氧化酶失去活性，作为一种蛋白质，氧化酶在这个温度条件下都会失去活性，但加热又会带来其他的问题。防止葡萄醪与空气接触有利于防止氧化问题的发生，当压榨工艺使葡萄醪处于氧饱和状态，就只有靠添加二氧化硫和抗坏血酸去除了。

控温是现代葡萄酒工艺的立足之本。氧化酶的活性在高温下会提高很多，因此，在一开始就要使用温度较低的葡萄(15℃或更低)，并在整个酿酒过程中通过制冷控温保持这个温度，以显著抑制氧化酶的活性。这是控制氧化的关键，因为30℃下的酶促氧化速度大约是其在 10℃时的 3 倍。在压榨前或压榨时及时加入二氧化硫、抗坏血酸或者异抗坏血酸可以抑制氧化酶的活性，与其酚类底物相结合，并从葡萄醪中去除氧气。从压榨到发酵开始都充入惰性气体，也有助于防止空气中的氧与葡萄醪和葡萄汁相接触。有大量的酚类底物结合在葡萄果肉的碎片上，因此，对生产出的葡萄汁进行澄清，也有助于降低氧化酶的活性。最后，在高 pH 值条件下氧化酶的活性大大提高，所以 pH 值越低，氧化酶的活性也就越低。

氧化还原电势(Oxidation-reduction potential)

氧化还原还原电势是指葡萄酒在某一特定阶段所存在的氧化和还原反应的总和。它不是指葡萄酒的成分，而是对氧化和还原性的一种度量。其值越高，葡萄酒氧化得就越严重。可以将一个折叠铂电极浸入葡萄酒中，在没有空气存在的情况下测定葡萄酒的电势，用已知电势的甘汞电极作比较(20℃下为 249 mV)。用氮气或二氧化碳将葡萄酒顶入一个含有电极的容器中，并与对比用的甘汞电极相连。使用 pH 计测定其电势，读数以毫伏表示。

所得到的数据范围是 50～550 mV(0.05～0.55 V)的正电势，葡萄醪比葡萄酒的数值高。在通气条件下对葡萄进行压榨,会使电势从400～480 mV升高约80 mV。另一方面,发酵是一个很强的还原过程,可以很快使电势从其最高点降低至50～100mV。发酵后,电势会缓慢升高到一个中间值,通常在200～350 mV,在随后的成熟和装瓶中会有缓慢的降低,因为葡萄酒在陈酿和装瓶后,基本上是个还原过程。如果对葡萄酒进行处理时有空气通入,电势就会升高。装瓶后的葡萄酒最终将达到一个在100～150 mV的平衡点。

有时氧化还原电势与pH值相关,其结果用rH值来表示,使用一个从0(还原势最强)到28(氧化势最强)的范围来表示。这种表示方法的适用性是建立在理论基础之上的,现今的测定通常以特定pH值下mV来表示。如在pH值是3时为:

氧化还原电势/mV	rH
0	6.0
100	9.3
200	12.7
300	16.0
400	19.3
500	22.7

假如pH值为7,氧化还原电势和rH之间关系就不同了。

当然,很重要的一点就是,关于氧化还原电势的知识,以及氧化还原电势值与葡萄酒的生产和葡萄酒的质量之间到底有什么样的关系呢?因为氧化还原电势具有重要的理论价值,波尔多大学以及其他地方的实验室针对这个问题做了很多的研究工作。然而,据我们所知,在实际的葡萄酒生产中它没有多少意义,所得到的数值和品尝相比并不会为酿酒师提供更多的信息。很显然,氧化还原电势值越高,葡萄酒的氧化势就越高,但是质量最好的葡萄酒的氧化还原电势并不一定是最低的。

尽管如此,氧化还原电势还是可以帮助我们了解葡萄酒中的某些混浊问题。通常情况下,葡萄酒中含有微量的催化各种化学反应的铁和铜,如果含量足够大,并达到了发生氧化或还原反应的状态,就会沉淀出来造成葡萄酒的混浊。铁需要处于氧化态或以三价铁的形式存在,其半氧化电势为750 mV,这样被氧化的部分(低于葡萄酒中总含量的一半)就可能沉淀出来。相反,铜需要被还原成一价形式,半氧化电势为170 mV。装瓶后葡萄酒的氧化还原电势缓慢降低,使铜从二价铜转化成一价铜的形式,这就是为什么装瓶后的葡萄酒有时会出现铜混浊的原因。

人们对葡萄酒中总体上用氧化还原电势来表示的复杂的氧化还原体系还不完全了解。我们知道多酚类、花青素类、单宁酸类、抗坏血酸、二氧化硫以及各种各样的其他成分都参与其中,但是我们还不知道这些成分对可能发生的各种各样的氧化还原反应的相对重要性。在我自己的葡萄酒研究中，对葡萄酒中做了成百上千的滴定、铂-锡电极测定，试图寻找氧化还原电势与葡萄酒质量的关系，但是并没有发现其中有可重复的关系存在。所以，建议酿酒师在我们对其有进一步的了解之前，不要过多地对其加以考虑。

惰性气体(Inert gas)

在澳大利亚和新西兰的葡萄酒生产中，惰性气体的应用是一项重大进步，特别是对佐餐葡萄酒质量的提高有很重要的贡献。所使用的两种气体为二氧化碳和氮气，二者可以单独使用，也能够以一定的比例混合使用。在海外偶尔也使用氩和燃后气体，后者是通过控制天然气燃烧得到的。现代的葡萄酒厂在厂内都有网状分布的二氧化碳或/和氮气管道，在适合的地方留有出口。

使用惰性气体有两个主要目的，即通过隔绝葡萄酒与空气(含氧量为 20.9%)的接触，防止佐餐葡萄酒中可能发生的氧化作用，以及防止在葡萄酒表面生长破败性的酵母和细菌。二氧化碳还有其他的用途，如：在起泡葡萄酒的生产中，在倒罐和装瓶时可以提供反向压力便于操作。

尽管氮气和二氧化碳都已经得到了广泛的使用，但由于它们不同的溶解度，还是有其独立的作用。在 20℃大气压下，氮气的溶解度为 19 mg/L(15.5 mL)，而二氧化碳则更加易溶，其溶解度为 1.7 g/L(878 mL)。这些气体在葡萄酒中的溶解性在一定程度上与葡萄酒的组成成分有关，二氧化碳尤其如此，但是它们基本上与在水中的溶解度处于相同的数量级。可以根据不同的需求，单独使用氮气或二氧化碳，或将二者混合使用。对佐餐白葡萄酒使用二氧化碳的较多，然而对佐餐红葡萄酒使用氮气的更多些。

不同的静态佐餐葡萄酒，每升需要 0.4～1.0 g 的溶解二氧化碳，以保持其口感。白葡萄酒比红葡萄酒需要更多的溶解二氧化碳，但是如果每升含量超过 1.2 g，就有发生顶塞的危险。可以通过使用相应比例的混合气体，调整二氧化碳的量。对于干红葡萄酒而言，每升含 0.6 g 的二氧化碳(35%的饱和度)是合适的，可以使用含 2 份氮气和 1 份二氧化碳的混合气体。对于白葡萄酒使用 1∶3 的两种气体的比例最为理想。

发酵会产生大量的二氧化碳，取决于初始含糖量，其体积是发酵葡萄汁体积的 35～50 倍。如果发酵是在封闭的罐中进行，二氧化碳可以通过管道收集输送到需要惰性气体的地方，如压榨机、破碎机、果汁分离机、空罐等。这种方式在南非的很多葡萄酒厂被普遍应用。

惰性气体最主要的用途是，在储存佐餐葡萄酒的密封容器的上部空间或与之接触的空间隔绝氧气。有时，各种容器可能是彼此相连的，此时惰性气体可以通过一系列容器，充满它们的顶部空间。在没有氧气存在的条件下，或氧气最大含量不超过 0.5%(防止产生产膜微生物生长所需的浓度)时，使惰性气体充满各容器，充气就是有效的。可以使用溶解氧测定仪对氧气含量进行监测。因其测定快速便捷，此时更适合使用顺磁式氧检测器完成工作。

惰性气体的另外一个用途是给葡萄酒吹气，以驱除溶解氧。吹气过程是在柱体或管道内，吹送很小的氮气气泡，吹气流量为每升葡萄酒 0.3～0.8 L。葡萄酒中的氧气会扩散到由惰性气体吹送所形成气泡中，这遵循亨利定律（Henry's law）的道尔顿扩散定理（Dalton's extension）（当气体在液体中达到平衡时，混合气体中任何溶解的气体的量都对应着相应的分压）。氮气也会溶解在葡萄酒中，当带有丰富的氮气气泡的葡萄酒通过管道流出时，会比吹气之前含有较多的溶解氮，较少的溶解氧。因为氮气的低溶解性，所以将其用于为葡萄酒吹气。

吹氮气可以适度地除去氧气，但也有其不足之处，它同样会带走一些对葡萄酒质量至关重要的挥发性香味物质，特别是在葡萄酒温度较高的情况下问题会更严重一些。使用惰性气体防止氧气进入，比费力去除已进入的氧气效果要好。

在装瓶时使用惰性气体具有突出的优点，如果瓶子顶部的空气对葡萄酒造成氧化，将是严重而不可逆的。为了去除空气，在装瓶之前可以使用惰性气体"净化"酒瓶（也就是说宁愿浪费一些惰性气体，也不要使空瓶中留有空气），这样装瓶后的上方空间就充满或被替换成为了惰性气体。利用惰性气体替换装瓶后的顶部空间的空气还有一个优点，就是保护佐餐白葡萄酒中的游离二氧化硫。例如：如果顶部空间含有 10 mL 的空气，即 2 mL 或 2.8 mL 的氧气，就会有 11.2 mg 的二氧化硫与之结合（4 mg 的二氧化硫结合 1 mg 的氧气）。这就造成了游离二氧化硫的极大损失。

对于所有涉及惰性气体的操作来说，必须时刻记住气体定律和它们的应用。气体中应该不含氧气，因为任何气体中存在的氧气都会产生分压。而且要留意密闭罐中的葡萄酒表面，如果惰性气体在葡萄酒表明存在快速而连续的流动，就会造成很多挥发性香味物质的流失。

惰性气体的危险性

葡萄酒厂的工作人员必须认识到在有限的空间内使用惰性气体可能会发生的危险。例如：由发酵产生的二氧化碳会扩散——在葡萄醪的发酵过程中，每 1 000 t 波美度为 11 °Bé 的葡萄会释放出不小于 2.7×10^7 L 的二氧化碳。在连续工作的环境中，容许的最大二氧化碳含量为 0.5%体积比（$5\,000\times10^{-6}$或 9 000 mg/m^3）。在任何含有正在发酵的葡萄醪或酒脚的容器中，由于发酵液表面没有空气，都会有实实在在的但肉眼看不见的发生窒息的危险。二氧化碳的危险性在于其取代了空气中的氧气，通常空气中的氧气含量为 20.9%体积比，对人的安全来说，不能低于 19.5%。用点燃的蜡烛来指示空气成分并不是很好的方法，因为只有当氧含量低于 16.5%时，蜡烛才会熄灭。一些葡萄酒厂安装了自动的空气氧含量监测器，如果氧含量水平低于 19.5%，就会发出声音和灯光警示。

二氧化碳在0℃时的密度为1.52，而空气为1.00，因此比空气重52%。但在密闭的空容器中，将二氧化碳与空气混合时，二氧化碳不会因其较高的密度而一直处于底层。由于气体分子的运动，在数小时内二氧化碳就会均一地分布在整个密闭空间。当然，如果容器内部不断地产生二氧化碳，就会最终驱除所有的氧气。

干冰或固体二氧化碳是用于去除容器中空气的理想惰性气体来源。每千克干冰可以释放500 L的二氧化碳。当用于密闭容器中时，既可以让干冰漂浮在液体表面，也可以间歇性地在气体空间定量加入二氧化碳。要注意如果只是很简单地将干冰投入容器内葡萄酒的表面，其周围的水会因温度迅速降低而形成一层冰，从而阻碍二氧化碳的释放。

操作指南

在葡萄酒的生产工艺中，与大体系的葡萄酒相比，小体系的葡萄酒更容易发生通气，对小酒厂来说更要严加注意通气和氧化问题。除了直接应用惰性气体之外，还可以通过下列操作防止氧气接触到葡萄酒：

- 将储存容器装满。
- 葡萄酒从底部入罐。
- 泵和泵进口端的管道要确保气密性。
- 防止管道中生成气穴。
- 不过多使用搅拌器。
- 如果操作中使用压缩空气与酒相接触，在操作间隙，如：过夜时必须将气压降低到大气压水平。

抗坏血酸和异抗坏血酸(Ascorbic and erythorbic acids)

抗坏血酸和异抗坏血酸都是抗氧化剂，在葡萄酒生产中具有很重要的地位。我们知道，按照欧洲的标准，澳大利亚的许多葡萄酒产区都处于温带和热带，在葡萄酒生产过程中总是存在氧化的风险。因佐餐白葡萄酒所具有的低酚含量、色浅以及酒香精致的特点，最容易受氧化作用的影响。防止氧化的方法之一就是使用抗氧化剂，抗坏血酸和异抗坏血酸及其盐类(二氧化硫也可以)在这里都是可以合法使用的。这是最新的进步，通过对抗氧化剂、制冷降温和惰性气体的联合使用来防止氧化，使得澳大利亚的佐餐葡萄酒质量得到了很大的提高。

抗坏血酸更多被称作维生素C，在市场上至少有50种不同的品牌。抗坏血酸广泛存在于动植物界，在1928年首次分离得到天然存在的抗坏血酸，在1933年成功由人工合成获得。其在商业上主要的用途是在食品产业作为一种抗氧化剂和抗微生物试剂，而在医疗上则用于治疗维生素C缺乏症，也用于治疗通常的感冒。在葡萄酒生产中，我们关注更多的是其作为抗氧化剂的特性。抗坏血酸是一种白色晶体粉末，具有剧烈的酸味，干燥储存时稳定，溶于水和葡萄酒(5%的水溶液

pH 值为 2.2～2.5)，是一种很强的还原剂。

异抗坏血酸是抗坏血酸的光学异构体，或叫视差异构体，上市的商品名至少有7个。它与抗坏血酸具有相同的分子式，但空间结构与抗坏血酸是呈镜像对称的，只含有维生素C 5%的活性。通常出售的是易溶的异抗坏血酸的钠盐，在水溶液中的pH值为5～6，将其加入葡萄酒中后，就会因为葡萄酒的低pH值而变成酸的形式。异抗坏血酸钠盐现在的价格只有抗坏血酸的一半，二者在葡萄酒中具有相同的功能。100 mg/L 的抗坏血酸或异抗坏血酸在功能上相当于 123 mg/L 的异抗坏血酸钠盐。

从酿造学的角度看，无论是抗坏血酸还是异抗坏血酸，其功能都是作为抗氧化剂和氧清除剂，这是因为其双键结构具有很强的还原性。双键结构优先被氧化，从而防止或降低了因氧化而造成的对风味和色素的破坏。因为以上特性，所以在抗坏血酸或异抗坏血酸的使用中，必须尽量减少与氧气或者铁、铜设备的接触。溶液最好在使用前制备。

异抗坏血酸钠和抗坏血酸钠广泛地使用在澳大利亚佐餐白葡萄酒的生产中，由于价格的原因，对前者的使用要多于后者。一般都是和二氧化硫（通常使用PMS或焦亚硫酸钾）一起被加入葡萄中，以及用于葡萄酒发酵之后。在葡萄中天然存在抗坏血酸，含量为10～100 mg/L，但在葡萄破碎和随之产生的通气作用下，它们会很快消失，这是由于在酚类物质的发生酶促氧化后，会被抗坏血酸还原作用（抗坏血酸自身被氧化）发生，使醌类还原为酚类。从目前的经验看，最适合的操作是在佐餐白葡萄酒的生产中，从压榨开始加入 50～100 mg/L 的抗坏血酸，并从压榨到装瓶阶段都保持 50～100 mg/L 的水平，同时在每一次的分离倒罐或处理后，如果有必要，可以通过分析测定再次补加。如果不能进行分析，通常是在每次转移前补加 20～30 mg/L 的量。

必须保证葡萄酒中正常的游离二氧化硫水平（15～35 g/L，具体含量与葡萄酒的pH值有关），这是因为当所有的抗坏血酸或异抗坏血酸都被氧化成其氧化产物脱氢抗坏血酸之后，会进一步氧化生成过氧化氢和其他氧化产物，葡萄酒将会产生不可逆转的严重的褐变。二氧化硫可以防止这种反应的发生，帮助控制氧化风味的生成，还可以防止酶促和非酶促的褐变反应。二氧化硫还具有抗生素的优点，能抑制细菌和部分酵母的生长，而抗坏血酸和异抗坏血酸则没有这样的作用。因此，后两种抗氧化剂可以对二氧化硫的作用进行补充，但是不能完全代替其发挥作用，尽管它们作为氧清除剂作用速度更快，效果更好。因为干红葡萄酒中的二氧化硫含量低，甚至有时候含量为零，所以不能将抗坏血酸或异抗坏血酸加入其中。

白葡萄酒的粉红色变(Pinking in white wine)

粉红色变是指发酵后的白葡萄酒在桶中或装瓶后，产生粉红颜色的现象。这与使用去皮的红葡萄生产白葡萄酒或桃红葡萄酒没有相关关系。粉红色影响了天然为绿色或者浅黄色的葡萄酒的色泽表现，给人以葡萄酒被氧化的印象，氧化以色泽中出现浅棕色为特征。氧化是一种独立的现象，但是粉红色变与氧化都是由于发酵后将葡萄酒暴露在氧气中所造成的。

粉红色变最容易在发酵后发生，此时溶解的二氧化碳含量降低，而葡萄酒暴露在氧气中。在外观上这是一个很严重的问题，因为通常葡萄酒的香气和口感并没有改变。随着时间的推移，粉色通常会逐渐褪去。

这种现象在很多葡萄品种上都会发生，而新酿造的白葡萄酒易感性不同。粉红色变基本上发生在低游离二氧化硫含量的葡萄酒中，既可以目测，也可以使用分光光度计测定，光密度会在 500 nm 处增加。加入过氧化氢(15 mg/L)可以诱导粉红色变的发生，这可以作为测定葡萄酒对粉红色变敏感性的指示。在发酵初期缺氧、高温储存、低游离二氧化硫、暴露于光与空气等条件时，粉红色变都非常容易发生。

除去色变的方法是使用交联聚乙烯吡咯烷酮(PVPP)进行下胶，这比酪蛋白或尼龙粉处理效果都好。这样的澄清可以除去色素，降低其前体含量。合适的预防方法是保持葡萄酒中适量的游离二氧化硫水平、将葡萄酒与氧气的接触降低到最小、加入少量的澄清剂 PVPP 以除去导致色变的前体物质、保证充足的抗坏血酸或异抗坏血酸的含量等。

造成葡萄酒中出现粉色的物质不是红葡萄酒和桃红葡萄酒中的那种单一的单体花青素。目前对它的本质还不完全明确，看来是来自原花色素。很有趣的是，粉红色变与佐餐白葡萄酒的现代生产技术有关。对粉红色变最敏感的葡萄酒是在还原条件下，使用惰性气体保护进行低温发酵得到的。如果将这样生产出的葡萄酒在发酵结束后暴露于氧气中，就更容易出现粉色。

测量所收获的一批葡萄的温度（南澳，安格斯顿，史密斯父子有限公司）

葡萄进料斗（雷恩马克葡萄种植农合作有限公司）

带有浇铸的橡胶滚筒的米勒不锈钢除梗破碎机，其处理能力为 35 t/h，盖子被去除以显示脱梗装置（阿德莱德，F. 米勒&Co.）

Demoisy D8 不锈钢破碎机及整体的葡萄醪泵，脱梗机的盖被移除（阿德莱德，产业供给有限公司）

南澳克莱尔的提姆·卡平斯坦的 WillmesTP6 罐式压榨机（南澳克莱尔，产业供给有限公司）

带制冷的不锈钢出汁罐，下面左侧是 Willmes UP5000 通用气囊压榨机，右侧为 WillmesTP4 罐式压榨机，装置位于 Petaluma 有限公司（阿德莱德，产业供给有限公司）

米勒 CO_2 压力出汁机，每个拥有 20 t 的处理能力，装置位于 Seppelts Chateau Tanunda 酒厂（阿德莱德，F. 米勒&Co.）

米勒倾斜式不锈钢出汁机，直径为 500 mm 和 300 mm，装置位于 Krondorf 酒厂（阿德莱德，F. 米勒&Co.）

Vinimatic 自动旋转式 28 t 葡萄发酵 / 出汁罐（新南威尔士，格里夫斯，A.&G.）

小型酒厂用离心机，带密封和自动脱泥装置，装置位于罗斯沃斯农学院

带密封和自动脱泥的 Westfalia 离心机（APV 贝尔 · 拜杨特有限公司 / 威斯特法里亚分离机 AG）

容量可调的不锈钢罐，请注意可升降的盖子和冷带（蒙特丹，戴维韦恩）

高大的多用途不锈钢罐（新南威尔士，汉伍德，麦克威廉葡萄酒有限公司）

带自动温度和压力控制的葡萄酒发酵罐（45 000 L）（南澳，罗兰平原，格拉普父子有限公司）

阿尔法拉瓦公司的 Rosenblat 螺旋式热交换器（新南威尔士，猎人谷，罗斯蒙特酒庄有限公司）

Spiraflo 不锈钢管式热交换器。注意去掉了末端弯头以进行清洁（南澳，皮卡迪利，Petaluma 有限公司）

螺旋制冷压缩机（维多利亚，卡拉多克，利达艮葡萄酒有限公司）

整体化的葡萄酒制冷车间（阿德莱德，怀特制冷有限公司）

利用液氨为制冷剂的四管超级制冷机主板（维多利亚，卡拉多克，利达艮葡萄酒有限公司）

供瓶中发酵的起泡葡萄酒使用的摇瓶机，每个篮筐可以装 504 瓶酒（新南威尔士，格里夫斯，A.&G.）

离子交换车间，处理柱位于左侧，再生容器位于右侧（南澳，罗兰平原，格拉普父子有限公司）

Brimstone 果汁脱硫装置（新南威尔士，格里夫斯，A.&G.）

液氮和液态二氧化碳的大容量贮存罐（雷恩马克葡萄种植农合作有限公司）

2 英寸（5.08cm）不锈钢单泵，具有可变速驱动，可正向或逆向操作，工作效率为 2 300 ～ 14 800 L/h（莫诺泵业（澳洲）有限公司）

Jabsco 不锈钢可调式桨叶泵（阿德莱德，全能泵业）

板框式过滤机，可使用滤纸、滤布和硅藻土（阿德莱德，J.B. 麦克马宏有限公司）

阿尔法拉瓦公司的旋转鼓式真空过滤器（阿尔法拉瓦有限公司）

维洛 20 ㎡ 不锈钢硅藻土过滤器（阿德莱德，J.B. 麦克马宏有限公司）

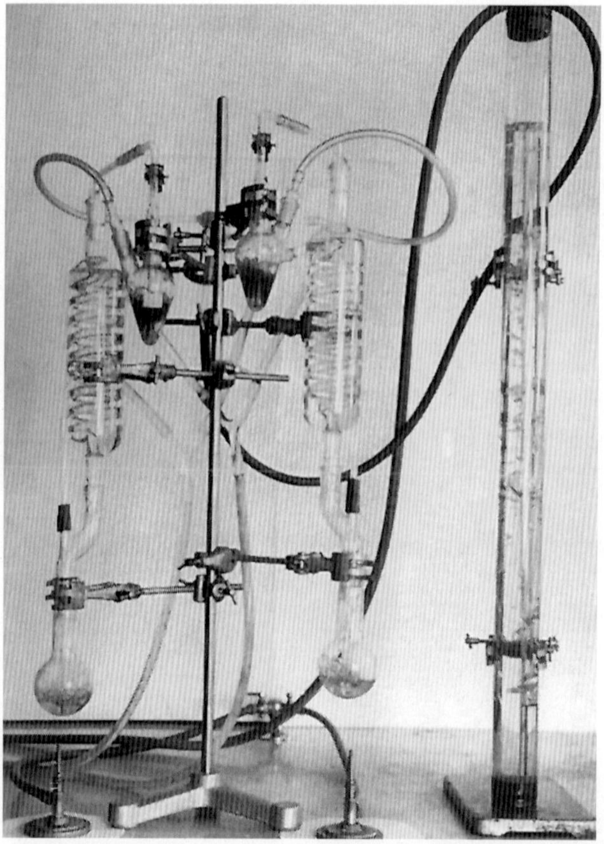

兰金二氧化硫送气装置

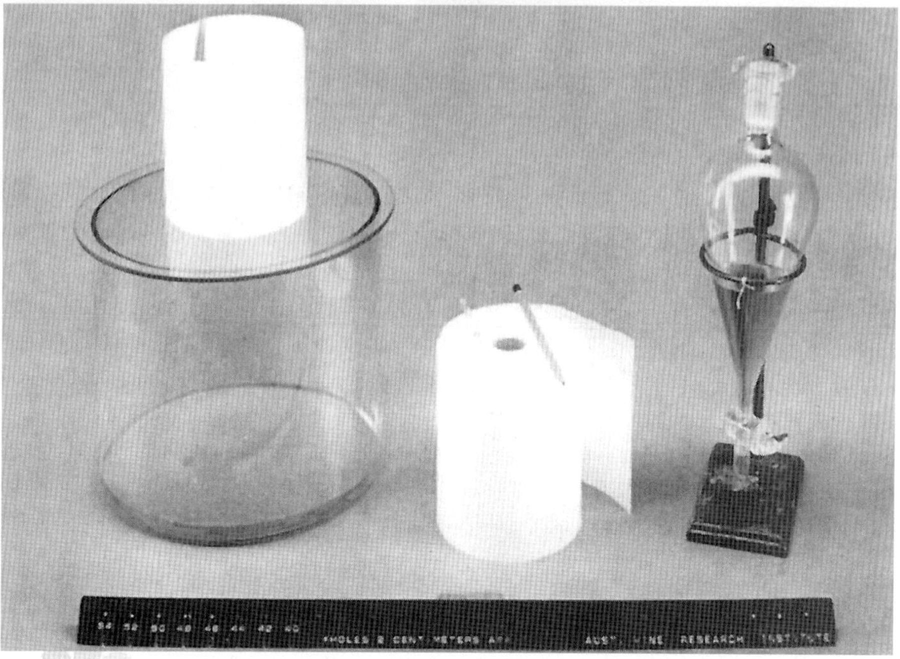

用于检测葡萄酒中苹果酸乳酸发酵启动的色谱装置

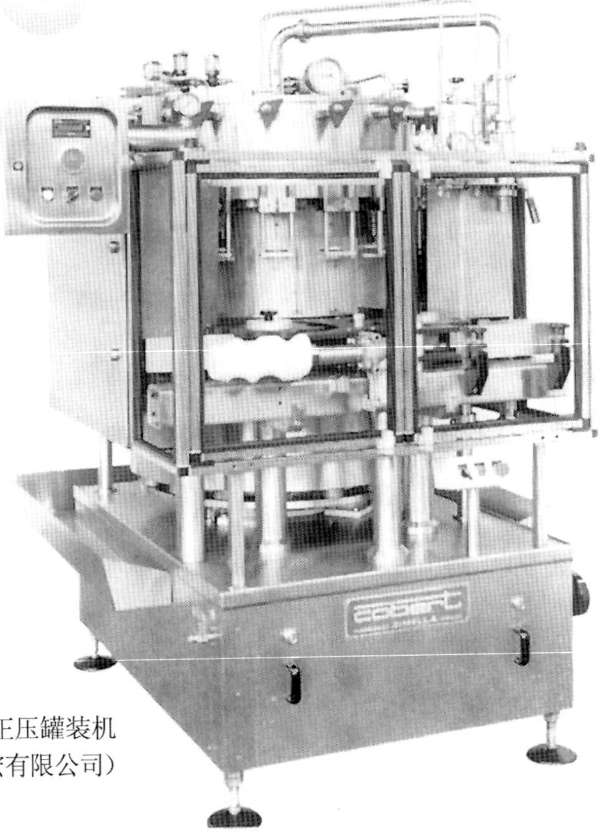

带预排空的 Cobert 16 头正压罐装机
(阿德莱德，J.B. 麦克马宏有限公司)

作为公关设施的橡木桶形的房子（新南威尔士，汉伍德，麦克威廉葡萄酒有限公司）

12 苹果酸乳酸发酵

Malo-lactic fermentation

几个世纪以来，人们观察到在佐餐红葡萄酒的酒精发酵结束后，在某些阶段会发生混浊并产生小气泡。这种奇怪的现象通常不会对葡萄酒起到破坏作用，在很多情况下还改善了葡萄酒的品质。它通常与葡萄树的伤流期同时出现，人们认为这两种现象之间存在某些相互关系，觉得它们是由于早春温暖的天气所造成的。

苹果酸乳酸发酵主要是指葡萄酒中的 *L*-苹果酸在细菌的作用下发生脱羟反应，生成乳酸，同时释放二氧化碳，其化学平衡式如下：

$$\underset{134}{COOH—CH_2—CHOH—COO} \longrightarrow \underset{90}{CH_3—CHOH—COOH} + \underset{44}{CO_2}$$

来自葡萄的苹果酸与酒石酸一起构成了葡萄汁中 90%的酸度。然而，苹果酸乳酸发酵在化学上远比从表面上看起来复杂得多。在实际应用中，无论是澳大利亚，还是世界上其他的大多数葡萄酒产区，尤其是那些天然酸度高的产区，它都是很重要的。

尽管巴斯德在很早时就对它有模糊地提及，还是德国人 P·柯利施在 1889 年首次确定了其生物学本质，从那时起就将其称为苹果酸乳酸菌发酵，世界很多地方都对它进行了广泛的研究。柯利施认为这是由酵母所引发的反应，但是米勒·吐尔高在 1891 年证明这种转化是由细菌所引起的，1900 年阿尔弗雷德·柯施首次分离得到了苹果酸乳酸菌，并通过在葡萄酒中接种这些细菌，诱导了苹果乳酸发酵。首次明确苹果酸乳酸菌发酵的化学反应平衡式（苹果酸生成乳酸以及二氧化碳）是在 1901 年，由发明蓝色下胶法的摩斯林格所建立。

发生（Occurrence）

苹果酸乳酸发酵是佐餐葡萄酒所特有的一种现象。甜葡萄酒由于乙醇含量太高，细菌不能生长，只能生长一些利用糖而非苹果酸的破坏性乳酸杆菌。在佐餐葡萄酒中，由于干红葡萄酒的低二氧化硫含量和低酸度，比干白葡萄酒更容易发生苹果酸乳酸发酵。在澳大利亚的佐餐葡萄酒中，大约有 2/3 的干红葡萄酒和 1/3 的干白葡萄酒在发酵后的 6 个月中将会发生苹果酸乳酸发酵。

苹果酸乳酸发酵的发生与葡萄酒厂有关，在葡萄酒生产中，不同酿酒师的操作反映出不同的影响，这与存在的细菌种类、二氧化硫含量、分离倒罐的时间以及其他因素都有关系。在一些葡萄酒厂，苹果乳酸发酵常常在酒精发酵期间或在酒精发酵完成后就立刻启动，而相邻的葡萄酒厂可能推后几个月甚至几年后才自然发生。

在葡萄、葡萄叶片以及葡萄酒厂都发现过与苹果酸乳酸发酵有关的细菌。一些葡萄酒厂将皮渣和酒脚撒在临近的葡萄园中，这会导致这些细菌在葡萄酒厂的周围长期存在，正如特定的酵母菌株在葡萄园区存在一样。

所涉及的细菌(Bacteria involved)

苹果酸乳酸发酵的说法其实并不确切，因为这种发酵与通常利用糖进行的酒精发酵是没有关系的。实际上，即使有糖存在，取决于细菌的种类，可能也完全不会被利用。所涉及的细菌种类主要是通常的乳酸菌群，但它们由苹果酸产生乳酸的能力并不具有分类上的重要性。对乳酸菌进行分类在技术上是很难的，其中一些需要特定的生长条件，在常规的人工培养基很难生长，而且它们在形态学以及特定的生化活性方面也非常近似。

通常所涉及的细菌有乳酸菌(*Lactobacillus*)、明串珠菌(*Leuconostoc*)和小球菌(*Pediococcus*)。米勒·吐尔高和奥斯特瓦尔德所提到的经典微生物：纤细杆菌可能就是一种明串珠菌。在澳大利亚葡萄酒中起主导作用的应该是酒明串珠菌。鉴定中的一个困难是对细菌行为和功能的混淆。苹果酸乳酸发酵就曾与葡萄酒的破败相混淆，后者微生物消耗葡萄酒中的其他成分，如糖、酒石酸和甘油等。

乳酸菌呈或长或短的棒状，单独存在或呈串排列。它们是革兰氏阳性菌，不产生孢子，无游动性，厌氧或微好氧性，并呈过氧化氢酶阴性反应。它们能将葡萄糖转化成乳酸和醋酸、酒精和二氧化碳，还可以从果糖产生甘露醇。有些菌株利用苹果酸、柠檬酸、酒石酸和甘油。在苹果酸乳酸发酵中，兼性厌氧球菌具有很重要的地位，可以分为单一发酵产物的小球菌(只产生乳酸)和异型发酵的明串珠菌(产生乳酸、醋酸以及其他物质)。异型发酵的乳酸菌具有分解葡萄糖产生气体的特点。

从澳大利亚的葡萄酒中分离得到的微生物都是异型发酵的，所包括的菌株有肠膜明串珠菌(*Leuconostoc mesenteroides*)、酒明串珠菌(*Leuco. oenos*)、希氏乳杆菌(*Lactobacillus hilgardii*)、短乳杆菌(*Lb. brevis*)、有害片球菌(*Pediococcus damnosus*)和戊糖片球菌(*P. pentosaceus*)等。一些明串珠菌的菌株可能会在特定的情况下，将糖转化成右旋糖苷(一种黏质树胶)。这就会造成液体中出现黏状物质，生产出所谓的"黏丝"葡萄酒，但这样的情况在澳大利亚很少发生。在海外也有其他很多种类的微生物被分离，如布氏乳杆菌(*Lactobacillus buchneri*)、干酪乳杆菌(*Lactobacillus casei*)、德氏乳杆菌(*Lactobacillus delbrueckii*)、发酵乳杆菌(*Lactobacillus fermenti*)、巴斯德乳杆菌(*Lactobacillus pastorianus*)、植物乳杆菌(*Lactobacillus planarum*)、赖氏乳杆菌(*Lactobacillus leichmanii*)、乳杆菌(*Lactobacillus leichmanii*)以及嗜柠檬酸明串珠菌(*Leuconostoc citrovorum*)、葡聚糖明串珠菌(*Leuconostoc dextranicum*)、纤细明串珠菌(*Leuconostoc gracile*)。也有一些关于链球菌(*Streptococcus*)的报道,但是其类别鉴定受到质疑,因为通常它们不会在葡萄酒中生长。

由于乳酸菌对生长环境的需求非常挑剔,按照鉴定和研究的要求进行制备是比较困难的,培养基难以满足它们对生长条件的要求,对那些异型发酵的微生物就更是如此。已知成分的合成培养基在营养上并不能满足大多数细菌的需要。自溶酵母或酵母浸膏与氨基酸助剂(如胰蛋白胨、蛋白胨)一起,是复杂维生素复合物的最佳选择。番茄汁是非常理想的添加剂。酵母在这样的培养基中也可以飞快地生长,所以需要诸如放线菌酮或山梨酸之类的抑制剂存在。同时需要添加联苯以抑制霉菌的生长。

培养基的制备方法很重要。细菌可能在一批培养基上生长良好,而在另外一批培养基上生长微弱。高温杀菌的时间和温度上的微小差异可能是造成这种差别的原因。储存时间过长也会使培养基的效果降低。为了得到良好的细菌接种和培养,选择非定性培养基可以使其获得旺盛的生长。

化学(Chemistry)

苹果酸乳酸发酵通常被表述为简单的脱羧反应,将 *L*-(-)苹果酸转化为 *L*-乳酸或 *D*-乳酸(取决于乳酸菌种类和它作用的底物),羧基以二氧化碳的形式脱去。而 *D*-苹果酸则不反应。然而,这只是一个过度简化的表示方法,因为不同的细菌利用不同的途径。对含有"苹果酸酶"的细菌,在辅酶 NAD 存在的条件下,会首先将苹果酸转化成丙酮酸和二氧化碳,在第一个反应产生的还原态的 NAD 的辅助下,丙酮酸立即在乳酸脱氢酶的作用下还原为乳酸。曾经在微球菌属上有过关于苹果酸-乳酸转氢酶(trans hydrogenase)的报道,其催化苹果酸与丙酮酸反应生成草酰乙酸和乳酸,可能对于一些细菌来说草酰乙酸只是作为一种中间体而存在。

一些细菌的苹果酸酶是由于苹果酸的存在而被诱导产生的,而在其他的细菌中它可能是组成型表达。一些细菌菌株只有在高含量的苹果酸存在的条件下才能诱导产生苹果酸酶,并进行苹果乳酸菌发酵,这对葡萄酒的生产具有重要意义。利用这些细菌,低苹果酸含量的葡萄酒中就可能不会发生苹果酸乳酸发酵。

苹果酸转化为乳酸和二氧化碳的过程不能为细菌提供能量,就算是有也很少,所以就需要供给其他形式的能量,通常是糖,已糖或戊糖都可以。因此,从这一点来推测细菌进行苹果酸乳酸发酵的目的是很有趣的。因为细菌生长在酸性的环境中,通过苹果酸乳酸发酵可以降低酸度,使培养基更加适合细菌的生长,这种发酵可能具有维持其生存的价值。

发酵的实施(Carrying out the fermentation)

苹果酸乳酸发酵可以自然启动,也可以通过接种启动菌诱发实现。如果苹果酸乳酸发酵在没有接种乳酸菌的情况下,无论是在酒精发酵期间或酒精发酵结束后，能够有规律地启动，对葡萄酒又没有产生不良的影响，那么最好让就这样继续进行。如果不是这样，就可以通过接种精选的乳酸菌株，或者用已经开始苹果酸乳酸发酵的葡萄酒接种，来启动苹果酸乳酸发酵。

接种的最佳时间有几个选择。第一个选择是在酒精发酵期间进行接种，此时二氧化硫还与乙醛结合在一起，酒精含量还很低，比如：在发酵启动后的第二天或第三天进行，这时葡萄醪是温暖的，大多菌株在温度低于约 15℃时就不能生长了。第二个选择是在酒精发酵结束后立即进行接种，这时还没有补加二氧化硫，葡萄酒也还是温暖的。这时的环境条件要求细菌有很强的抗性，因为它们必须在高酒精强度的葡萄酒中生长。第三个选择就是使用正在进行苹果酸乳酸发酵的葡萄酒作为接种物，在酒精发酵期间或发酵后加入都行。

除了接种之外的另一个选择，就是等待苹果酸乳酸发酵的随机发生，希望在某个时期天然存在的细菌会自然启动发酵。这可能出现在酒精发酵结束的数周或数月之后，酿酒师对所涉及的菌株几乎完全无法控制。

因此，最好是根据葡萄酒厂的具体情况，以及以往苹果酸乳酸发酵的历史来做出选择。如果是使用乳酸菌株进行接种，可以从市场上购买商品化的活性干化乳酸菌制剂。根据乳酸菌制剂生产厂家的使用说明对其进行活化后，如上所述的第一个选择一样，大约在酒精发酵的中期加入。最近几年，通过接种乳酸菌制剂启动苹果酸乳酸发酵得到了很大推广，很多制备好的菌种都可以买到。

对于红葡萄酒来说，接种的最佳条件是 pH 值为 3.3～3.5，总二氧化硫含量少于 50 mg/L，温度在 18～25℃，在分离倒罐之前加入。有报道在一些红葡萄酒中可能存在噬菌体，但是这点可能不太重要。接种比例为每毫升 1 000 万个细菌细胞，混合菌群看起来比单一菌株的效果更好。

当苹果酸乳酸发酵在酒精发酵之后进行的时候，发酵期间和发酵后葡萄酒的 pH 值和苹果酸含量的变化，如图 12.1 所示。

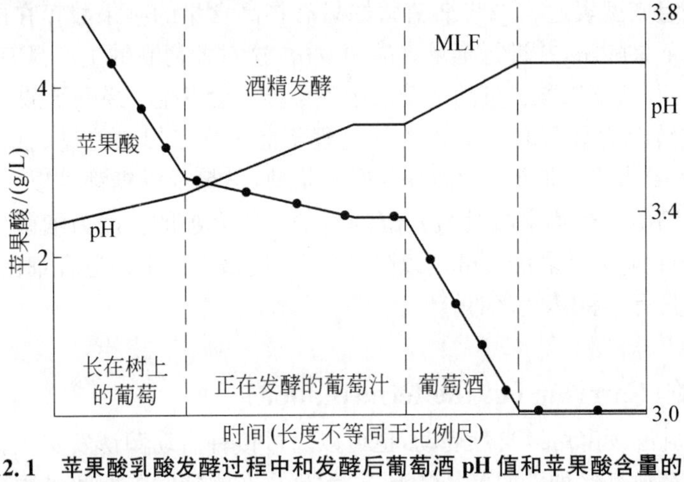

图 12.1 苹果酸乳酸发酵过程中和发酵后葡萄酒 pH 值和苹果酸含量的变化

优缺点(Benefits and disadvantages)

苹果酸乳酸发酵有以下几个作用：

脱酸或者说降低酸度。在澳大利亚，苹果酸乳酸发酵期间的 pH 值可以增加 0.05～0.45，滴定酸减少 1～4 g/L。与欧洲和新西兰等冷凉气候产区相比，炎热气候产区的葡萄酒具有较高的 pH 值和较低的酸度，降酸是不希望发生的事情，因此需要防止苹果乳酸菌发酵的发生，否则就会生产出平淡呆滞的葡萄酒，而且对有害菌的生长将缺乏抵抗能力。

提高了葡萄酒的**稳定性**。如果所有的苹果酸都被消耗掉了，葡萄酒将不会在瓶中继续进行苹果酸乳酸发酵。有时苹果酸乳酸发酵会在所有的苹果酸被消耗完之前停止，这样的葡萄酒就有可能出现再次发酵的风险。这种停止的情况可能在葡萄酒突然被冷却、误加二氧化硫、过早澄清，或者对经过苹果酸乳酸发酵的葡萄酒和未经苹果酸乳酸发酵的葡萄酒进行勾兑时发生。为了保证发酵彻底，最终的苹果酸含量应该低于 0.1 g/L，对此最好通过酶法进行测定。然而，必须记住的是，即使经过苹果酸乳酸发酵，葡萄酒仍然可能会出现其他的细菌性破败，如分解酒中的残糖。

经过苹果酸乳酸发酵，葡萄酒的**质量**可能提高了，但很难进行明确的展示，而且酿酒师一般也不能通过品尝来确定某一款葡萄酒是否经历了苹果酸乳酸发酵。对法国优质红葡萄酒来说，苹果酸乳酸发酵被认为是葡萄酒成熟过程的一个环节，因为它降低了葡萄酒的酸度。但是这个概念被套用在澳大利亚的葡萄酒生产中，却没有得到正确的诠释。如上所述，酸度低的葡萄酒经过苹果酸乳酸发酵后，可能会造成质量的降低。

苹果酸乳酸发酵中较好的一方面就是在此过程中会产生适量的联乙醯(diacetyl)。在每升葡萄酒中加入 2～4 mg 的联乙醯可以增加风味的复杂性，产生令人愉快的黄油般的香气。而超过这个水平后，其风味会显得过分强烈，给葡萄酒带来哈喇味，令人不快。在澳大利亚葡萄酒中所发现的最高联乙醯含量是 7 mg/L。

其他酸的改变。根据细菌菌株的不同，它们可能会分解或者不分解柠檬酸。一些细菌利用分解柠檬酸作为能量的来源，但是柠檬酸的分解不止会产生联乙醯，还有其他一些人们不喜欢的物质如：醋酸的生成。因此，无论是在苹果酸乳酸发酵之前还是之后，利用柠檬酸来调整红葡萄酒的酸度都是不明智的。

在澳大利亚葡萄酒中，分解酒石酸的乳酸菌很少见，且仅存在于 pH 值大于 4 的葡萄酒中。不要将这种生物降解与酒石酸氢钾沉淀的产生相混淆(尽管都是降低了葡萄酒中的酒石酸盐含量)，酒石酸氢钾的沉淀有时发生在苹果酸乳酸发酵期间，这与苹果酸乳酸发酵而产生的酸度改变有关。如果酒石酸被分解了，葡萄酒的结构就会被严重破坏，因为酒石酸是葡萄酒中对细菌分解最具有抗性的酸。

在苹果酸乳酸发酵后，**果香物质的丧失**是经常被观察到的现象，这就是为什么有时酿酒师不希望在他们的红葡萄酒中发生苹果酸乳酸发酵的原因。然而，问题在于怎样才能控制发酵不进行，因为一旦在葡萄酒厂出现了苹果酸乳酸发酵，它往往会在每年的自然条件下重复发生，而根本不需要酿酒师去触发它。这不仅会使葡萄酒丧失果香味物质，还会降低其的品种特性。另外，当葡萄酒正在进行苹果酸乳酸发酵时，闻起来很奇怪，给人的感觉是葡萄酒的质量出现了严重的问题。这些异味是由于细菌所产生的一系列暂时存在的挥发性物质，在葡萄酒中它们会缓慢消失。

但是也有可能发生其他的变化，其中之一就是某些特定的果香酯类大量减少，乙酸异戊酯就是其中的一种。乙酸异戊酯存在于葡萄酒中，让人联想到类似香蕉的果香味。它会在苹果酸乳酸发酵期间被分解，可能有将近80%的乙酸异戊酯会在苹果酸乳酸发酵期间丧失。这就可以解释为什么苹果酸乳酸菌发酵过程中红葡萄酒既有果香味的减少，又会产生异味。如果酿酒师难于阻止苹果酸乳酸发酵的进行(常会出现这样的情况)，就不要使用柠檬酸对葡萄醪或葡萄酒进行酸化，因为这会导致醋酸和联乙醯的产生。

监测(Detection)

通常可以在确认酒精发酵已经完全结束后，通过对葡萄酒中所产生的二氧化碳进行观察，从而判断是否发生苹果酸乳酸发酵。在澳大利亚的某些冷凉产区，如库诺瓦拉，苹果酸乳酸发酵可以非常活跃，甚至被错认为是缓和的酒精发酵。

然而，试图通过品尝无明显二氧化碳含量的葡萄酒，来确认其是否经过苹果乳酸菌发酵几乎是不可能的。葡萄酒中出现了可测定到的联乙醯是很好的标志，但是如果其不存在，就不能确定了。一些干红葡萄酒在经历苹果酸乳酸发酵时会产生异味，葡萄酒闻起来好像要破败了，但通常这种异味只是暂时的，会随着苹果酸乳酸发酵的结束而很快消失。这种暂时的不宜人的挥发性成分似乎是由特定的细菌菌株所造成的。

尽管苹果酸乳酸发酵会使可滴定酸度降低，增加 pH 值，但是这样的现象并不足以说明发生了苹果酸乳酸发酵，因为其他因素也会带来这样的影响。确定苹果酸乳酸发酵是否发生的准确方法是证明没有了苹果酸，最好的办法就是使用纸层析测试(见第 22 章)。出现与乳酸相对应的层析斑点不是充分的证据，因为通常所使用的层析溶剂时，乳酸和琥珀酸的斑点会重合在一起。还有其他可选用的检测方法，包括压力计法、酶法、微生物学的方法等，但是纸层析或薄层层析具有操作简便、快速的优点。

13　橡木桶陈酿

Oak maturation

澳大利亚和新西兰，在优质佐餐红葡萄酒、甜葡萄酒以及部分佐餐白葡萄酒的陈酿过程中，橡木桶得到了广泛的使用，但对橡木桶陈酿的操作中并不是完全一模一样的。主要的橡木类型有美国橡木（白栎 *Quercus alba* 以及其他的 7 个种属），来自纳维尔、特兰雪、利木赞、阿莉埃森林的法国橡木，以及来自德国、南斯拉夫的橡木，偶尔也有来自欧洲其他国家的橡木。欧洲橡木主要有卢浮橡（*Quercus robur*）和夏橡（*sessilis*），还有其他不少于 10 种品质较差的种类。所有这些橡木中所含的可浸出物都多于美国橡木，但是为每升葡萄酒所提供的橡木感却较少。栎属橡木都是进口的，其价格视情况而定，在各种因素中，汇率的影响非常重要。

澳大利亚通常使用的桶是约 300 L 的大桶。令人惊奇的是，这仅限于在澳大利亚；在新西兰，主要使用 225 L 的小橡木桶，和少量的短柱形桶。在世界各地有各种尺寸的桶，有别于澳洲，世界其他地方用于红葡萄酒陈酿的桶的容量大致在 190～230 L。波尔多所用的橡木桶为 225 L。在澳大利亚和新西兰的部分葡萄酒厂还使用约为 500 L 的短柱形桶，与 225 L 和 300 L 的桶相比，使用 500 L 的短柱形桶每升葡萄酒的陈酿成本较低，但操作的工作量较大。

每单位体积的表面积是用来衡量橡木桶陈酿能力和浸润面积多少的重要指标，其中不同尺寸木桶在各方面的指标如下所示：

容量/L	表面积/m^2	每升酒接触的平方厘米数
200	1.8	90
300	2.4	80
500	3.0	60

表面积（用平方厘米来表示的每升容量的接触表面积）以及不同形状和容量的容器之间的关系，研究起来也都是很有趣的，如下所示：

容积/L	球体/cm^2	桶/cm^2	圆柱体/cm^2
20	173	195	215
200	83	90	99
2 000	38	42	46
10 000	22	24	27
100 000	10	11	12

如果不采用橡木桶陈酿，为了获得橡木风味，也可以使用橡木碎片或刨花。所加的比例由多种因素决定，包括：碎片的表面积、葡萄酒的类型以及所期望的橡木风味的浓度。通常是在发酵期间加入，加入的比例为 1～10 g/L。也可以加入橡木提取物，对其加入量可以更为精确进行控制。

葡萄酒在橡木桶中的储存时间和温度(必须统筹考虑)由葡萄酒厂自行决定。对于红葡萄酒来说，通常所使用的时间为 12～18 个月，对于白葡萄酒来说为 2～6 个月。通常的储存温度范围为 18～24℃，而对于佐餐葡萄酒来说，最佳温度为 15～20℃。

对佐餐葡萄酒来说，橡木桶可重复利用 3～6 次，而后通常可用于储存甜葡萄酒。为延长桶在佐餐葡萄酒陈酿中的使用寿命，通常还会进行橡木桶翻新，刨去桶的内层，除去表面 1 mm 左右厚度的木头，使新的表面暴露出来。用于陈酿红葡萄酒的橡木桶，即使经过刨桶翻新后也不可以用在白葡萄酒上。

有时也在橡木桶中进行发酵，因不同的葡萄酒厂和葡萄酒种类而定，这在澳大利亚和新西兰的霞多丽生产中变得越来越流行了。新桶在使用之前只需用水清洗。由于酒中的固体微粒有可能堵塞橡木桶上的毛细孔，对是否在橡木桶中进行发酵是仁者见仁、智者见智。在橡木桶中进行发酵有时成为一个优势，而对制桶业来说木质的多孔性是个问题，如果葡萄酒是在澄清之后转入桶中进行储存的，橡木桶的多孔性就会更为显著。橡木桶对葡萄酒比对水多孔性更为显著，对甜葡萄酒比对干葡萄酒多孔性更为显著。

葡萄酒在橡木桶中的储存(Storing wine in casks)

栎属橡木桶的一个特点就是：葡萄酒会通过桶板产生缓慢的挥发，结果导致桶中葡萄酒的体积减小。在传统上，处理这种体积减小的方法是用与橡木桶内相同的葡萄酒添桶，添桶用的酒保存在一个较小的容器里。桶中的酒和添桶用的酒在添桶过程中都会暴露于空气中，对于佐餐葡萄酒这就有利于醋酸菌的生长，导致产生挥发酸。葡萄酒如果暴露于氧气含量达到 1%的顶部空间时，这些细菌就可以在葡萄酒的表面生长了。

在处理佐餐葡萄酒时，将桶装满后用橡皮槌锤打，将附着在葡萄酒液面下橡木桶粗糙内表面的气泡逐出，然后用桶塞塞紧，将桶塞旋转到两点钟的位置或使桶塞与垂直方向有 60°左右的夹角。这时就可以将桶放置数周，甚至数月而不需要频繁进行添桶。但桶中的葡萄酒还是会通过桶板缓慢挥发，体积减小，会在密封桶的上部留下一个空间。如果桶密封良好，没有使用过于多孔的桶板，空气就不能通过桶板进入木桶，取代挥发掉的葡萄酒。实际上，这样在葡萄酒的上方会存在一小块 100～150 mmHg 的部分真空。这部分空间主要由水蒸气组成，几乎不含氧气，只有来自葡萄酒的很少的一点溶解氧，从液体中平衡出来到达顶部空间。

这种与桶孔呈斜角的部分真空意味着尽管桶中的葡萄酒并不满，但因为酒没有和空气接触，因此也不易产生氧化。在海外的红葡萄酒产区，如波尔多和加州，这样的操作非常普遍，目前这种操作也已经在澳大利亚被很多酿酒师所采用。注意正确操作所需的条件为：

- 没有渗漏、不使用过多微孔的桶板、桶塞密封性好的高质量的橡木桶。
- 葡萄酒中没有残糖，已经经过苹果酸乳酸发酵和澄清处理。
- 稳定一致的温度条件。

实际上，为了防止或减少酒的氧化而频繁添桶的做法，事实上可能是弊大于利的。而对装满葡萄酒的桶进行密封，将塞子旋转到垂直方向 60°后陈酿，越来越多地被大家所接受，是一种有效且可靠的干红葡萄酒的橡木桶陈酿方法。

橡木桶的保养(Maintenance of oak cooperage)

尽管最近在葡萄酒产业中发展了新的工艺方法，但在橡木桶中进行红葡萄酒和部分白葡萄酒的陈酿仍然是最佳的方法。橡木桶是进口的，都很贵，尤其是现今的法国橡木，其价格的增长速度比通货膨胀的速度还要快。因此，优化橡木桶的使用并对橡木桶进行保养就显得相当重要了。

当提及制桶业时，我们不得不谈谈与之相关的术语，以下就是部分词汇：

- 桶(cask)——具有任意容积和弧度边的任何木制容器(但不包括那些装在纸板箱里的塑料袋类的容器)。
- 大木桶(vat)——具有任意容积和垂直边的任何木制容器。
- 桶板(staves)——组成桶身或大木桶侧面的木料条块(在桶侧，它们是被弯曲成曲面的)，不是指支撑板或铁箍。
- 桶盖(heads)——桶或大木桶一端的平盖。组成桶盖的多块橡木条叫做端板。
- 桶孔(bung)——桶上装料和出料的孔。位于桶身中部的桶板上，只有一块桶板能够带桶孔，这块板叫带孔板。使用木制、硅胶或玻璃的锥形塞子密封桶孔。
- 桶箍(hoops)——属带状铁箍，把桶箍在一起，金属带的两端用铆钉铆住。
- 定板槽(croze)——在桶端部凿开的凹槽，用于固定桶盖。其凿开工具也是这个名称。
- 桶腰(bilge)——从纵向来看，为桶的中部直径最大部分。而不是突出的部分。
- 板端(chime)——桶板的端头，位于桶最小直径部位的部分。
- 烘烤(toasting)——橡木桶在生产过程中，对部分组装好的木桶在内部进行点火烘烤，使得桶板内部褐化或变黑。这是传统制作工艺中的一步，烘烤度可以分为轻度、中度到重度等。

- 炭化(charring)——火焰烘烤较重，在桶板的内表层形成一层碳。这常见于用来生产美国威士忌的桶中。

假设我们的桶(quarter casks, barriques, hogsheads 和 puncheons 类型的容积分别约为 160 L，225 L，300 L 和 475 L)是用于储存干红葡萄酒的话，那最好的保养方法就是使其一直装满经澄清、稳定、经苹果酸乳酸发酵(如果需要)的优质葡萄酒。这样的葡萄酒适合在橡木桶中进行陈酿，而且在陈酿期间只产生最少量的沉淀，通常只有少量的色素沉淀产生(花青素和有色单宁)。所以橡木桶的内部就不会被过多的酒石酸氢钾、色素、单宁、酵母、胶体、果胶以及其他使葡萄酒变混浊且不稳定的固体沉淀所覆盖。

当葡萄酒已经在橡木桶中陈酿到所需要的时间，时间长短根据橡木桶的年龄、储存温度、葡萄酒的类型、所需要橡木味道的多少以及其他一些因素共同决定，对酒进行出桶，之后立即洗涤清空的桶，再尽快装满新鲜的葡萄酒。

在干红葡萄酒的陈酿过程中，以上操作是最理想的使用橡木桶的方式，但在实际工艺中并不太现实。当橡木桶被清空后，如果长时间不用，就会出现收缩、霉变以及产生醋酸破败等问题。一些葡萄酒厂决不会让他们的桶空着，如果自己没有足够的葡萄酒装，他们会为了把桶填满去买一些葡萄酒回来。

当然如果没有足够的葡萄酒，酿酒师还可以有两个选择：可以利用热水或少量蒸汽对木桶进行洗涤、控干、进行熏硫处理后，干置于低温的地方进行保存；也可以装满水进行保存。其中水的酸度要用酒石酸或硫酸调到 pH 值为 2.5 左右，还必须加入适量的二氧化硫。所加的量在很大程度上由当地的温度所决定，应该是 200～500 mg/L。推荐在酸化的水中加入足量的二氧化硫直到能闻到其气味为止。很重要的一点就是，不能等到水变质，当二氧化硫逐渐消失直到不能闻到其气味时，要及时补加。还必须确保亚硫酸加入水中后要混匀。亚硫酸的水溶液(溶解在水中的二氧化硫)比水重(详情请参见第 5 章关于二氧化硫的部分)，如果只是从桶孔简单地将其倒入桶中而不进行搅拌，就会在桶底形成一层亚硫酸沉层，起不到保护作用。以上所述的方法中用水进行保存，是暂时储存空桶的最佳选择。

有几种方法可以清洗葡萄酒残留在桶中的杂质，如循环使用冷水进行洗涤，这种方法比较慢(如果使用的是热水，可以加快洗涤速度)；也可以先用酸或碱溶液冲洗和浸泡，如用 0.1%的硫酸(1 L 的酸溶于 1 000 L 水中)或 2%的碳酸钠溶液(20 kg 的碳酸钠溶于 1 000 L 水中)，然后再用水冲洗干净；还可以使用专用的产品进行洗涤。因为酒石酸氢钾易溶于酸，所以酸洗更为有效，但实际上木桶接缝中的部分酒石酸盐沉淀又可以部分防止酒的渗漏。这就是为什么有些优质桶在酸洗涤后，可能出现渗漏的原因所在。有时也可以用长的不锈钢链刮刷使用后的桶壁，帮助除去酒石酸盐沉淀。

如果不想将新买的桶立即投入使用，可以将其简单地储存在冷凉的地方，或者是进行轻微的蒸汽杀菌、添加二氧化硫气体，塞上桶孔塞后储存于冷凉处。应按照酒桶生产商的建议执行。

如果桶中已经出现了醋酸菌或者霉菌，就一定要特别注意。一般前者是由于储存在桶中的葡萄酒感染醋酸菌所产生的，而后者是由于桶内残留着葡萄酒，或者洗涤不彻底由留在桶中的稀葡萄酒所造成的。桶中一旦有醋酸菌或霉菌产生，对桶进行恢复几乎是不可能的。

采用在桶中燃烧硫磺片的方法杀菌，可能会产生另外的问题。这虽然是一个产生二氧化硫的简单方法，但是如果熔化的硫滴落到桶底，而此后有酵母发酵在橡木桶中进行的话，滴落的硫就会成为酒中硫化氢的来源。读者可以参考杰夫·斯琴格所著的《酿酒师橡木桶手册》(Cooperage for Winemaker)。从中可以得到更多的信息，这是一本指导橡木桶使用和保养的手册，Ryan 出版社于 1992 年在阿德莱德出版。

14 过 滤

Filtration

过滤应该被看作是葡萄酒整个澄清过程的一部分。到目前为止，在一个现代葡萄酒厂中还没有一个单一的过滤工艺可以满足所有的澄清需要；酒厂对葡萄酒进行装瓶前的准备主要是进行过滤，这当然不是唯一的工序，装瓶前的准备工作包括一系列的澄清过程。首先，必须对葡萄酒进行稳定处理，这样在装瓶之后就不会产生沉淀或者混浊。然后，通常使用离心的方法进行预澄清。离心澄清法的优点不仅是可以获得很高澄清度的液体，而且使用最先进的离心机，即使不能全部替代也可以部分替代接下来的过滤工序了。在通常情况下，一部分经澄清处理的葡萄酒还需要使用硅藻土和纤维素滤料层进行皂土过滤，以达到酒窖储存所需的澄清度，然后通过纸质（板式）过滤，最后再通过一种或多种滤膜。

有关过滤的指导方针如下：

- 过滤越少越好。每次过滤都有成本，也会导致葡萄酒内在质量的降低。
- 在过滤之前要通过静置和分离转罐进行澄清处理，这样可以节省时间和金钱。
- 选择最粗糙的硅藻土作为过滤土进行硅藻土过滤。
- 尽可能缓慢地启动和停止泵的工作，以将滤膜或过滤板上的压力减至最小。
- 最好按照生产商的建议将板式过滤机的进出口压差调至最小。
- 在购买之前要仔细检查各设备的每个零件。检查压力表是否带有隔膜，以防止液体进入表中（结果可能导致酵母污染），不可使用诸如青铜和铁之类的金属，还要保证不存在不能进行热灭菌的死角以及保证不能有其他的设计缺陷。

皂土过滤（Earth filtration）

在这个澄清过程中，要将澄清澄清介质连续地加入到葡萄汁或葡萄酒中，形成一个能完成澄清处理的滤床。有许多级别的硅藻土可供选择，硅藻土可以是天然的，也可以经过了特定的处理，如对悬浮颗粒加载静电荷。皂土过滤机有两种基本类型：带有过滤层的压力容器过滤，以及使用预敷滤料层的旋转真空过滤。

压力容器法使用垂直或者水平的过滤层(塑料或不锈钢滤网),上面有纤维滤料层,下面是硅藻土,硅藻土不断添加到需要过滤的液体中,并形成过滤表面。最终滤液流速降低到规定值时,需要对过滤机进行清理,并更新皂土过滤层。可以通过逆向洗涤进行过滤层清理,可以选择在逆洗过程中施加或不施加波动压力,还可以选择逆洗过程中过滤层活动(旋转或者振动)或者静止。

处理用过的皂土会带来环境问题,需要排放干燥的块状固体污染物,块状污染的固体含量可以较加入的皂土量增加30%~40%。

也可以购买板框式过滤机(如下所述),这种过滤机的设计可以像使用滤纸或滤板一样使用硅藻土。对于小型葡萄酒厂而言,板框式过滤器机的这种双重操作功能是个优点。皂土过滤机加压容器的结构材料是不锈钢,而板框式过滤机与旋转真空过滤机就可以使用别的材料,如塑料和带镀层的普通碳钢。

预敷旋转真空过滤机用于过滤高固体含量的葡萄汁和葡萄酒、罐"底部物质"(如静置后所产生的沉淀)、酶处理及澄清后所产生的酒脚和离心泥。这种过滤机将一个旋转的鼓部分浸入一个碗状容器中,需要进行过滤的液体和硅藻土一起被充入碗状容器。通过真空将土中的液体吸入到鼓室内,过滤器表面通过刮板刮除粘在上面吸附有固体的土层,对表面进行不断地更新。由于是真空操作,通气会造成一些问题,因此要加以控制,在酒厂中,这种过滤机在各种回收操作中有很重要的应用价值。

在使新酿造的葡萄酒达到酒窖储存所需澄清度的各种工艺中,皂土过滤是最划算的。保证单位量的过滤介质能产出尽可能高的滤出量,这是很重要的。理想的过滤,滤出液应该不含酵母,但是目前所使用的皂土过滤,还不能保证这一点。预敷旋转真空过滤机在处理高固体含量的葡萄汁和葡萄酒时是很有效的,经这样过滤的葡萄汁和葡萄酒可以最大限度地得到理想的再生产品。但这种过滤机的硅藻土消耗量大,设备费用也较高。它比压力容器皂土过滤机的费用高,但因为这两种皂土过滤机的用途不同,很难进行精确地比较。

板式过滤(Pad filtration)

这是经典的葡萄酒澄清方法,人们使用它的经验已经十分老到。利用生产商提供的各种不同等级的以多孔性材料制成的滤垫,能够实现从粗糙澄清到无菌过滤的一系列粗细度不同的截流。为特定的用途可以生产特定的滤垫,如:为特定的液体所设计的滤垫,或含有硅藻土、活性炭或者其他成分的滤垫。最初的滤垫是在19世纪80年代由赛兹兄弟使用纤维素和石棉制成的,这就是最后所发展起来的板式过滤装置的基础。

考虑到使用石棉作为过滤介质对健康的影响,现在都使用不含石棉的滤垫,改用以纤维为基础并有不同添加物的滤垫。据称,不含石棉的滤垫与含有石棉的滤垫具有相同的过滤能力和效率,尽管与纤维素——石棉滤垫相比,不含石棉的滤垫具有较高的初始流速,但是事情并非总是如此。

滤垫的过滤作用有几项机理：首先是所有的滤垫都必须具备的表面过滤功能，大的粒子被阻止在滤垫表面；第二是深度过滤作用，就是小颗粒在滤垫内曲折的通道中流过时，被滞留在滤垫的纤维质结构中；最后，由于带电粒子的静电吸附作用，将粒子吸附在滤垫上。最近的研发是一种可以控制滤垫上 Zeta 电位电荷的滤垫，据称适合对含有带电粒子的液体进行过滤。葡萄酒中既含有带正电荷的粒子，也含有带负电荷的粒子(酵母细胞和悬浮膨润土就分别是两个例子)，过滤介质中所带的电荷可以通过静电作用，吸附带相反电荷的悬浮粒子，直到滤片/滤垫到达中性状态。

板式过滤在装瓶前的澄清处理中具有很重要的作用，可以减少或去除很大一部分存在的微生物。瓶装葡萄酒中所允许的最大微生物含量由葡萄酒的种类和甜度决定的，根据生产商的说明，可以使用最小孔径的滤垫除去葡萄酒中所有的酵母和细菌。

膜滤(Membrane filtration)

膜滤是过滤工艺中很大的发展，主要用于板式过滤之后，保证在装瓶之前完全去除微生物而进行的最后的过滤步骤。滤膜是使用合成物质制成的，包括醋酸纤维素、硝酸纤维素、聚丙烯、聚碳酸酯、聚酰胺、聚四氟乙烯等。它们都可以制成不同的孔径，但是除了聚丙烯而外，其孔径大小都是一个理论概念，而不是实际可以测量的孔。

大多的滤膜都是很浅的滤器，除去固体的能力很小。因此，葡萄酒在进行膜滤之前，需要完成很好的澄清。这个领域的进步主要在于使用圆柱形过滤筒代替平板膜，通常在筒中结合使用 2 个或 2 个以上的不同孔径的膜。大多数的膜都可以使用泡点测验或扩散测验，对其完整性进行测定，目前已经有可以完成测定的自动设备。滤膜必须具有抗高压的能力，还可以进行现场热杀菌，但是这样的灭菌可能会降低滤膜的流速和使用寿命，增加泡点测验值。由于滤膜所具有的塑料特性，很容易产生污染，在过滤前使用酸化的热水对滤膜进行仔细的预处理是明智的选择，以防止任何由塑料滤膜所造成的污染被转入葡萄酒中。

新的滤膜材料具有可以重复进行蒸汽灭菌，而不改变其过滤效果的能力。除了可以作为装瓶前的最后过滤外，这种具有已知孔径的圆形滤膜还可以作为实验室对过滤前后所含的微生物数量进行计数的工具。不断地对葡萄酒进行取样和过滤，集中在滤膜上的微生物会长成可以手工或者电子计数的菌落，这样就可以对过滤效果进行评估了。

错流微滤(Crossflow microfiltration)

我们已经讨论了经典的或者说“盲端”过滤方法，即所有的液体都可以通过过滤设备，而不能通过的悬浮固体在滤面累积起来，并最终将过滤设备堵住。通过滤膜在过去 50 年的发展，出现了错流技术的应用，这就与所谓的“盲端”过滤法不同，作为经典澄清处理的替代措施,错流过滤变得越来越重要,而且展现了可观的效果。

错流微滤最初用于在干旱地区生产饮用水,而现在已经将其应用于其他的工业过程,包括葡萄酒生产。错流或切向过滤包括3种类型,即反渗透过滤、超滤和微滤,其孔径是逐渐增大的,基于所使用的滤膜孔径的大小就有了各种各样的设备。我们这里所考虑的微滤,其孔径大约为0.2 μm。

错流技术是指液体流经滤器时,切向地流过过滤器表面的滤膜,滤膜含有很多细孔状管道。部分流体会穿过位于滤膜上的这些微孔成为滤出液,而其余的液体则流回盛放未经过滤的液体的容器中,术语叫做"回流液"。这种持续的错流可以防止过滤下来的固体物质积累而堵塞过滤表面。截流颗粒的大小在0.2~12 μm的范围内,酵母细胞的直径大约为5 μm。其作用在于,液体持续流经滤膜表面会清除滤膜表面的滤渣,因此防止了固体或滤饼产生,避免了过滤速度的减慢。

然而,错流过滤的滤膜仍有被堵塞或污染的可能,这是滤膜表面的根本特点,也是逆洗技术具有重要性的原因。滤膜表面的液体流速越快,滤膜表面所发生的污染就越少,过滤速度也就越高。有各种各样的逆洗技术,包括压缩气体法等,被研发出来用于减小滤膜表面污染层的形成。

在酿酒过程中正在尝试和优化错流技术的使用,它正逐渐被越来越多的生产者所重视。混浊的葡萄酒和葡萄汁在经错流微滤之后都可以达到澄清。在葡萄酒产业中,现在已经有几部这样的设备投入生产,设备制造商也宣称在葡萄酒中,其可以同时进行澄清处理和过滤杀菌操作,而不再需要其他的过滤工序。另外,与在装瓶前使用滤膜(按照"盲端"方式)过滤相比,错流微滤可以大大延长普通滤膜的寿命。

那些含有大量高分子聚合物的葡萄酒是很难过滤的,可以通过下面的方式进行处理。据称,这种葡萄酒可以通过错流技术以较慢的流速(约为正常流速的15%)成功过滤,且不会缩短滤膜的寿命。流速范围为每平方米滤膜每小时50~600 L,具体流速由产品的澄清度决定。使用酶对葡萄醪或葡萄酒进行预处理可以增加滤出量。

据称,还可以使用此项技术对正在发酵的葡萄酒进行无菌过滤,这样就可以在发酵的任意阶段终止发酵,从而得到含有可发酵糖的无菌产品。有报告显示,目前阶段所使用的错流微滤设备和滤膜可能会影响葡萄酒的质量,酒中一些高分子组分,如:橡木风味物质会被部分滤掉,所以现在商业化的应用主要是对大桶装葡萄酒或者散装酒进行处理。然而,这个产业的发展很快,有望在以后的葡萄酒生产中得到更广泛的应用。

其他方面(Other aspects)

对难过滤葡萄酒的处理

有一些葡萄酒很难被过滤,存在过滤产出缓慢和过滤器阻塞等代价高昂的问题。这通常存在于膜滤,而不是板框式过滤机中。从表面上看,这些葡萄酒中不含有可见的悬浮物质,但是有些看不见的物质却很难被过滤。这个问题和通常堵塞过滤设备的可见悬浮物所造成的问题不同,可见悬浮物主要包括酵母、细菌和澄清残余物质等。

出现难过滤的葡萄酒的根本原因在于其中含有复杂的长链聚合物或胶体物质,它们溶于葡萄酒中,所以肉眼看不见。一个极端的例子就是劣质啤酒中的奇怪现象,其黏性强到类似于蜂蜜或黏稠的润滑油,但是肉眼看上去却很清澈。这个例子里问题的原因在于存在微生物所产生的长链右旋糖苷聚合体。右旋糖明串珠菌是一种细菌,其名字就是来源于它能在生长的液体环境中产生黏性右旋糖苷的能力。幸运的是,在葡萄酒中发生这样的事是很少见的。法国最近报道了产胞细菌啤酒片球菌(*Pediococcus cerevisiae*)的生长。

葡萄酒中的多聚体问题通常是来自葡萄,特别是那些长有灰霉等霉菌的葡萄。所涉及的多聚体主要包括由各种糖,如葡萄糖、甘露糖、半乳糖、树胶醛醣、果糖以及鼠李糖等,所形成的多聚糖。来自葡萄的果胶主要是半乳糖醛酸也参与其中,但是不涉及蛋白质。酵母也会通过降解细胞壁产生糖基多聚体。

这些多聚体可以通过超滤加以分离鉴定。它们在葡萄酒中的含量可以达到3 g/L,造成黏滞的主要物质为:葡聚糖、半乳甘露聚糖、木聚糖、醋酸纤维。只要有很少量的多聚体存在,就会导致滤器堵塞。

有趣的是,葡萄酒中多聚体的总量并不是关键性指标。一些多聚体含量高的葡萄酒可以毫无困难地过滤,而另外一些含量低很多的(小于 10 mg/L)酒却很难被过滤,这是因为葡萄酒中胶体物质的种类比总量要更重要。例如:酵母细胞壁所含的酵母葡聚糖是相对分子质量约为 250 000 的高分子多聚体。它们就不能用常规的澄清剂去除,可以将 5 mL 的酒精加入到 10 mL 的葡萄酒中,观察是否有丝状沉淀产生,来检测其是否存在。这个测试可以检测出低至 15 mg/L 葡聚糖的存在,但是由于更低含量的葡聚糖对过滤能力也有影响,所以检测前还需要将葡萄酒浓缩。由灰霉菌所产生的葡聚糖已经被证明是有影响的。这种多聚体的相对分子质量大约为 1 000 000,可以形成高黏滞性的溶液。如果有酒精存在,就会使过滤问题更加严重。

对于含有这些多聚体的葡萄酒来说,将温度升高到大约 40℃,就可以大大提高过滤的速度,但是这不是一个切实可行的解决办法。使用更多的是新发展起来的葡聚糖裂解酶,它可以降解多聚体分子。葡聚糖酶就是其中的一种,是诺维信发酵实验室通过培养木霉这种微生物来制备的。类似的真菌和细菌作为工业用酶的来源,变得越来越重要。然而,果胶酶却不能分解葡聚糖,因此不能提高含有葡聚糖的葡萄酒的过滤性。

因此,过滤性测验对于酿酒师、质检员和酒窖工作人员都是非常有用的。恰当的检验方法如下:使用标准的 25 mm 直径过滤孔径为 0.45 μm 的滤膜过滤 1 L

葡萄酒,同时在衡压下测定固定时间内滤出的体积。这样的测试通常需要10 min。过滤出的液体以毫升计,第 30～90 s 的时间段滤出毫升数与从第 120～180 s 的时间段滤出毫升数之比,不能超过 1.5。如果超过,这样的葡萄酒就很难过滤了。

无菌过滤中带隔膜压力表的重要性

在佐餐葡萄酒装瓶前的无菌过滤中,一个看起来简单的压力表是如此重要,乍一看这似乎很不可思议。实际上,压力表可能是导致瓶装葡萄酒酵母污染的至关重要的因素。

几年前,我涉足的一个酒厂就遭遇了严重的瓶装佐餐白葡萄酒的酵母破败问题,尤其是当酒中含有可发酵糖的时候问题特别严重。找出污染源所要采取的方法是:在葡萄酒从进入过滤机到装入瓶中并封口的不同阶段,对葡萄酒分别进行取样。我们在相当长的阶段内,取了几百份样品。会发生酵母污染的只有个别样品,结果很清楚地表明污染来自过滤机,因为所有其他可能的来源,包括瓶子和封口都已经检查确定了。尽管进入过滤机前的葡萄酒中含有酵母,但是酵母是不可能通过过滤板的。这就与过滤机的其他部位有关,最后确定是位于过滤机出口端的压力表所造成的。

压力表由一个内置的远端密闭的弯曲波登管构成。压力增加时,这个管就会倾向于变直,并通过简单的杠杆机械装置将形变传到压力表的刻度指针上。这样的管是中空的而且不能用蒸汽灭菌,背回压阻止了进入管中的蒸汽。但是葡萄酒却能进入到波登弯管中,可以想象在这种多变的压力下,这里就被污染了,成了酵母生长的地方。取决于压力波动的情况,被污染的葡萄酒还会偶然回流到已灭菌的滤出液中,压力测定仪在设计上的特点使其成了持续的酵母污染源。

解决的办法就是确保葡萄酒不接触到压力表中的波登管,使用一个具有弹性的不锈钢或者橡胶的薄膜进行隔离,薄膜通过高浓度的液体(如甘油)在管中传递压力。现在有各种带薄膜的压力表供选择使用,只要可以进行蒸汽灭菌的都可以。对于以上情况,一旦用带薄膜的压力表替换掉原来有设计缺陷的压力表,问题就解决了。

后来在澳大利亚的葡萄酒厂还再次出现过由有缺陷的压力表所造成的酵母污染。所以,在购买板式过滤机用于最终过滤时,确保出口使用带薄膜的压力表,并可以进行热灭菌,这一点是很重要的。

通过过滤对葡萄酒进行冷稳定处理

这是一种很有趣的过滤方式,是美国加州和德国联合研发的。过滤介质与酒石酸氢钾晶体被混合在一起,冷冻后的葡萄酒流过混合后装填的过滤介质。葡萄酒中的酒石酸氢钾在过滤介质的晶核上沉淀结晶增大晶体,于是经过滤的葡萄酒在过滤低温之上都能保持稳定,不会产生酒石酸氢钾结晶。在这种情况下,滤器是作为一种除去溶解物质的设备，而不是用于除去悬浮物质了。

酒渣过滤器

这种过滤机或压榨机是葡萄酒厂中所使用的最大型的过滤设备了，它被设计用于澄清含高固体物质的液体，如酒渣和澄清产生的滤渣等。它是带有硅藻土和织物垫的大板框过滤机，通常是自动开闭和清洁的。与预敷旋转真空过滤机行使相同的功能。购买价格昂贵，但是操作成本低、产出量低、由于操作时使用高压，使得其保养成本高。不能将其归为卫生设备类。

15 灌装与包装

Bottling and packaging

在葡萄酒生产中，灌装是一个特别重要的部分。需要特别注意一些细节，特别是对于精致的佐餐葡萄酒。装瓶过程虽然不能提高葡萄酒的质量，但是必须将操作过程带来的破坏作用降到最小。灌装中最常见的问题如下：

- 过滤操作不当。
- 泵操作不当。
- 瓶子不干净。
- 过多溶解的二氧化碳。
- 氧化作用。
- 有缺陷的软木塞和打塞操作不当。
- 封帽和加封帽操作存在问题。
- 贴标签时存在问题。
- 瓶身设计不当。

在这一章中我们将讨论关于装瓶的各方面的问题。

泵(Pumps)

泵的一般理论已经在第5章中讲解过了，我们在这里将要讲解的泵是与灌装相关的特殊泵。永远都要和灌线生产商确认是否需要使用特殊的泵，然后采购正确的型号。参照建议的泵、管线、过滤机和旁通设备的布置图，并照章执行。普通的泵是离心式的，不会产生压力。其他类型的泵可能需要安装释放活门和旁通设备。

葡萄酒管线(Wine lines)

泵和过滤系统必须达到1.5倍的实际罐装需要，能够以恒定的压力把葡萄酒从灌装机灌入瓶或盒中。这是因为大多数的灌装机不需要连续供酒。对反压罐装机来说，灌装葡萄酒时要排除瓶中保护性的灭菌二氧化碳（有时也用氮气）的反向压力，因此在为装瓶线供酒的储酒罐中必须要维持葡萄酒流入以保持有效的压力。

葡萄酒管线起码必须与灌装机进口处的内径相同，并在泵和灌装机之间没有任何阻碍。例如：如果葡萄酒管线通路的内径为 50 mm（截面积为 1 960 mm^2），灌装机的安装节内径为 30 mm（截面积为 710 mm^2），则需要并联安装 3 个相同的灌装机，这样可以保证葡萄酒在管线内流动时流量准确，压力没有波动。葡萄酒管线应该尽可能短，将拐弯数减小到最少，并且不能有急弯。阅读灌装机的说明书，其中会涉及供酒管的内径、最大长度、是否需要是硬式的、软式的，以及是否需要隔热，等等。不正确的葡萄酒流送可能不会影响灌装速度，但是会影响葡萄酒，让酒吸收氧气、被搅动、失去二氧化碳以及和被污染，同样也会影响过滤的效果。

灭菌（Sterilisation）

冷（意思是不热）灭菌灌装法起源于德国的赛兹-沃克公司，在澳大利亚和新西兰已经使用很多年了。这样可以得到无菌的产品，和其他任何的装瓶方法相比，它都更有利于保护葡萄酒的质量不受损害。所有与葡萄酒相接触的设备和容器都必须无菌的。灭菌的目的在于消灭存在的酵母和细菌，或者尽可能地接近完全不含这样的微生物。

酒瓶是直接用玻璃制成的，在灭菌后还没有完全冷却时，用新的收缩性薄膜进行包装，但是仍会在储存时发生污染。来自海外的没有灭菌的酒瓶和二手的瓶都需要处理。这可以通过喷亚硫酸溶液或将酒瓶浸泡在亚硫酸溶液或热水中。最后这个方法是最有效的，但也是最昂贵的。使用亚硫酸溶液进行空瓶灭菌所需的时间与溶液的浓度有关，在下表中列出了具体的数据。

亚硫酸强度（每升中所含的二氧化硫）	处理时间/s
0.5	60
1.0	45
1.5	30
2.0	5

当瓶洗涤完毕后，灌装前需要干燥，以防止过多的二氧化硫留在葡萄酒中。

使用 115℃的蒸汽对葡萄酒管线、最终过滤机和灌装机进行灭菌，将蒸汽循环通过所有的设备，从蒸汽流出设备最凉的地方开始计时，持续 20 min。整个系统都必须进行灭菌，包括葡萄酒、气体和空气管路、过滤机和过滤机后所有的下游设备。消灭冷凉位点、盲端和过滤机中水沸腾都是很重要的。化学“灭菌”有一定的污染性，在这里我们不提倡使用。

过滤（Filtration）

这个问题已经在第 14 章中讨论过了，但是下面所说的是和灌装操作有关的。

灌装过滤机不能扮演"擦屁股"的作用，也就是说：到达最终过滤机的葡萄酒必须是稳定而且经过过滤澄清的。在灭菌灌装过程中，控制流速不要超过限定值是很重要的，对于 60 cm^2 的板式过滤机来说，通常为每个滤垫 100～130 L/h，通过整组滤垫的压降不大于 100 kPa。在使用任何牌子的灭菌滤垫时，都需要阅读生产商的说明书。另外，要缓慢地将葡萄酒引入过滤机中，防止对滤垫产生水压冲击。

灌装(Filling)

我们在这里讨论灭菌灌装，因为它已经被广泛使用，能够满足在瓶装酒和盒中袋酒罐装过程中的严格要求。灌装之前，当葡萄酒进入最终储酒罐时，已经经过了过滤达到澄清，从最终储酒罐到灌装机之间的过滤操作仅仅是预防性的。灌装机是灌装生产线的中心，必须小心加以选择。灌装机应该用 316 型不锈钢制造，内外都要易于清洗，具有很好的灌装精度，还要容易购买到零配件。大多数的灌装设备都具有保险措施，如：止回阀、能缓慢打开和关闭的葡萄酒进口阀、为自动进口阀门控制用的计时器，等等，以防止葡萄酒回流。如果没有对这些特点加以正确理解，就会出现问题。

下面是澳大利亚 4 种主要的灌装机类型：

自动虹吸式灌装机　这种灌装机按照虹吸原理工作，虹吸罐装对每个瓶的开始和关断都是通过将二氧化碳注入虹吸管来实现的。其优点是葡萄酒的液流缓慢稳定，不会产生紊乱；所使用的二氧化碳就成为了瓶中的保护气体；葡萄酒从瓶的底部加入，而且灌装机易于灭菌。其缺点是灌装时葡萄酒的填注高度很难精确控制。现在已经不生产这样的灌装机了，但是在产业内还有广泛使用。

低压真空式灌装机　这种类型的罐装机在澳大利亚很常见，可以从好几个厂家那里买到。具有操作简便的优点；易于清洗消毒；葡萄酒的液流缓慢稳定，没有紊乱；能够可靠地实现精确的葡萄酒填注高度；灌装机本身相对价格便宜。这种设计的一个缺点就是不能防止氧气的进入。然而，可以使用二氧化碳预先将瓶充满(替代空气，否则空气就会聚集在未灌装完成的瓶中心)，或者通过真空打塞或打塞前将二氧化碳充满上部空间，来可以减少氧气的含量。这种灌装机不能用于起泡葡萄酒。

反压灌装机　这种类型是最好也最贵的，可以处理所有类型的葡萄酒和蒸馏酒。其操作原理就是对瓶子预先进行抽真空，然后加压充入二氧化碳，再进行装瓶。这种方式对于起泡酒是必须的，对佐餐酒最好也能够这样灌装。缺点是装瓶机是个压力容器，所以很昂贵；机械原理和所需的操作都很复杂；除非加装自校准液面高度的系统，葡萄酒填注高度的精确性往往不够。

底部装瓶的反压灌装机　这种方式主要用于啤酒厂的灌装作业，以防止泡沫的产生。这个系统减少了氧气含量，但设备复杂且昂贵，在葡萄酒产业中使用较少。

软木塞与打塞(Corks and corking)

天然的笔直的葡萄酒软木塞是用一种栓皮栎(*Quercus suber*)的树皮生产得到的圆柱形塞子。因此,这是一种天然产品,不同的树,不同的年份会让塞子有所区别。在澳大利亚和新西兰最常用的规格为长 44 mm、直径 24 mm,也可以写作 44 mm×24 mm。容许长度有±1 mm、直径有±0.5 mm 的误差。有 4 种不同质量的塞子可供选择,从 1 号(质量最好)到 4 号(能用于葡萄酒的质量最差的一种)。塞子供货商可能有他们自己的品质规定。也有经手工筛选的塞子,价格会更贵。

对装瓶而言,塞子的质量是很重要的,曾经不断重复出现问题。对软木塞质量的评估是带有主观性的,只能依靠供货商。塞子的密封效果是否良好与以下几个因素有关:

- 弹性好,即压缩了的塞子复原时的速度较快。
- 处理前塞子的制备。
- 灌装前对塞子表面进行的处理。
- 灌装前塞子的湿度。
- 打塞时对塞子均匀地压缩。
- 塞子内部结构缺陷的数量和种类。

购买知名商家的塞子是明智的选择,他们在当地处理软木塞,并提供可靠的服务和稳定的质量。塞子要储存在 15～25℃、相对湿度在 60%～70%的环境中,使用前最多储存 6 个月。其含水量应在 5%～8%,可以通过称量塞子在 105℃的烤箱中加热前后的质量(重量)进行确定。如果湿度低于这个水平,其中的细胞就太干,压缩时塞子就会破碎,如果过高,塞子又太柔软,上面容易滋生霉菌。最终塞子的质量是与其价格紧密相关的,在经济上需要花费多少也要看是什么酒以及酒要存放多久才会被人打开。

最好对塞子进行取样检测,澳大利亚标准中 1199—1972 定义了如下样本规模:

批量大小	取样量
1 000～3 000	200
3 001～10 000	315
10 001～35 000	500
35 000～150 000	800
150 001～500 000	1 250

为获得最佳的密封效果,对静态佐餐葡萄酒,塞子的直径应该大于瓶颈内径 6 mm;对于微泡葡萄酒以及需要在瓶中进行长时间成熟的葡萄酒而言,这个参数应该是 8 mm。塞子与瓶中葡萄酒之间的距离应该是 10～13 mm。

直径为 24 mm 的塞子为了塞入直径为 17.5 mm 的瓶颈，直径至少要被压缩到 15.5 mm。在这样的压缩程度下，塞子在插入瓶颈后应立即恢复到原直径的 85%，3 h 内恢复到 95%，6 h 内恢复到 98%，24 h 内恢复到 99%。打塞设备应该具有一个软木塞压缩系统，在塞子周围施加均匀的压力，否则在其轴向就可能发生局部破损。这有可能导致软木塞内部产生破损缝隙，造成葡萄酒的渗漏。瓶塞发生切口或变形可能是由于压缩钳夹不恰当的设计、存在锋利的边缘、钳夹磨损或者损坏、钳夹回位弹簧损坏等。打塞机可能会为葡萄酒带来污染，这可能由以下几方面造成，如：葡萄酒喷出来粘到钳夹上、过多的润滑油粘到塞子并带入葡萄酒中、软木塞粘有灰尘以及钳夹腐蚀或者损坏等。

当塞子装入瓶颈后，瓶内就会产生相当大的压力。将一个长 44 mm，直径 24 mm的塞子插入到瓶颈内径为 17.5 mm 的标准瓶中，且葡萄酒液面在塞子下方 15 mm 处，就会由于对这个空间的压缩，而产生每平方英寸 15～20 磅的压力。如果将酒瓶平放，而插入后的塞子还没有完全膨胀恢复，这样的压力会推着葡萄酒进入塞子和玻璃之间。如果有空气存在于酒瓶的上部空间，就可能被压缩溶解到葡萄酒中，造成葡萄酒质量的降低。

为了避免这个问题的发生，可以使用真空打塞机，它会在打塞时在塞与液面之间的顶部空间产生真空；或者在瓶内顶部空间用二氧化碳充满，用气体、液体二氧化碳或干冰都可以。二氧化碳比空气更易于压缩，也会更迅速地溶于葡萄酒中。

葡萄酒厂经常会遇到滋生大量软木塞蛀虫的问题，这种虫子会叮入瓶装葡萄酒的软木塞中。最好的预防方法就是彻底清除软木塞蛀虫的幼虫赖以为食的有机残余物，同时在暖和的天气里每周使用增效醚除虫菊酯杀虫剂进行喷雾处理。

自 20 世纪 80 年代末，瓶装葡萄酒中由于软木塞霉变造成的带有化学味的风味和口感变得越来越明显。这样的污染可能从开始使用软木塞作为封瓶塞子的时候就存在了，但是被其他将在第 19 章中所要讲到的更加明显的缺陷所掩盖了。软木塞污染在瓶装酒中的发生率为 2%～5%，这是一个全球性的问题。造成污染的媒介是霉菌代谢的产物，是在软木生长过程和软木塞生产过程中，在软木塞进口到这个国家之前就产生了，其发生是随机的。主要的污染成分(2,4,6-三氯乙酸苯甲醚)在很低的浓度下就能被闻到气味(万亿分之几的含量)，这么低的感受阈值与长相思和赤霞珠葡萄酒中所含的甲氧基吡嗪类似，甲氧基吡嗪会产生类似于青草、禾本植物和植物性品种香气。我们目前还遭受着软木塞的污染。尽管我们对其已经了解了很多(大多是因为澳大利亚的研究成果)，但是这个问题是由软木塞产地葡萄牙和西班牙所带来的。

由于传统观念，高质量的瓶装酒必须要用软木塞封瓶。实际上，最好的封瓶方式应该是没有污染的，例如皇冠盖(如同啤酒瓶盖，译者注)或斯泰文防伪螺旋盖。我们与酒瓶和封盖的生产商澳大利亚联合工业公司协作，一起对斯蒂芬螺旋盖的使用进行了数年的长期试验。由唐·迪特、布鲁斯·泰森、彼得·威斯特和我组成的专家小组对葡萄酒进行定期品尝，得出了一个很明确的结果，即在所测试的一系列葡萄酒(白葡萄酒和红葡萄酒)中，斯泰文螺旋盖在保持葡萄酒质量方面要明显优于软木塞封口。然而，这种封瓶技术可能因为其他原因而没有被采用(没有经费)。螺旋盖看起来显得很便宜，而且消费者有一种需要，认为葡萄酒瓶就应该用软木塞封口，这是消费者喜好凌驾于已经被证明的技术发现的又一范例。有趣的是，斯蒂芬螺旋盖被产业接受之前，在将近 30 年的时间段里，一直有评估者发表他们的评估结果证明其效果。在澳大利亚克莱尔山谷地区，很多高档白葡萄酒都使用螺旋盖封瓶，其他地区的酿酒师也开始使用这一封瓶方法。在佐餐红葡萄酒中对螺旋盖的应用要明显缓慢一些。

封帽(Capsuling)

在澳大利亚和新西兰市场上有多种热缩帽：

- PVC 帽——综合考虑各方面因素，这是最为经济的选择。
- 铅(铅/锡/铅箔)帽——成本高，但品质最好。
- 聚合瓶帽——比铅箔稍微便宜一点，质量稍低。
- 斯蒂芬螺旋盖——塞子和热缩帽是一体式的。澳大利亚多年来的测试表明：斯蒂芬螺旋盖是比软木塞更好的封瓶方式。但是，其公众认可度不如软木塞加热缩帽组合。

另外，还有其他一系列防伪螺旋盖和封瓶塞。

灌装时，应保证装帽速度和灌瓶速度一致，要达到这样的目的，热缩帽要事先包装好，热缩帽整条包装时之间的空间要尽量宽以便分离；而且包装应该能够防止运输时可能造成的损坏。

标签和包装规范(Labelling and packaging specification)

这是一个复杂而重要的课题，因为标签是包装的关键要素。因此，选择一部好的贴标机是非常重要的。酒标有不干胶和压敏的。前者比较便宜，而且容易使用，胶面有全部涂胶的、带状涂胶的和无痕揭去式的。全部涂胶的不干胶是最好的选择。在贴标和装箱之间，一定要空出足够的时间，让瓶上的标签干燥充分。从市场的角度看，压敏材料的酒标愈来愈流行，但很难在又凉又湿的瓶子上使用。

要仔细挑选标签纸，记录标签纸的丝绺、重量(以 g/m^2 计，正常范围为 80 ~ 100 g/m^2)；标签纸要具有耐磨擦性、耐水性及抗冻性、膨胀率小等特点。为了使贴标机正常工作，标签的储存非常重要，理想的储存条件为 25℃，75%的相对湿度。贴标是葡萄酒包装过程中最复杂、最难和成本最高的步骤，咨询酒标设计和印刷人员是必要的。

包装规范

产业上应用多种包装规范说明书，这里将泰德斯戴尔海伦山酒厂的杰夫·克拉克所建立的规范抄录在下面，作为指南。每种被包装的产品都有相应的规范，可以打印在一张 A4 纸上。

包装规范说明书

产品：____________________

条码：____________________

酒瓶：

类型：____________________

大小：____________________

厂商：____________________

软木塞：

大小：____________________

品质：____________________

厂商：____________________

热缩帽：

大小：____________________

颜色：____________________

字体：____________________

厂商：____________________

标签：

前标大小：____________________

背标大小：____________________

纸张：____________________

字体：____________________

颜色：____________________

适用范围：____________________

布局：____________________

美工：____________________

印刷商：____________________

备注：____________________

纸箱：

类型：________________

题字：________________

背景式样：________________

标注：________________

美工：________________

印刷商：________________

托板：

类型：________________

纸箱底托：________________

质量：________________

灌装线的维护(Bottling line services)

对灌装线进行必要维护的成本很高。通常来说，灌装线全部的维护花费约占整个车间花费的 40%，包括如下项目：

- 地板——包括表面防滑和排水坡。
- 水——冷水、热水和无菌水。
- 水蒸气——包括相应的阀门。
- 气体——空气、氮气和二氧化碳。
- 供电——要为以后扩大规模留出余量。
- 维护设备——应放在附近，以备不时之需。
- 过滤需求——包括水、葡萄酒、蒸汽和气体的过滤。
- 铲车设备及位置。
- 必需品的仓储。
- 管理设备。
- 实验室——设备及地点。
- 照明——自然光和人工照明。局部照明要优于泛光照明。

灌装线的设计(Bottling line design)

这属于专业领域，需要专家们的建议。灌装机是整个灌装线的心脏，在灌装机的两侧，需要更快辅助设备的运行速率，同时设置堆积区，以降低成品在生产线上移动速率的波动。假设灌装机的灌装速率为 5 000 瓶/h(BPH)，生产线应该为如下组合：

- 卸载机——6 500 BPH 130%・堆积区。
- 清洗机——6 000 BPH 120%・堆积区。
- 灌装机和压塞机——5 000 BPH 100%・堆积区。

- 贴标机——6 000 BPH 120%·堆积区。
- 包装机——6 500 BPH 120%。

盒中袋包装(Bag-in-box packaging)

这是非常专业的包装系统,在这一领域,澳大利亚具有世界领先水平。这套系统非常复杂,这儿很难详细论述,但是可以简单介绍几条基本要素。

包装袋是非常复杂的体系,采用多层不同材质的塑料联合挤压成形,具有非常低的氧渗透率(在标准温压条件下,相对湿度 75%,(23±3)℃,100%氧气的条件下,24 h 的氧渗透量不超过 0.175 mL/L)、高抗张力强度(不低于 3.0 kg/mm)、高抗内层剥离强度(在 300 mm/min 的撕扯下,高于 150 g/25 m)、最小的老化龟裂性等等。顶部空间的最适体积为 2%(容积为 20 L 的包装袋)~14%(2 L 的包装袋)。

盒中袋的材料应依据澳大利亚国标 2171—1978 有关"食品用塑料生产"应用条款的规定生产而成。

热灌装(Hot bottling)

近年来,灌装技术的发展主要集中于冷(意思是不热)无菌灌装领域,通过无菌过滤和事先对灌装设备、空瓶及酒塞进行消毒来实现。经证实,这种工艺是保证葡萄酒品质的最好方法。

然而,冷无菌灌装的专业化程度高、成本较高,需要相对高科技和有效的品质控制。原因是用这种方法灌装的葡萄酒容易长酵母和细菌,必须去除这些微生物。因此,对标准葡萄酒而言,热灌装是种有吸引力的选择,因为加热可以同时对葡萄酒和酒瓶进行消毒,无需进行过滤除菌和微生物检测实验。由于这些原因热灌装技术逐步发展,它可由两种方式实现:

1　在凉爽温度下灌装葡萄酒,然后对酒瓶和瓶中酒进行巴氏消毒。这是标准的啤酒灌装工艺。而对于葡萄酒,一般先进行巴氏消毒,然后冷灌装,但这不属于热灌装。加热葡萄酒并灌装入瓶,然后自然冷却。余热可以对酒瓶和瓶盖一并消毒。

2　第二种程序是热灌装的标准操作。葡萄酒(尤其是平静佐餐甜酒)可通过膨润土或冷藏或离子交换进行冷热稳定处理,然后检查金属稳定性。在实验室中,可将样品加热至 80℃,持续 6 h,如果瓶中不混浊,样品即为热稳定。随后将葡萄酒过滤,在热交换器中靠热水(非蒸汽)加热至 53~55℃,然后在这个温度下灌装,之后封盖,反转酒瓶使瓶盖也得到加热。

用高于葡萄酒加热目标温度 3℃的热水,通过热交换器约 5 次。随时监测葡萄酒和热水的温度。出于好奇可以了解一下,果汁一般在 72~75℃下进行热灌装,而葡萄酒的热灌装一般在 52~55℃下进行。在这个温度下,葡萄酒中的酒精对微生物有足够的杀伤力,可以使用低一点的灌装温度。也许使用"温灌装"来命名更为准确。

上述温度足以杀死可能在葡萄酒中生长的酵母和细菌。它们都不具有耐热性，而且也不会产生耐热性，热灌装及缓慢的冷却过程很容易杀死它们，冷却经常在纸箱中进行，这样可以更好地保存热量。

为保证精确加热，实行自动控制，有人设计出了热灌装设备。它带有旁通装置，以保证如果灌装机停止运转，通过热交换器的葡萄酒可以返回储存容器。应该尽量减少二氧化碳的损失，尤其对起泡酒而言，这就需要二氧化碳反压灌装设备。对起泡酒，需要更高的二氧化碳反压，以减少灌装瓶中二氧化碳的减少。

加热葡萄酒使之从 20℃升至 55℃，体积大约会膨胀 1.6%，这随葡萄酒成分的差异有所不同。因此，酒瓶应装至足够满，因为冷却后体积大约会减少 12 mL。瓶塞必须具有一定的耐热性，在购买时应作特别说明。热灌装的葡萄酒冷却至室温需要的时间取决于酒瓶大小、室温、是否放入纸箱及其他因素。通常冷却所需要的时间为 4～22 h。

注意不要让葡萄酒和空气相接触，在加热前和加热过程中都要注意这一点。在凉的葡萄酒中，氧气的溶解性较大，但热葡萄酒的氧化速率（不同于通气）要高得多。因此，对易氧化的葡萄酒，在装瓶过程中，其中不能含有溶解氧是至关重要的。

热灌装的优势及不足可归纳如下：

优势

- 车间投资低——不需要对酒瓶、设备和瓶塞进行消毒，可避免二次污染。
- 运行成本低——灌装过程可靠，可避免由于微生物生长导致的二次灌装，而且产品总成本较低。
- 加热能提升某些特定葡萄酒的品质。加热引起的轻微老化，可以使某些葡萄酒变得更为柔和圆润。
- 在温暖和干燥的酒瓶上贴标更为容易。
- 可避免由于无菌测验导致的交货延迟，也不需要定期进行常规测验。

不足

- 葡萄酒的新鲜感有所损失——如果操作有误，尤其是使用真空灌装机时，加热葡萄酒会使二氧化碳含量迅速降低。
- 需要使用专业的温度控制设备，以保证灌装时葡萄酒温度适宜，并减少不必要的加热时间。
- 灌装后葡萄酒的冷却过程会散失很多热量，却不能有效地对这些热量进行二次利用。导致较高的能量成本。
- 需用耐热性较高的瓶塞，例如：软木塞上不应带有低熔点的蜡层。

浮泡及喷射（Foaming and gushing）

起泡酒瓶中的浮泡及喷射现象是非常讨厌的，会导致较高的花费。造成这个问题可能有几种原因，而且其发生是偶然性的。在饭店或家中，开瓶时的喷射会毁坏该酒的声誉和销售,也会浪费大量的酒。在灌装时,引起浮泡的原因是有其他气体而非因为二氧化碳的存在。空气或者氮气在葡萄酒中的溶解度非常小,因此当开瓶释压时,溶解的气体会迅速释放形成小气泡,然后诱发大量溶解的二氧化碳析出,引起的泡沫。当采用罐内二次发酵法生产起泡酒时,操作者要确保在闭罐加压前,用二氧化碳取代罐中原有的空气。

灌装时和打塞前,剧烈的操作会导致浮泡。用重的金属物体对开瓶的葡萄酒进行击打,会形成壮观的喷射,会喷射高度可达 1 m 甚至更高的泡沫。灌装好的酒瓶到打塞机的通路如果不平,也会导致一定的浮沫。瓶中或酒中的微粒或者酒瓶上的丝状裂纹也会导致浮沫。这些微粒包括酒石酸晶体、硅藻土颗粒、碳颗粒和软木渣。酒瓶内壁的缺陷性突起是泡沫形成的核心,有时候可能某一批次的酒瓶都会产生浮沫。

玻璃颜色对瓶装酒的影响(Effect of glass colour on bottled wines)

有足够的证据表明日光照射对葡萄酒有不利影响,可能引起葡萄酒的退色和品质下降,而且对佐餐白葡萄酒的影响要大于红酒。酒瓶玻璃的颜色会影响这些变化,酒瓶玻璃有无色、各种各样的绿色及琥珀色等。

透过不同玻璃的光波长是非常重要的,因为高能量的紫外光和近紫外光最容易诱发葡萄酒中不良的光化学反应。可见光的波长范围为 400 ~ 700 nm,而对葡萄酒伤害最大的紫外和近紫外光的波长为 200 ~ 420 nm。

450 nm 以下的光不能透过琥珀色的酒瓶,因此,琥珀色的酒瓶可以有效地防止紫外线对葡萄酒的损伤。事实上,2 mm 厚的琥珀色玻璃只能透过照在其上 5%的光。无色和淡绿色的玻璃可以阻挡 330 nm 以下的光波,2 mm 厚的无色和绿色玻璃可以挡住 80%的光。阳光比荧光灯含有更多的高能量的紫外光,因此对葡萄酒更为有害。热白荧光灯只发出微量的 420 nm 以下波长的光,相对来说,不会产生重要的影响。

有一个问题:从实用的角度考虑,酒瓶的颜色到底有多重要?大多数瓶装葡萄酒会储存在纸箱或橱柜等阴暗的条件下。在零售商店或超市中,葡萄酒会陈列在光线较好的地方。在商店的展示窗中,瓶装酒会暴露在阳光直射和加热之下,葡萄酒的受损程度由玻璃的颜色、阳光强度和直射时间决定。

尽管有足够的证据表明:与绿色或无色玻璃相比,琥珀色的玻璃可以更有效地保护佐餐酒不发生光化学变化,但最重要的因素不是玻璃的颜色,而是商品的外观、成本和销售对酒瓶的要求。如今,对深琥珀色玻璃的使用率要低于以前,而使用绿色玻璃瓶的情形相当多。很明显,酒瓶由琥珀色到绿色的转变趋势是以外观和消费者的需求为基础的。

由于啤酒对光化学反应的敏感度较高,容易导致进一步的败坏,专业名词叫做"sun-struck"气味,因此琥珀色的玻璃被广泛用于啤酒酒瓶。光诱导的变化是指阳光作用于啤酒花和硫醇,形成甲基丁烯硫醇化合物,从而产生“sun-struck”的气味。葡萄酒中不含有啤酒花,因此不会产生这样的味道。

红葡萄酒的瓶中储存(Storage of red wines in bottle)

红酒可以在瓶中储存多长时间是消费者和葡萄酒销售人员最常询问的问题。最简短但往往不能令人满意的答案是这由酒本身所决定。然而,问题远不止这些,葡萄酒上市前酒厂应该对酒进行多长时间的瓶贮、消费者应窖藏多长时间等也都是相关问题。

葡萄酒与大多数食品和饮料不同的一个特征就是有些葡萄酒随时间流逝,品质会有所提升,因而变得更有价值。事实上,人们经常以此大做文章——只要葡萄酒尚未开启。经典的实例是精选的波尔多红酒,过去波尔多红酒在瓶中陈酿 20 年或者更多以提高质量。对这些酒而言,价格相当公正而精确地反映了该酒实际的和潜在的品质。有助于瓶中成熟的特征包括:稳定的酸含量(pH 值 3.2~3.5)、宜人平衡的单宁含量,当然也包括果味特点。某些品种的葡萄适于酿造“长寿”的葡萄酒,例如:波尔多地区的赤霞珠、品丽珠和美乐以及澳大利亚某些地区的赤霞珠和西拉。

以波尔多地区为例,在葡萄的成熟季节,天气情况对年份好坏的影响很大,温暖的年份可生产出优质的葡萄酒。这种差异变化是相当大的,从普普通通(如 1974 年)到高贵卓越(如 1975 年)相差显著。这直接影响着葡萄酒的价格,因此年份表作为不同地区和年份的指南被广泛使用。而这些只适用于对年份的整体估计,而不能应用在某一个特定酒厂或特定的一瓶酒上。

在澳大利亚的大多数葡萄种植和酿造区,葡萄的年份差异不大,因而年份表的作用不大。另外,酿造方法也逐渐改变——由于酿酒师们意识到控制 pH 值有利于品质和保存,红酒中的酸度持续上升。因此,同品种葡萄酒的年份差异不仅和气候条件有关,也和酿造工艺有关。

我们可以经常品尝到同一葡萄园、同一酿酒师在不同年份酿造的葡萄酒,从中我们可以了解很多东西。某些生产商已经因为延迟发售瓶装酒引起很大的麻烦,造成可观的开销。最近,我品尝了库诺瓦拉地区利达民红人酒厂(Lindeman Rouge Homme)新近投放市场的一系列陈酒,这是非常有意义的经历。酿造这些葡萄酒的葡萄来自于两个独立的葡萄园:石灰岭和圣乔治,这些酒展示了经过数年陈酿其质量的变化和陈酿后的风格。它们都是不错的酒,其中有几款非常优秀。例如:1980 年的圣乔治是极为华贵的,曾在墨尔本荣获 1981 年的 Jimmy Watson Trophy 奖和其他奖项。

写这些经历和上述内容的目的是为了说明经过良好酿造和恰当平衡的陈年红酒要比其年轻时丰满、复杂优雅得多,总体好于年轻的酒。那么我们为什么不多喝一些这样的酒呢? 这有几个方面的原因:新酒刚上市时,备受媒体的关注;葡萄酒展览更倾向于新酒;另外葡萄酒年份越长,其价格越高。然而,对红酒爱好者来说,解决有限资源的方法是选几款极有潜力,并且出厂时记录优良的葡萄酒,各买一箱。然后，每隔几个月，打开一瓶，品尝并记录相关特征。比较每次品尝时的品评记录，然后绘制葡萄酒在数年内的发展曲线。这会是有意义的经历，同时也有不错的教育功用和趣味。

不幸的是，很多澳大利亚和新西兰人并不了解成熟度很好的陈年红酒的口感。我们拥有很多优良的红酒，在凉爽稳定不超过 20℃的条件下进行窖藏，有助于它们更好地成熟与发展。

紫外光和葡萄酒杀菌(Ultraviolet light and wine sterilisation)

商业上，经常将紫外线用于水和空气的杀菌，因此认为可以用紫外线对葡萄酒进行消毒是合乎情理的。紫外线的杀菌特性(破坏细胞内 DNA)是由肉眼不可见的 254 nm 波长的射线所致。微生物对紫外辐射的耐受能力有很大的差异。产孢细菌的耐受能力最强，但它在葡萄酒中并不生长。葡萄酒酵母(包括孢子)和细菌对紫外线几乎没有抗性。然而，问题是葡萄酒需要得到足够的辐射穿透。举几个例子：紫外线对固体(如橡木桶的内壁)的穿透能力基本为零，只对接受辐射的暴露表面有效。对液体的穿透能力稍强，而且受液体本身的影响很大。在雨水中，5 cm深处紫外线的辐射能量会丧失 50%，在自来水中(尤其是阿德莱德地区)，1 cm 处就会达到这个损失量，而在牛奶中，有效穿透能力仅为 0.2 cm。

对于葡萄酒，情况又有所不同。不论白葡萄酒还是红葡萄酒，尤其是后者，含有多种化合物(主要是酚类)，这些化合物对紫外线有强烈的吸收作用。有一个方便的比较方法：用 50%的辐射强度损失作为标准，测得葡萄酒和水对紫外线穿透的阻碍能力。比较的平均数值如下：雨水 5 cm，自来水 1 cm，白葡萄酒 0.04 cm，红葡萄酒 0.004 cm。从这些数据中，可以清楚地看出葡萄酒对紫外线的阻碍能力很强，基本上可以说紫外线不能穿透葡萄酒，所以杀菌效果只能停留在表面。就是因为这个原因，紫外线不能作为有效葡萄酒的消毒方法。

不过紫外线杀菌可以用于其他目的，例如：可以在葡萄酒容器的上方安装紫外灯，抑制半满的容器中表面产膜酵母和细菌的生长。如果微生物只能在表面生长，这将是非常有效的。而产膜酵母和醋酸菌都可以既在葡萄酒中生长，又可以在液面生长，如果只进行表面辐射，并不能将它们全部杀死。

另外，需要注意，紫外灯会产生臭氧，靠近时可以闻出。臭氧是一种很强的氧化剂，很容易氧化葡萄酒，使之受损。因此，对这些酒进行表面辐射会加速氧化。

温度对葡萄酒和葡萄汁体积的影响(Volume change of wine and juice with temperature)

温度影响葡萄汁和葡萄酒的很多方面，这儿我们只考虑由于加热或冷却引起的体积变化。处理这些体积或大或小的散装、瓶装以及软包装葡萄酒，对酿酒师和葡萄汁工艺人员来说是非常重要的。对消费者来说,温度对瓶装和软包装产品的影响是最为重要的。

当装满葡萄酒的酒瓶温度发生变化时,4 种因素影响内部体积和压力的改变:

1 葡萄酒的热膨胀比玻璃的大很多,温度升高使葡萄酒占据酒瓶中更大的空间(相应地密度减小)。因此,瓶内顶部空间的气体体积被压缩。当葡萄酒被充入二氧化碳或软包装的葡萄酒在二氧化碳的保护下装入时,这就变得非常重要。

2 气体温度的升高引起自身压力的升高。

3 葡萄酒的蒸汽压力会发生改变(此外还有其他气体分压的改变)。这是由于部分液体蒸发进入瓶内的顶部空间。

4 温度变化引起酒瓶体积的变化(温度由 20℃ 升高至 40℃,约增加 0.5 mL/L),而且施加压力时,酒瓶也会发生变形。然而后者的影响和其他相比很小,往往被人们忽略。

所有饮料因温度变化引起的体积改变,既不是线性变化也不存在常数关系,因为这由饮料的成分决定。热灌装的果汁或蔬菜汁的收缩膨胀率非常重要,因此这方面的信息比葡萄酒的多。例如苹果汁的体积膨胀情况如下:

温度变化/℃	体积膨胀/(mL/L)
20～30	3.0
20～40	7.0
20～60	17.0
20～80	25.3

与之相比较,蔬菜汁从 20℃升至 80℃的体积变化为 29 mL/L。

由酒精度、可溶性固形物含量,可以预知葡萄酒随温度升高的体积膨胀量。纯酒精随温度升高体积膨胀的速度比佐餐酒快 4 倍,因此酒精度越高,膨胀率越大。这种体积变化是自然现象,由于葡萄酒很难压缩,所以灌装时一定要留出足够的体积。

研究者对葡萄酒的热膨胀做过很多测量,尤其是在 20～40℃的温度条件下,结果如下:

葡萄酒类型	酒精度/%v/v	含糖量/(g/L)	膨胀体积/(mL/L)
佐餐酒	10.00	2	7.3
佐餐酒	12.0	2	7.7
佐餐酒	14.0	2	7.9
佐餐酒	14.0	100	8.6
佐餐酒	11.8	—	6.9
佐餐酒	12.0	—	6.5
佐餐酒	12.2	—	7.6
强化酒	18.0	100	10.7

这些数据用于决定灌装高度和顶部空间的体积。在澳大利亚，带包装的葡萄酒 20～40℃温度变化的标准膨胀体积是 6.5 mL/L。酒精度或含糖量升高，体积增加。也有些葡萄酒是热灌装的，温度从灌装时的 55℃冷却到 20℃时，体积大概缩小 16 mL/L，随酒精度不同会有所差异。相同条件下，水、苹果汁和酒精(95% *v* /*v*)的体积缩小分别为 13，14 和 52 mL/L。

酒精度是热膨胀的最大影响因素。以白兰地为典型代表，酒精度 37.5%的白兰地，温度 20～25℃，升温 5℃的热膨胀率为 3.5 mL/L。欧盟已经公布了不同温度下酒精与水混合物的体积增加表。这些数据经过四舍五入，因而是不够精确的，但也反映出酒精含量的影响。20～40℃温度变化的数据如下：

酒精度/%*v* /*v*	膨胀体积/(mL/L)
10	6
20	7
30	9
40	12

苹果酒(酒精含量不详)的膨胀率只比佐餐酒高一点，数据如下：

温度改变/℃	膨胀体积/(mL/L)
20～40	7.0
20～60	17.0
20～80	25.3

如果要考虑水，温度对热膨胀系数的影响如下：

温度/℃	每℃热膨胀系数
4	0.000 00
20	0.000 21
40	0.000 38
60	0.000 51
80	0.000 62

以上数据非常重要，原因有几条，其中之一是包装好的葡萄酒和果汁可能接触到各种各样的温度。举个例子，在炎热的夏日，窗户关闭的机动车里的温度可达 80℃。假设车中包装好的产品从 20℃达到这个温度，750 mL 的瓶装酒体积会增加 18 mL 左右，5 L 软包装的体积会增加 120 mL。在这种状态下，瓶装酒就可能发生涨塞，而软包装可能会破裂。

16 葡萄酒厂中的风险

Hazards in the winery

噪声(Noise)

由于先进的高速灌装设备、离心机、液压操纵机械及类似的会产生噪声的设备的应用,噪声问题在现代的酒厂和灌装车间里变得十分严重,如今,相关法规中已经规定了最大噪声的音量。下面让我们了解一些关于噪声的基本知识。

本质与测量

什么是声音 声音是空气压力波动时,由耳朵感知的感觉。很多途径都能引起这种压力的波动,最普遍的是来自振动的物体。在和空气接触的表面,振动物体的表面振动,对空气产生压缩和稀释,造成压力波动。这种波动通过周围空气传播,由听者辨认为音乐、噪声或者仅仅是响声,这取决于听者对这种声音的印象是好、是坏或者是中性的。

大小和分贝 空气中压力波动的量级决定了我们所听到的声音的大小。声波的能量和压力脉动成平方关系,人类的耳朵所感知的是能量的大小,这也就是我们想要测量的。当我们考虑普通噪声中的实际声压时,就出现了很多问题。大多数听觉正常的年轻人,可以听到的最小声音的声压大约为 2×10^{-5} Pa(3×10^{-6} 磅/平方英寸的表压,psig);另一方面,很大的声音,例如 50 m 外喷气式飞机起飞时,其声压大约在 64 Pa(9.2 psig),为可以听见的最小声音的 320 万倍。这两种声音的声压的平方分别为 4×10^{-10} 和 4 000 Pa,相差 10^{13} 倍。

为了避免引入如此大的数量比,人们就采用了对数关系,这样形成的单位叫贝尔。每增加 1 贝尔,声音的强度就增加 10 倍,所以我们上面提到的 10^{13} 就是 13 贝尔。贝尔是个很大的单位,为了方便起见,就将 1 贝尔分成 10 份,每一份就是 1 分贝。13 贝尔就是 130 分贝,记作 130 dB。

叠加大小 我们很难找到一个单独作用的声源,所以我们需要知道如何叠加声压。一定有人认为 2 个 90 dB 的声源产生的声音相加为 180 dB,而实际上却只有 93 dB。尽管 2 个一样大小的声音叠加,但在声压水平上只增加 3 dB,而 3 dB 的增加量并不会使声音听上去像加倍那么响。事实上,人类的耳朵很难辨别 1 dB 的增加，在良好的听力条件下，增加 3 dB 才可以被辨别，而增加 10 dB 就能使声音听起来像原来的 2 倍那么大。因此，人类的耳朵并不是一个准确、敏感的音量测量器。

距离及影响 声音从声源或多或少地以球形往外传播，音量和传播距离成倒数关系。如果距离加倍，声压值降低 6 dB。例如：在距噪声源 2 m 时，声压值为 76 dB，在 4 m 处声压值就变成 70 dB，在 8 m 处声压值就是 64 dB，依此类推，距离每增加 1 倍，声压值降低 6 dB。这只适用于空旷的没有反射面的地方。

频率 要想描述一个声音，我们需要知道 2 个物理量。一个是声压值，另一个就是频率或者说波长。振动的表面每秒振动一定的次数，并引起相邻的空气每秒钟相同次数的压缩和舒张。这个特性就被称为频率，它是以每秒钟的循环数为测量单位的，叫做赫兹(Hertz，简写为 Hz)。人类耳朵的分辨率为 20～20 000 Hz (20 千赫或者 20 kHz)。例如：钢琴键盘上的最低和最高的音符分别是 28 Hz 和 4 200 Hz(4. 2 kHz)，中音 C 为 256 Hz。荧光灯稳流器的嗡嗡声的频率是 50 Hz，ABC 广播的报时声为 1 000 Hz。

频率加权 尽管人耳辨别声音的范围很大，但并不意味着人耳对所有频率的敏感度相同，频率分别为 100 Hz 和 1 000 Hz，声压值相同的声音听上去并不是一样响的。这就需要一种声压测量仪，它可以像人耳一样感知不同频率的声音。现在的大多数音级计都连有一个带 A 加权网络的电子调节器。

这种网络的响应频率和人耳相似，因此声音和 A 加权后的声压值(记作 dB(A))一致，也就是说，听起来是一样大的。A 加权是国际标准，并在噪声测定中被广泛使用。表 16.1 列出了一些常见噪声的 A 加权后的声压值。

表 16.1 常见的 A 加权后的声压值 dB(A)

喷气式飞机起飞，70 m 元	130	
	120	
	110	
风钻，3 m 远	100	
	90	锅炉房
	90	印刷车间
风钻，15 m 远	90	
	80	高峰时的城市街道
货运火车，30 m 远	80	
	70	真空吸尘器，3 m 远
男性说话，3 m 远	60	有打字机的忙碌的办公室
	50	
	40	安静的私人办公室
温柔的私语，2 m 远	30	夜晚安静的花园
	20	录音棚
	10	
可听见的阈值	0	

现在有很多音级计可以直接读出声压值。600 $ 的测量音级计只能简单读出单一的 A 加权后的声压值 dB(A)，而价格超过 6 000 $ 的精确音级计有一个广泛的频率测量范围，并且有很多附件可以进行不同的专项声学测定。

现在，让我们来了解一下噪声对人的影响和对听力的损伤。

噪声对人的影响

生理影响 接触噪声过多引起的最大影响就是噪声性听觉损伤，这通常首先发生在 4.6 kHz 的频率上。持续接触噪声往往会引起耳鸣，在一天的工作结束后，常常发现有轻微的听力迟钝。这种损伤通常是暂时的，因此这被认作是暂时性阈移。如果损伤不是很严重，那么在远离噪声源 24～48 h 后，听力将完全恢复。

接触噪声的时间过长，或者过多地反复接触噪声，都有可能造成永久性听力损伤。这种损伤首先发生在对 4～6 kHz 频率下的感听，但是随着听觉损伤的加重，它会扩大到更低或更高的频率范围。当内耳的神经细胞被损害时，就不可能再恢复，即使经过多年，听觉也不会恢复(不包括任何暂时性听觉损伤)。

损伤风险标准 每天接触 8 h 宽频稳定的 85 dB(A)的噪声是不会造成听力损伤的。这样的噪声接触，在 10 年或更长时间以后，约有 15%的人会出现平均 25 dB的听觉下降，大概 1%的人可能出现更多的损伤，并出现交流障碍。

使用等能量理论可以分析更复杂的人暴露于噪声中的模式，把暴露在每个噪声级中的时间都转换成相等的声音能量，把它们相加，然后计算成等值的持续噪声级，这个噪声级不得超过 85 dB(A)。这种实用方法在澳大利亚国家标准1269—1976《听力对话实用法则》(Code of Practice for Hearing Conversation)中有所介绍。

有些情况下，使用常规的音级计难以测量人在噪声中的暴露情况。因为人们可能来回走动，噪声可能有很大的变化或者呈脉冲出现。在这种情况下，就需要用到便携式噪声计量计或其他的专用仪器。

在工业法规中，有关于噪声的立法要求。以南澳为例，有两种现行噪声法规：工人补偿法案和工业安全、健康和福利法案。其他大多数州都有相似的法规，读者可以查阅相关的法律法规以得到详细的信息。

噪声源

酒厂中有各种各样的噪声源，但我们主要考虑最严重的那些。

空气制冷压缩机 这类压缩机有两种类型：活塞式和螺杆式。活塞压缩机相对安静，气体通过阀门时，会产生高频宽波段的噪声，但是一般情况下，这不是什么问题。螺旋压缩机本身就会产生很大的噪声，而且那些在过去使用的无润滑螺旋压缩机早就落下了坏名声。浸油螺杆压缩机的发展以及设计时更多地考虑噪声问题，在很大程度上降低了噪声。例如：有些压缩机使用了双壁定子，这有利于削弱噪声。

螺旋压缩机由双极电动机(3 000 r/min)驱动,产生噪声的主要是电动机而不是压缩机。标准螺旋压缩机 1 m 处的声压级分布在 75～95 dB(A)范围内,依压缩机的大小会有所不同。然而,设计、使用低噪声的电动机,可能把 1 m 处的噪声控制在 85 dB(A)以下。

气动设备 气动设备产生的噪声是非常严重的问题,尤其是机器设备上的气动阀门或活塞的排气装置,如某些气动灌装机。排气装置产生的噪声常常是尖锐的脉冲波,峰值在 90～110 dB(A)。所有的气动设备都应该配备微型消声器,适用于大多数空气压缩装置及其不同安装方式的多种消声器现在都能买到。这些消声器可以降低噪声 5～15 dB(A),价格大约为每个几澳元。

电动机 电动机上主要有 3 个噪声源:风扇及气流、轴承和电磁效应。除非电动机轴承出现故障,否则风扇产生的噪声会远远高于其他两者。以前,对电动机风扇的设计异常粗糙,在很多情况下,与其说它是风扇,不如说是个空气搅拌器更为确切。

最近几年,电动机风扇的设计更加精密,降低了噪声级,提高了风扇的效率,因此电动机的效率也得到提高。例如:最近澳大利亚某制造商推出了一批新的全封闭风冷式(TEFC)电动机,其噪声比标准全封闭风冷式电动机低 7～15 dB(A),而且工作效率得到了显著提高,因此,价格高出 10%左右。标准的 4 极 10～100 EW的全封闭风冷式电动机的 1 m 距离噪声为 70～90 dB(A)。防滴式电动机的噪声大概比 TEFC 小 5～10 dB(A)。

罐装设备 罐装设备的主要噪声源是由前面提到的压缩空气排气所产生的,另一个噪声源是瓶子之间的相互碰撞。瓶子碰撞产生的声压峰值通常可达 110～115 dB(A)。这种类型的碰撞噪声会造成听力的潜在损伤,但人听起来感觉并不那么严重,而且不能用便携式声级计准确测得,因为便携声级计不能快速有效地对尖锐的噪声峰值做出反应。特定的脉冲声级计可以测量这种类型的噪声。

离心设备 如今酒厂中越来越多地使用离心机,而且自除渣设备的应用也成为发展趋势,这种设备在转子以正常速度转动的过程中就可以去除渣滓。除渣时产生的噪声就像刺耳的号叫,是酒厂不连续噪声中非常严重的一种。这类机器 1 m距离的噪声值为 80～100 dB(A)。

噪声控制

解决噪声问题最有效的方法就是降低音源噪声,而这往往需要再设计。然而,一旦一套设备运抵酒厂后,再做这种设计是非常困难或者根本就不可能的事情。制造商的设计和制造过程是从源头降低设备噪声的地方。对酒厂来说,可以在购买设备的要求中添加合适的条款,例如:“距机器 1 m 远的任何位置或正常操作时操作者的听觉位置,噪声不得超过 85 dB(A)。”

当不能买到带有内置的噪声控制器的设备时，可以用消声材料将噪声源隔绝起来。用相对简易的隔音罩，可降低 7～15 dB(A)的噪声量。如果想更大程度地降低噪声，就需要用到专业的设计技术，尤其是在设备需要通风的情况下。有时很小的开口就能使原本不错的隔音罩功亏一篑，因此要格外注意对检查面板、检查窗以及其他开口边缘部分的密封。在隔音罩内侧添加消声内衬可以防止隔音罩内产生强噪声，并更好地隔音。用消声材料（如塑料泡沫和石棉）覆盖隔音罩内侧的面积应达到 50%以上，厚度至少为 25 mm，一种 50 mm 厚的用铁丝网镶衬的石棉，是用于车间墙壁的高效、廉价的材料。

隔离噪声的接收者和隔离噪声源的原理相似，不过是在靠近接收者处干扰噪声的传输，而非在噪声源附近。例如在车间和办公区之间搭建高效的隔音墙，或者（在其他方法都不理想的情况下）给高噪声区的工作人员提供防音耳塞。防音耳塞并不是解决噪声问题的长久之计，因为很难让人们一直佩戴。不过在其他解决办法实行前，可作为临时性措施，或者用于解决短期的噪声问题。

以下解决噪声的实践措施可能对大家有所帮助：

灌装车间的噪声 大多数噪声是由气动器械（前面已经提过，使用便宜的消声器）及酒瓶的碰撞所产生的。传送带、旋转堆积台及类似的设计，使酒瓶间容易发生碰撞。最近的改进是在传送带、堆积台上用厚的透明有机玻璃（10 mm）做一个护罩。这样既可以看到酒瓶的运输情况，又可以降低噪声。在护罩壁或顶上用一些消声材料，如厚的泡沫板或石棉，可以更好地提高消音效果。

可以在产生噪声的机器设备的周围，用相同的塑料材料搭建隔音棚，例如压塞机，但要保证可以看到机械的运行，而且在需要对机器设备进行维修或保养时，可以迅速、方便地移开隔音棚。另外，和金属材料的酒瓶传送带导轨相比，塑料的传送带导轨有助于防止酒瓶碰撞所产生的噪声。

使用消声材料建造墙壁、地板和顶棚可以很好地降低噪声，但在消声的同时它们也容易吸潮，因此要避免高湿度和地面溅水。不过也有一些既消声又耐水的材料。

隔离高噪声设备 将高噪声设备，尤其是离心机，放到一个单独的屋子里，这个屋子要用高密度的材料（如砖块）建造，并且不留窗户和其他开口。一定要格外注意门和门周围的嵌缝。这是可以有效降低噪声的方法，而且所用的建筑材料的密度越大，降低噪声的效果也就越好。这就是铅板是有效的隔声屏障的原因。多层墙（石膏板、空心砖等）的出现，为解决噪声问题提供了经济有效的措施，但在使用前要寻求声学专家的建议。

配置其他噪声设备时，如制冷设备的冷凝器、压缩机，等等，可尽量置于室外，但不能对邻居产生噪声影响。

其他实践 各种移动设备也会产生噪声，覆盖或者密封的方法对它们并不适用。装上橡胶质的轮子，可以隔绝振动的金属与混凝土地面的接触。前面也提到过，使用低噪声的电动机；遮挡由风扇造成的迅速移动的空气，也可以降低噪声。

墙壁和顶棚使用泡沫板和绝缘石棉有双重好处，既能降低噪声，又能将温度变化降到最低。安静对于品酒室尤为重要，有很多重要的决定要在品酒室做出，如勾兑配方、散装酒的购买、检查酿造工艺，等等。品酒室应独立于其他房间，如实验室和办公室，而且要装备吸声材料，如采用吸声顶棚。

何时何地寻求帮助　经验性常识和对噪声的理解可以解决很多的噪声问题。然而，这还不足以解决所有的噪声问题，在遇到无法解决的问题时，可以寻求专家的帮助。可以通过电话簿查询电话，在澳大利亚可以在"噪声控制设备"或"声学咨询专家"的目录下查找。噪声控制设备供应商会免费提出建议，自然这些建议都是以推销他们的产品为基础的。他们常常没有足够的专家，代理商和经销商尤其如此。专家咨询的费用一般都比较高，但是他们都具有大量的经验和专业证书。然而，专家只负责测量和设计（收费项目），还需要酒厂自己去找寻施工人员。选择设备供应商还是专家咨询，由所面临的问题决定，大多数新工程在设计阶段就会考虑噪声问题。

总之，酒厂中过多的噪声会造成很大的花销，包括罚款、噪声补偿的支出和经济损失等。有些比较严重的噪声问题需要专家的帮助，但是一旦了解了噪声，很多平常的噪声问题就会迎刃而解，简单使用的经验性措施可以在很大程度上减少花销。

气体、蒸汽和液体（Gases, vapours and liquids）

在葡萄酒的酿造过程中，会用到或产生多种气体、蒸汽和液体，如果使用错误或者忽略了它们可能带来的危险，就可能造成麻烦。我们必须认识到这一点，下面就讨论这些内容的重要性。

二氧化碳

葡萄汁在发酵过程所产生的二氧化碳，其体积大得惊人。发酵产生的二氧化碳的体积是所发酵的葡萄汁的40倍左右，根据含糖量的差异会有所不同。例如：1 000 L葡萄醪完全发酵会产生40 000 L的二氧化碳。转化率和发酵程度直接相关，受发酵温度、酵母种类和其他因素的影响。为了防止二氧化碳达到危险的浓度，有必要驱散发酵时产生的二氧化碳。

二氧化碳容易使人窒息（干扰呼吸），其毒性的本质是挤走了空气中的氧气，使氧气降低到维持生命的极值以下。需要强调的一点是，二氧化碳可以增加呼吸频率，例如当空气中二氧化碳的含量达到3%体积百分比时，人的呼吸频率就会加倍，而5%的二氧化碳会使呼吸频率达到正常情况下的4倍，从而使呼吸系统超载。窒息之前的症状表现为头疼、头昏、呼吸短促、昏睡及耳鸣等。及时将患者换个环境，即可迅速恢复。

空气中正常的二氧化碳浓度为0.03%(体积百分比),建议的长期接触极限值为5 000×10^{-6}(0.5%体积百分比)或9 000 mg/m^3。空气中,在氧气含量正常的情况下(体积百分比为20.9%),低浓度的二氧化碳是无害的,其主要效应表现为刺激呼吸。例如:潜水艇里的工作人员,长期生活在二氧化碳含量为3%的空气中,只要保证氧气的含量维持在正常的水平,他们的健康只受轻微的影响,医学上经常使用氧气和二氧化碳的混合物。

由二氧化碳所引起的窒息死亡的情况,通常是在空气中的二氧化碳体积比超过10%时发生,这会导致人先昏迷数分钟。这种窒息很大程度上是因为空气中氧气含量的减少。通常认为空气中所需氧气的最低含量为18%(分压为135 mmHg)。

在酒厂的容器中,通常用点燃的蜡烛指示空气成分,假设当蜡烛熄灭时,就意味着氧气不足。其实这是不科学的,因为只有当氧气的体积比低于16.5%时,蜡烛才会熄灭,这远低于人所需的18%的最低含氧量。而且,使用明火有可能引起火灾,尤其当有烈性酒储存在附近时,就变得非常危险。

检验酒罐中氧气含量的最佳方法就是使用便携式极谱或顺磁氧气计,将其探针伸入酒罐中,如果氧气的读数低于18%,就要使用吹风机通风,或者让进入的工人佩戴氧气面罩。

二氧化碳的比重在0℃时为1.52(以空气为1.00),比空气重52%。当把二氧化碳和空气混合装入密闭的容器时,二氧化碳不会因密度大而永远处于下层。由于气体的分子运动,一段时间后二氧化碳会平均分布在容器里。

然而,如果二氧化碳持续产生,在装有正在发酵的葡萄汁或皮渣的容器里,发酵醪表面的二氧化碳浓度最大。事实上,在顶部只有一个开口的封闭式发酵罐里,发酵液表层的气体主要为二氧化碳。另外,二氧化碳会从正在发酵的发酵罐顶部的开口不断溢出,进入相邻的空罐,并在其底部聚集。这种情况下,二氧化碳向空气中扩散的速率,会低于向空容器的扩散速率。

葡萄酒产业中,因二氧化碳引起的窒息致死,往往发生在工人进入还装有部分残留发酵物的容器时。由于二氧化碳无色无味,不易被察觉,工人经常在毫无预兆的情况下昏迷,因此不能发出求救警报。所以,应对这类容器里的氧气含量进行例行检测,并根据数据做相应的处理。对此有法定要求:进入罐中的工作人员必须用安全绳与罐外的观察员相连。

现代化的酿造工艺会使用大量的惰性气体:二氧化碳、氮气或者两者的混合物,这些气体一般以高压液化态保存,在这些气体替代容器中的空气或进行其他操作时,工作人员要非常小心。有时用干冰(固态二氧化碳)作为二氧化碳的来源,1 kg干冰气化可以释放500 L的气体。皮肤直接接触干冰可能会造成冻伤。

氧气警报器可以连续检测空气,当氧气含量低于预设值时,就会发出闪光和声音警报。这与红外二氧化碳监控系统相比,是一套比较便宜的警报系统,并且它直接测定重要的组分:氧气的含量,而非稀释氧气的气体。

氮气

除了氮气密度较低(比重为 0.97),而且在酒中的溶解度也较小外,对氮气的讨论和二氧化碳相似。用氮气代替空气(空气中氮气的体积百分比为 78%)中的氧气,也会导致和二氧化碳相同的窒息,因此使用时应采取相同的防范措施。

二氧化硫

二氧化硫是密度大(比重 2.3)、高毒性、无色的气体或液体(一定压力下),会对眼睛、上呼吸道造成严重的损害。与二氧化碳不同,二氧化硫的刺激性很强,因此达到有毒的浓度,即可被察觉。大气中当含有 100×10^{-6} 的二氧化硫时,人最长的接触时间为 60 min,500×10^{-6} 的浓度就会对生命有所威胁。可长期接触的浓度为 5×10^{-6} 或 13 mg/m^3。

葡萄酒产业中曾发生过的由二氧化硫引起的事故,都是人在短时间处于高浓度的气态或液态的二氧化硫环境下,经常是由于向葡萄汁或葡萄酒中添加二氧化硫的硫计量器出现故障所致。可能的原因有:阀门泄漏或堵塞以及不正确的操作。二氧化硫添加器应该在户外空气流通的地方装填,而且操作者应该位于添加器的上风头。更好的做法是使用可保护眼睛的呼吸罩。在一定的压力下可以将液态二氧化硫从一个容器移入另一个容器,或添加到葡萄酒里,这应该由受过专门训练的,并经过特殊防护的人员进行操作。采用正确的填充方法是非常重要的。称量空的钢瓶,可以根据质量数据计算装入钢瓶的二氧化硫的量,其质量不应该超过装纯水的 1.23 倍,在 1969 年澳大利亚国家标准 CB4 表 3 中有相关规定。

由于暴露在夏日的阳光下会受热,曾有酒厂用的装二氧化硫的高压钢瓶发生爆炸,因此高压罐应存放在阴凉处,最好置于带锁的笼中,并由受过专门训练的人搬运。

在某些酒厂的工作人员中流传着一种奇怪的说法,由于二氧化硫是添加到葡萄酒中的,而葡萄酒是人类很重要的饮品,因而二氧化硫对人无害,可以放心使用或处理。然而,很可惜,这实在是没有根据的想当然,纯的未经稀释的二氧化硫是危险度极高的化学药品。要严格遵守在安全指南上所列出的使用条例,尤其是在把它从一个高压钢瓶转移到另一个的操作中。

氨

很多酒厂都有氨制冷设备,经常可以闻到由于高压系统泄漏而产生的氨气的味道。氨是一种有毒的化学物质,吸入一定浓度的氨气会引起呼吸道水肿、喉部痉挛和窒息,必须及时治疗以防止死亡。

一旦酒厂里的氨制冷设备爆炸，酒厂生产区就会充满氨气的毒烟，使这一地区变得不适于人类居住。人感知氨气的最低浓度为 $20\sim50\times10^{-6}$，而长期接触的最高浓度为 35 mg/m^3。约 100×10^{-6}的氨气会引起眼睛疼痛，高于 700×10^{-6}时，会加重这一症状等。

酒精蒸汽

在葡萄酒处理过程中，吸入醇类物质的蒸汽可能会对健康造成伤害，但这只适应于杂醇油（戊醇混合物）和甲醇，并非乙醇。对人来说，建议最高长期暴露的乙醇蒸汽浓度为 $1\,000\times10^{-6}$或 1 900 mg/m^3，甲醇的最高限量为 200×10^{-6}或 260 mg/m^3，异戊醇为 100×10^{-6}或 360 mg/m^3。

葡萄酒中含量最多的醇类是乙醇，暴露在$(5\,000\sim10\,000)\times10^{-6}$的乙醇蒸汽下会刺激眼睛和上呼吸道黏膜，甚至导致昏迷。乙醇蒸汽基本上是对健康危害最小的，但如果长期处于高浓度的乙醇蒸汽中，也可导致慢性中毒。应该注意的是，四氯化碳和乙醇的混合物是有毒的。

当然，酒精蒸汽最大的危险莫过于火灾，在酒厂中，由于火花或残次的电子设备点燃酒精蒸汽可能引起严重的爆炸和火灾。酒厂安全负责人不断完善安全制度是非常必要的。酒精蒸汽的燃点很低（12℃），空气中最低的爆炸浓度为 3.3%（体积比）。

其他气体和蒸汽

在封闭的空间内，汽油或柴油内燃机所产生的废气也是危险的，而且某些其他气体，如酒脚中产生的硫化氢和蒸馏过程中，酒头所含的乙醛也都有害健康。

酒厂中经常用到高压气瓶。尽管葡萄酒厂中由于误用它们所引起的事故不多，但是和它们有关的危险却不容忽视。应该使用合适的平稳移动的高压气瓶运送车搬运它们。要防止气瓶滑落以及它们之间的相互碰撞。高压气瓶应直立保存在阴凉处，避免阳光直晒。为避免混淆，满气瓶和空气瓶应分开放置。最好有 3 个独立的空间分别储存氧气、易燃气体和有毒气体。这种措施可以降低火灾发生的危险。要用正确的方法小心处置这些气瓶，安全手册上有相关细节的介绍。法定要求暂且不说，工业法规中也有章节介绍焊接中使用的气体。

热水和热水蒸气也是危险的，往往由软管炸裂引起烫伤，因此，要加固这些管道，使它们处于良好的状态。软管打结会导致压力的增加，可能引起爆炸。

强酸、强碱和过氧化物需要小心处理。危险性最大的为硫酸、盐酸和氢氧化钠。它们可腐蚀皮肤，若不慎入眼，可能导致失明。浓硫酸稀释时会产生大量的热，甚至会爆炸。应该缓缓地把浓硫酸加入水中，千万不要采取相反的操作。过氧化氢是一种强氧化剂，被用于减少葡萄汁和葡萄酒中的二氧化硫。它会腐蚀皮肤和眼睛,因此使用者要带防护眼镜,并小心进行处理。

总之,酒厂中的某些气体和蒸汽可能会引起严重的甚至是致命的事故。然而,最严重的危险是操作者忽视这些,或缺乏足够的注意,因此,所有酒厂都应该不断地开展各种安全培训和安全教育。

17 酒厂的卫生和废物处理

Winery sanitation and waste disposal

卫生(Sanitation)

葡萄酒是人们饮用的一种酒精饮料,因此不管是从法律要求,还是消费者的期望出发,它都是应该是在卫生合格的条件下生产出来的。由于葡萄酒中较高的酸度和酒精含量,很多病原菌不能在葡萄酒中生存,正如19世纪末期巴斯德所说:"葡萄酒是一种最健康和卫生的饮料。"然而,微生物或者其他污染物的出现,都可能在葡萄酒的生产或陈酿过程中,导致其质量的下降。消费者需要并只认可用完好的葡萄(有某些例外如:由灰霉菌感染引起贵腐的葡萄)、在干净的酒厂,使用洁净的设备和成熟的工艺酿造出来的葡萄酒。

酒厂卫生的某些方面和酒厂的建筑结构有关。地面应该是用耐酸的混凝土、环氧树脂或其他类似的耐酸材料铺设的。在酒厂的每个角落,排水条件都必须良好,其中,圆角的阳沟设计要好于方形的。尽量不采用啮齿动物容易筑窝的建筑结构,如双层或者中空的墙,尽量消除结构上低洼、嵌套、突起以及黑暗的角落等。此外,要尽量避免葡萄或者葡萄酒直接和铜、铁、铝、锌或合金类金属制品相接触。

酒厂的基本卫生要求是:

- 保持酒厂干净,做到酒厂内外没有垃圾。
- 定期检查厂房和仪器。
- 清除昆虫、啮齿动物和微生物。
- 经常用水清洗(要节约用水),并且用消毒剂消毒。
- 保证设备得到良好的维护和修理,特别是和葡萄酒相接触的设备。

果蝇的存在是酒厂中主要的卫生问题之一,果蝇很容易为葡萄、发酵醪、酒渣和葡萄酒所吸引,它们的幼虫以这些物质为食。防止生长果蝇的措施包括移走这些食源,并且定期清理酒厂,喷洒除虫菊类杀虫剂。很多时候,果蝇的问题是从葡萄园带入酒厂的,去掉酒厂附近葡萄园里坏掉的果实,可以很好地减少果蝇污染。对这个问题有如下建议:

- 移走酒厂及附近的葡萄皮渣,以免成为果蝇和其他昆虫的孳生地。
- 移走葡萄梗,因为果蝇会在葡萄梗堆上繁殖;如不能搬走,要用除虫菊类杀虫剂喷洒这些成堆的葡萄梗。

- 将皮渣和果梗平摊到离酒厂较远的葡萄园里，摊成薄薄的一层，这样它们可以干得更快。等果梗干枯后，可以将它们焚烧。
- 清除所有果蝇可以繁殖的条件，尤其是葡萄酒泄漏处和不干净的机器设备。
- 每次运输后都要清洗装运葡萄的果筐。

所有和葡萄酒直接接触的设备都要保持干净卫生的状态，可以使用对葡萄酒不产生影响的清洁产品、处理设备和储存容器。所有这类产品都是以水为溶剂的，因此水质好坏是非常重要的。

水是酒厂里最重要的清洁剂。用水可以清除很多可溶性沉淀，而不再需要其他清洁剂，水的来源非常广泛，包括自来水、雨水和井水等。根据水的来源，可能需要对水进行过滤以去掉悬浮颗粒，并氯化杀菌。要定期测定水的硬度，以确保可以使用合适的化学品，因为如果水太硬，可能会和清洁剂发生反应，形成化合物并降低清洁剂的效果。在南澳，水质最好的墨累河流域，水的硬度约为 50 mg/L ($\times 10^{-6}$)，而其他地区水的硬度最高可达 600 mg/L。井水的硬度一般都很大。在过去 5 年里，南澳地区墨累河水的硬度在 50～200 mg/L。1 格令/加仑等于14.3 mg/L。

使用螯合剂可以降低水的硬度，螯合剂是一种可以和金属离子结合，形成水溶性化合物的化学药品。常用的螯合剂有 EDTA(乙二胺四乙酸)、加尔硬水软化剂(六偏磷酸钠)、tspp(焦磷酸四钠)等。

酒厂中最严重的沉淀是酒石酸氢钾，有时也有酒石酸钙，因此常常用到腐蚀性清洁剂，如氢氧化钠。有时氢氧化钠可单独使用，但是在水的硬度较大的地区，为了更快、更有效地清洁，还会加入螯合剂和表面活性剂。苛性钠溶液能溶解蛋白质，但分散性和浸润性差，不容易清洗。常用的是 1%～2%的氢氧化钠溶液，而固体的苛性钠有强腐蚀性，而且容易潮解，形成黏性结块。

表面活性剂的特点是可以改变表面张力，增加清洁剂的浸润性和乳化程度。最好的表面活性剂是多聚乙醇，它具有很好的清洁能力，而且很少起泡。常用的浓度是 0.2%～0.5%。还有一种常用的混合清洁剂，其组成是 1.5%的氢氧化钠、0.25%的浸润剂、0.1%的 EDTA，它既可用于热浸泡，也可用于冷冲洗。

对于某些表面，如木头、裸露的混凝土和某些旧发酵罐的衬里来说，腐蚀性清洁剂的破坏性过强，因此常用碱性但腐蚀性弱的清洁剂。主要的清洁剂包括：碳酸钠、硅酸盐类、磷酸盐类和表面活性剂等。在 65℃以下的溶液中，硅酸钠对人无害，容易从物体表面被冲洗干净，而且在密封的干燥容器中储存时，具有中等的稳定性。碳酸钠不易被冲洗干净，但是具有良好的储存稳定性。

清洁过程由多步组成，最有效的顺序如下：

1 用冷水或微温的水进行预清洗。

2 用去污剂洗涤。

3 热水冲洗。

4 酸冲洗。

5 水冲洗。

清洗之后，通常要对和葡萄酒直接接触的表面进行消毒，以去除微生物污染。消毒剂也就是杀菌剂，但杀菌剂可能不能杀死全部微生物，因为有些微生物，如细菌孢子，可以抵抗冷消毒。冷消毒剂不适用于灭菌过滤器和灌装线的消毒，对它们必须进行加热消毒，以杀死缝隙中可能存在的微生物。

清洁剂里使用的杀菌剂主要是氯化物，常用的是次氯酸钠或次氯酸钙，市售商品以有机氯为基料以及卤素消毒剂，同时包括氯和溴。

次氯酸钠是最便宜的氯素消毒剂，这种液体消毒剂含有 12.5%的有效氯。次氯酸盐会将氯元素迅速释放到溶液中(和有机氯化物不同)，放置过程中会失效。稀释的溶液也是不稳定的，会很快失效，尤其是在热水中。因此，作为化学消毒剂，使用前要检查次氯酸钠中的氯含量，推荐使用氯含量在 100～200 mg/L 的消毒剂消毒 5 min。如果要使用次氯酸钠，最好能够经常性间隔购买，保证存货按照购买的早晚在有效期内依次使用，并将次氯酸钠置于阴凉处存放。

次氯酸钙大概含有 70%的有效氯。在干燥环境下可以保持稳定，而且比有机氯溶液便宜。它的缺点是含有 3%～5%的不溶性成分，而且其本身也不易溶解。

有机氯化物主要以二氯异氰尿酸钠为基础。其纯净物含有 60%的有效氯，而且能够和其他处理结合进行。有机氯化物在溶液中释放氯的速率比无机化合物慢，因此常用于游泳池的消毒。这种氯溶液更加稳定，可以保持一段时间而不失去大量的氯。有机氯化物可溶于水，而且未经稀释时，保存状态非常稳定。其最大的缺点就是成本较高。

混合卤素杀菌剂是一类混合物，可以释放次氯酸根和次溴酸根于溶液中。它们协同作用，其杀菌浓度可以低于使用单一的氯化物或溴化物。主要优点是由于工作浓度低，可以降低由于清洗不完全而引起的腐蚀。

消毒溶液应只用于对干净表面的消毒，当表面粘有干燥的有机污染物时，其消毒效果并不好。一般使用有效氯含量为 200 mg/L 的氯化物，作为酒罐和葡萄酒管线的消毒，在这个浓度下，接触 3 min 即可。在任何情况下，消毒后都要用水清洗管线，以清除残存的痕量的氯。氯化物甚至对 304 号不锈钢都有腐蚀作用，氯的停留时间过长和清洗排出不完全，都会导致对金属的腐蚀。如果所用的水质不好，可溶性盐含量高，会进一步加重腐蚀。

最好的消毒剂是 85℃或更高温度的水蒸气或热水。对灌装佐餐酒的设备来说，热消毒是必需的。最佳的消毒方法是使用 115℃的蒸汽，湿热消毒 20 min，要保证蒸汽可以接触到仪器设备的各个部分。这种湿热消毒能杀死可能在葡萄酒中生长的所有微生物。85～95℃的热水是另一种选择，但由于温度较低，需要更长的消毒时间(30 min)。湿热蒸汽消毒的优点是蒸汽可以比热水提供更高的能量。饱和水蒸气的温度和压力成正比,例如:0.7 个大气压下饱和水蒸气的温度为 115℃,1 个大气压下温度为 121℃,2 个大气压下温度为 134℃。

内务整理

内务整理是指保持葡萄酒罐外部的井然有序和清洁干净,是评价酿酒师对细节注意程度的指标。好的内务整理条例如下:

- 破碎设备使用后,迅速清理干净。
- 管线接头存放在干净和它们应在的位置,软管不用时要整齐地放在斜架上,以空干其中的水分。
- 经常收拾工具库,将散乱的箱子收好、排放整齐。
- 实验室中的玻璃器皿保持洁净备用,各种溶液要有合适的名称标签,并注明配制和(或)标定日期。
- 木桶紧实密封,及时清理漏出的葡萄酒,保持酒窖过道中没有溢出的葡萄酒或霉菌生长。
- 将灌装设备和更换备件收好,放于干净处。

废物处理(Waste disposal)

用符合卫生标准和经审核合格的方法处理固液废弃物是酒厂的法律义务。国家及地方法律规定了废物处理的要求,这些处理过程是酒厂设计和运行时的必备部分。废物处理技术往往和卫生及环保部门的要求密切相关。酒厂处理废弃物的花费不会被补偿,因此,这是酒厂建设和运行中的非生产性成本之一。

固体废物可运至处理站堆放或者填埋,如果可燃可进行焚烧处理,如果是葡萄穗梗类废物,则可洒在葡萄园中。一般情况下,液体废物较难对付,往往需要进行处理。含有酵母和葡萄固形物的蒸馏残液是最难处理的,因为其有机物含量高,可能需要调节 pH 值,并进行有氧或无氧降解。如果政府同意,排入公共下水道是最简单的,但是如果排入大量有机物含量很高(可达 15 000～30 000 mg/L)的蒸馏残液(生化需氧量或 BOD 过高,表示为 20℃/5 d)会使废水处理站不堪重负。这种排放物的季节性特点进一步增加了处理的难度。

最好根据污染的程度把废液分为轻度、中度和重度污染分别收集和处理。污染最轻的是用于清洗在酒窖中陈酿的瓶装酒酒瓶表面灰尘的水。同样,用于冷却不锈钢容器和从冷却塔流出的水也归于此类。现在的趋势是尽可能少地将这类水当作废水排放。

常规清洗是酒厂中的用水大户,这是因为良好的卫生状况对酿造高品质的葡萄酒有至关重要的作用。这包括:清洗葡萄酒储存和发酵容器、葡萄破碎处理设备和酒厂地面的常规用水,而且水经常和清洁剂、去污剂同时使用。每 1 000 kg 葡萄的处理过程,需要 0.3～2.0 kL 的清洁用水,而且在葡萄的收获季节污染程度是最高的，这段时间持续约 3 个月。设计较好的酒厂采用高压强、小体积的方法限制清洁用水量。监控并使用最少的水是非常重要的，要铭记：稀释不是解决污染问题的措施，这是亘古不变的真理。要在所有清洁用水的管道上安装自动关闭阀，使用高压低流量的清洗设备可以有效地控制用水量。

中度污染废水产生于常规的车间清洗。往往在葡萄的收获季节，溶解的和悬浮的有机物负荷量最大，这时会不小心将一些葡萄汁、果皮和种子混入污染体系中。平均数值约为：生化需氧量（BOD）3 700 mg/L，pH 值 4.8，总无机碳含量 2 000 mL/L，可溶性固体总含量 1 000 mg/L。对这类液体废弃物有几种处理方法，其中一种是和处理蒸馏残液或蒸馏洗液一样，置于浅池保持有氧条件，但不必中和 pH 值。如果能将这些废水排入市政的下水道，将是一个简单的解决方法。

重度污染的液体废物是最难处理的，最好的方法就是将粗的悬浮固体分离出来，用碳酸钙或氢氧化钠中和至 pH 值 7，然后放在浅沟渠里蒸发。由于这些废弃物会迅速转变成厌氧环境，产生令人不愉快的气味，所以这些处理必须远离住宅区。加州实行的是轮换使用一系列的浅池，每天每公顷池塘中会有 1 000 kL 液体流入到 0.5 hm^2的池塘里。液体的深度保持在 10 cm 以下，不加处理，直至池塘自然干燥 1 个星期，在这期间轮换使用其他的池塘。夏天蒸发速率较快，如果这些处理要持续到冬天，每处理 1 000 kL 的液体需要使用 10 hm^2的土地。

在澳大利亚，已经成功实现了用污水喷灌牧场和树木。使用喷灌的方法，蒸发散失量很大，液体仍处于需氧状态，会显著减少由于无氧还原过程而产生的难闻的气味。为防止喷口的堵塞，尽可能多地去除悬浮固体是非常必要的。

对小酒厂来说，废物处理具有特殊的重要性。废物处理会与资金库存和设备升级竞争有限的资金，而且会在生产最忙碌的时候，对酒厂的所有者和经营者的时间和精力造成额外的负担。相应地，废物处理是一项需要精力和成本投入的非产出性操作，会与酒厂的生产活动直接发生竞争。

可将垃圾分为与酿造相关的废物和其他废物。非酿造垃圾包括固体材料，例如：包装废弃物、来自办公室、实验室及包装销售的废纸、纸板和塑料。这些收集起来的废弃物可以装入集装箱，就地焚烧，或运至市政公共垃圾场。卫生间和厨房垃圾往往在化粪池中处理，或流入市政下水道系统。前面已经提及了基本的酿造废物，包括固体废弃物，如果皮、种子和果梗等，以及从政府的角度看更为重要的液体废物，如洗涤水、去污剂和固体含量高的澄清残余物、酒脚，等等。总体上说，废物处理问题的严重程度和所用水的体积成正比，理想的低水耗是每 1 000 kg 葡萄在整个生产过程中使用 500 L 的洗涤水。

18 葡萄酒的感官评价

Sensory evaluation of wine

方法(Methods)

通过感官方法对葡萄酒进行评价的能力，对任何一个认真从事葡萄酒产业或对葡萄酒感兴趣的人，都是必备的。从酿酒师的角度看，感官评价是酿酒的一个很重要的方面，尤其在酿造过程中，就是不停地通过品尝来评估发酵过程和新酒的变化。理化指标的测定只是为葡萄酒设立总体的指导，或者用于发现某些缺陷，这些化学分析数据通常不能将一款质量合格的普通葡萄酒与一款质量合格的优质葡萄酒区分开来。

首先需要了解的内容如下：

每个人的味觉感知能力如何？在罗斯沃斯农学院，为了培训学生成为酿酒师或葡萄酒销售人员，在训练他们品评葡萄酒之前，要花大量的时间评估他们的味觉。包括他们识别酸、糖、二氧化硫、挥发酸、硫化氢、橡木特征、双乙酰及其他成分的最低含量。对于和葡萄酒相关的人员来说，了解自己的味觉感知阈值和不足是非常重要的，目前有相关技术可以测知这些（见参考文献）。例如：如果你不能感知挥发酸，这并非你的缺点，但是你应该了解这一点，并且争取得到可以识别挥发酸的人的帮助。

了解酒的缺陷，并且能迅速识别它们是非常重要的。必须能识别出酒的粗糙、氧化、淡薄、欠协调、微生物破败、苦味及相关缺陷等，并知道如何防止和纠正它们。学习这些本领的最好方法就是参加有关品尝测试的正式课程，并且在工作中和专业的品酒员一起品评尽可能多的葡萄酒。反复的品评经验是无可替代的。一些实例表明缺乏交流的酿酒师会产生所谓的“酒窖习惯口味”，不能辨别出自己葡萄酒的缺陷。

相应地，也就应该可以识别葡萄酒的质量和等级。这就需要敏感的味觉、练习和很好的记忆。在葡萄酒博览会的品评小组中担任干事（裁判助理）是非常好的经历，大多数博览会都有以这种方式培训人才的政策。这样的经历非常有助于理解品质的概念，以及对不同等级葡萄酒的品质要求。如果想赢得博览会的奖项，这就更为重要了。

学习如何描述葡萄酒也是很有意义的。这有助于积累葡萄酒品评的词汇，可以更好地描述或概括葡萄酒的特点，并记录这些描述，以备将来参考。要记住你评价的是杯中的葡萄酒，而不是酒瓶上的标签。要尽量使用翔实精确、别人也能理解的词汇。已经有太多的关于葡萄酒的不知所云的词汇，不要这样进一步发展了。

品酒的常规步骤分为如下 3 个独立的部分：

- 观察色泽和澄清度。葡萄酒应具有符合其类型的颜色（包括色调和色度），如果是在酒瓶中，应该是澄清透亮的，老的红葡萄酒和少数白葡萄酒除外。
- 评估果香和酒香。要把鼻子伸入酒杯中并用力吸气。对香气、品种特征、二氧化硫和其他挥发性成分的总量进行了解。请记住每一款葡萄酒都必须有“香气特征”。如果葡萄酒被冰镇过，置于室温下使之升温到 12～18℃。
- 品评口感。摄入一定量（10 mL）的葡萄酒，在口中用舌头搅动并吸气。不要担心发出“啧啧”的声音，因为这样做可以激发口中温暖的葡萄酒，有助于品尝。然后吐出葡萄酒。注意获得以下信息：香气、酸平衡、甜度、果香，以及是否有缺陷，如苦味（舌根对其最敏感）等。

这些对酿酒师来说是本职工作，因为品质评价是酿酒的基础。对于葡萄酒爱好者来说，葡萄酒是人类最美妙的奢侈品和快乐的源泉，值得尽最大努力去欣赏品评它。

建立品酒室（Setting up a tasting room）

关于品酒室，需要强调的一点是：它是（或者应该是）酒厂生产设施的一部分，而不是实验室、销售处或娱乐场所的一部分。它是一个专门建立的屋子，用于特定而严肃的目的，为了对葡萄酒进行勾兑、调整、灌装、参展等目的，对酒进行评价，因此品酒室不应该对公众开放。尽管这种品酒可能是愉快的，但从根本上说这是工作，而不是娱乐。正如我们所看到的，带着挑剔眼光的品酒是葡萄酒酿造的一个重要组成部分，因为它是对葡萄酒质量的最终裁决。如今还没有机器或分析设备，可以代替经过良好训练的人的味蕾。

品酒室有几个必备特征：

安静。要排除干扰，如果可能，品酒室应该做成隔音的。没有电话、扬声器、聊天以及任何可能干扰品评者的噪声。（需要指出的是在一些葡萄酒展会上，常常不能满足这样的条件。）品评室最好只有一扇门，这样它不会成为通往别处的通道，它也不应该是实验室的一部分，尽管两者可能相邻。

良好的光线也是必需的。不同的品评者对最合适光线的要求有一定差别，但是总体上都希望光线充足。最好是向南的日光，没有阳光直射，不会造成葡萄酒的不均匀升温。替代方案是白色的 6 500° Kelvin 日光灯所提供的光线。如果使用白炽灯，需要选择微带蓝色的灯泡，以去除光谱中的红橙色部分。蜡烛很浪漫，但对品酒却是无益的，不过在检查是否有沉淀时可能用到。为了评价酒的澄清度，可以安装一个永久性的显微灯，它的光源及透镜系统可以发出一束狭窄而强烈的白色光束，可以立刻显示出酒杯中是否存在一丁点的混浊或沉淀。这就是丁达尔光束，是浊度测定的基础。

对品酒室来说，墙、天花板、工作台以及地板的最佳颜色是无光泽或亚光的白色。对颜色及外观的正确观察，是客观品评的基础，但如果对着有颜色的背景，这是不可能实现的。衬一张倾斜的白纸，朝着向南的窗户，使之最大程度地反射白光，有助于对葡萄酒的观察。

工作台和装置 一般来说，当品酒员坐在工作台(91 cm 高)或桌子(76 cm)前品尝时，感觉最为舒适方便。他们应该单独品评，在不进行交流的情况下得出结论。刷成白色的品尝隔间是不错的选择，每个隔间都要有内置的带自来水的小水池，就像牙科医生的工作台那样。隔间有助于品评者集中精神、不被干扰，它需要有足够大的地方，以摆下一排玻璃杯，并随着品尝的进行，记录酒的得分和品尝笔记。

品酒杯 应为短茎、薄壁、无色、无裂纹的玻璃杯。很多人喜欢国际通用的215 mL的郁金香形品尝杯(图 18.1)，它比一般的品尝杯大一点。有些品评者喜欢较小的莲形杯(顶端稍微外张)。酒杯的清洗有时会成为问题，最好的方法是：先在热水中清洗，然后用蒸馏水或者天然雨水漂净，自然干燥。酒杯不能倒置放在纸上，因为可能把纸张中的味道引入杯中。在倒酒前，应该闻一下所有的杯子，以保证没有异味。

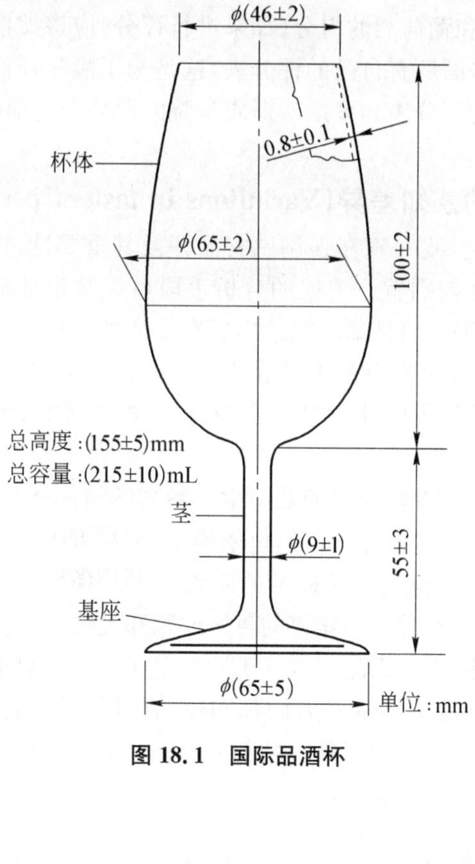

图 18.1 国际品酒杯

温度 品酒室应该气温舒适,一般在20～23℃,如果使用空调,要保证噪声量小,气体流动轻微。佐餐白葡萄酒的最佳品评温度是10～14℃,红葡萄酒的是15～18℃。如果葡萄酒过冷,不利于香气的散发,如果过热,酒精感就会过于突出。

品尝时间 这必须和员工的工作时间相适应,但是从生理学的角度出发,品评的最佳时间是早晨或下午的晚些时候,即品酒员有饥饿感,味觉最为敏感的时候。

葡萄酒品评本质上是一项严肃的工作,通过品评可以评估葡萄酒的品质和它们的酿造过程,从而做出重要的决定。正如前面所说的,这是一项工作,而非娱乐。品评的基本要求是参评的葡萄酒应该匿名,进行盲品(没有标签),最好用两三个随机数字编码。需要对品酒员的品尝能力进行评估,现在已经有相应的测试方法。品尝者不仅是技术和销售人员,还可以包括其他人员,如办公室职员、实验室助手等,因为不同人的味蕾感知能力差异很大。几年前,我曾进行了一系列的评价性品尝,用统计控制的方法对二乙酰(类似黄油的香气)以及葡萄酒中的一些其他成分的感知阈值进行了测试。结果对二乙酰最敏感的品尝者是一位年轻的女实验助理,而她甚至从不喝葡萄酒。

品尝者应该知道专业术语,这样可以更清楚地描述葡萄酒的外观、香气和口感。澳大利亚葡萄酒与食品协会有一套专业的品尝术语(下面介绍),可以用于这些描述。

最后,品尝评论和葡萄酒的得分(如果进行评分)应该按照对分析数据一样的方式记录下来。有些酒厂有自己的评分表,这是为了满足他们的特殊要求而设计的。葡萄酒展览会的评分表和罗斯沃斯农学院的评分卡也很有效。

品评者对葡萄酒的感知差异(Variations in tasters' perceptions of wine)

大家可以注意到,我一直在强调感官品评及其重要性,这是因为人类的味觉是葡萄酒品质的最终判别者。现代的分析手段可以测定葡萄酒中相当多的成分(已经鉴定出900多种),但是却不能给出感官品质的总体评价。即使是最精确的分析数据,也只能说明葡萄酒是否符合理化、卫生标准,而不能表明其品质的高低。所以我们必须依靠人的味觉进行主观分析,综合评价,因此品评应该在最佳的条件下进行。

专业和业余的品尝者都会对葡萄酒中一系列的组成成分有不同的敏感度,在有效进行描述方面也存在差异。他们也依赖于经验,帮助自己认识到个人的优势和不足,建立记忆库,获得对品质标准的明确认识。我们知道年龄也会影响感知能力,可能会出现对某种香气和味道的盲区或感知欠缺。

我们在这里关注,为什么品尝者在不同的日子,甚至是同一天的不同时间,对同一款酒的反应可能是不同的?人们都知道,有时候品尝者“不在状态”,他们的感知能力下降,我们已经了解了其中的部分原因。品尝者的健康状况对品尝有很大影响,各种临时性的疾病都会造成感知能力的下降。感冒是典型的原因,大量的黏性分泌物覆盖了鼻腔中的嗅觉上皮细胞,导致嗅觉感受能力的下降。其他的不适症状,以及病毒感染引起的头昏脑涨无疑也会降低品尝能力。总体来说,任何会削弱感知能力和大脑反应的疾病,都会降低品尝者的敏感度。

这些年来,教学经验表明,通常学生们在饥饿时的表现最好(有些学生几乎总是觉得饿!),因此品尝课一般会安排在饭前而不是饭后。葡萄酒产业对餐前品尝敏锐度的提高早有公认,酒厂常规性地将品酒安排在午饭以前。对此是有生理学基础支持的。消化时血液会从大脑流向肠胃,另外,消化时产生的神经肽,具有镇静大脑的作用。这就是说,饭后尤其是大吃一顿之后,大脑的运转显著降低,反映出来就是感官感受能力的降低。

我们知道感知能力的稳定性会因多种原因而出现变化,例如动机和精神集中,我们以加州的一个葡萄酒教育者为例,当他知道将要品尝一系列非常重要、很昂贵的葡萄酒(波尔多干红)时,他心理上的准备是预先阅读这些酒的背景资料(包括产区、气候、葡萄品种、类型,等等),对品尝过程的细节进行预测,在品评过程中,他全身心地投入,忽略所有干扰,包括其他的品评者。通过这样的准备,他发现自己非常敏锐,而且在品尝中获得的信息比在没有预先准备和注意力高度集中的情况下要多得多。

根据这个经验,我总是在品酒课之前,预先告知学生葡萄酒的大致背景,例如:简短地介绍一些历史、葡萄品种、栽培和酿造细节、类型、市场需求等,并且明确要在这些酒中寻找哪些信息。这让学生在心理上有所准备,并使他们的品尝神经兴奋起来。然后在品尝时,要求他们聚精会神,拒绝其他任何干扰。

我们知道长期接触葡萄酒(或其他刺激)会产生适应性,导致感官反应能力的严重下降。对芳香浓郁的葡萄酒,如麝香类,这一现象尤为明显。我们可以进一步预测,如果你半夜三更被叫醒,对葡萄酒进行评论性品尝,此时所有的感觉器官都处于很低迷的状态,所得的结果一定是不公正的。相似地,不同个体的最高敏锐度在 1 d 或更长的时间间隔中出现的时间也不同。

所有这些都和葡萄酒的品评相关,并且对保证味觉处于最佳状态、对同一事物作出相同评价具有重要意义。想得到更多信息,请参阅博伊斯·兰金编写的《品尝并享受葡萄酒——澳大利亚和新西兰品酒指南》一书,它由 Winetitles 出版社于 1990 年在阿德莱德出版。该书详细论述了罗斯沃斯农学院多年来的葡萄酒感官评价课程,包含了对不同口味类型的品评建议。

品酒术语表(Glossary of wine tasting terms)

参加美食美酒俱乐部,可以让很多人享受葡萄酒,参与鉴赏活动。与此相关的问题是需要互相讨论、评价葡萄酒,找寻可以准确描述自己味觉印象的词汇。品酒中的交流无外乎用恰当的词语描述主观的香气和味觉感受。为了使参加品酒的几个品评者以相同的方式评价同一款葡萄酒，对品评者来说，用相同的词语来描述对葡萄酒的印象是非常有必要的。

因此，在澳大利亚葡萄酒和食品协会的要求下，我汇集了以下术语，它们已经成为现行的官方品评术语，也包括一些已经成为澳大利亚葡萄酒术语的外来词汇。如今有大量的品评术语表，特别是法文的，而且很多其他国家的品评术语表也都包含了大量的法文术语。其中一些在澳大利亚和新西兰没有对应的词汇，因此在正式的品酒中不会被使用。例如：法语经常使用的"souple"（柔和）一词，并不是字典中所给出的"柔软"或"柔韧"的意思，而表示葡萄酒"光滑"与"和谐"。以下列出的很多术语在本书的其他位置都有更详细的描述。

如果可能，参照品尝阈值的测量结果，可以将术语量化。类似地，葡萄酒中特定的化学成分对应于特定的品尝术语列出，并标注了相应的法定最高限值。针对看（葡萄酒的外观）、闻（果香和酒香）和/或尝的特定术语，按以下方法标注：

S＝看（sight）

Sm＝闻（smell）

T＝尝（taste）

醋（acetic）Sm T	这是由醋酸和乙酸乙酯共同引起的嗅觉和味觉特征，令人联想起醋，也被称为挥发性的或刺激性的。醋酸的法定最高限量在澳大利亚为1.5 g/L，新西兰为1.2 g/L。感知阈值依葡萄酒有所差异，醋酸约为0.8 g/L，乙酸乙酯约为150 mg/L。单宁含量高的大酒可以容忍较高的含量
酸度（acidity）T	被用于形容口感中尖锐锋利感的质量以及存在人们所能接受的果酸，葡萄酒中主要是酒石酸和苹果酸。平衡的酸度是人们所期望的，可以赋予白葡萄酒爽脆的特征。同义词有 sour（酸）、tart（酸感）
阿蒙提拉多（amontillado）S Sm T	西班牙术语，指一种雪利酒，它不像非洛雪利的颜色那么淡，具有更多的香气和典型的雪利风味特征，酒龄通常更长，通常有淡淡的甜味
阿莫露索（amoroso）S S m T	西班牙术语，指体量饱满的、深色的甜雪利酒，颜色和酒体比奥罗露索雪利酒要轻一点
开胃酒（aperitif）	法国术语，指开胃品，在餐前饮用，以刺激食欲，例如干雪利酒、味美斯酒、香槟和苏黛甜酒
果香（aroma）Sm	葡萄酒的嗅觉特征。如果没有特定的香气，可以把葡萄酒描述为葡萄酒味的（vinous）。果香和酒香有时被用作同义词，但确切地说，果香和葡萄的味道相关，而酒香（bouquet）是在发酵和陈酿过程中产生的。有些葡萄及其葡萄酒的果香很浓，例如麝香葡萄和琼瑶浆
果香强烈（aromatic）Sm	葡萄酒中有浓郁的芳香，和果香不完全相同
收敛性（astringency）T	由于单宁（从葡萄皮和种子中析出）含量高使葡萄酒入口后引起收缩和触感，有时表明（红）葡萄酒适于久贮。相关术语有 harsh（刺激的）、rough（粗糙的）和 tannic（单宁感多的）

续表

平衡(balance) T	协调的葡萄酒,没有哪种成分过于突出,和谐的(harmonious)是其同义词
波美(Baumé)	古老的法国术语,指示葡萄酒和葡萄汁中的可溶性固形物(主要为糖类)。1 °Bé 相当于 1.8%的含糖量,对于由成熟的葡萄酿成的干酒,发酵后转化为体积分数约为 1%的酒精,因此采收 11 °Bé 的葡萄大约可以酿制成酒精度为 11%(体积分数)的葡萄酒。在第 5 章有详细介绍
酒膜(beeswing) S	在久储的瓶装波特酒中出现的薄膜状沉淀
大(big) T	品尝术语,通常形容特别大的酒体,通常果实特征明显,指示着高干浸出物含量
苦味(bitter) T	有些酒中存在的缺陷,在后味中有苦味逗留,不要和佐餐红酒中的酸度相混淆,它在口感的尾部出现
酒体(body) T	酒的持续性、厚度或质感。和干浸出物含量有关,酒体丰满的葡萄酒的酒精度要高于酒体单薄的葡萄酒
经瓶中陈酿(bottle-aged) Sm T	表示葡萄酒进行了延长的瓶中储藏,具有柔和、成熟的特征。对白葡萄酒来说,颜色变成金黄色,新鲜的葡萄风味和果香被更为成熟复杂的酒香所替代。有些酒,特别是年份波特酒,需要在瓶中陈酿以达到充分的发展。另一方面,菲洛雪利酒则不会得益于瓶贮
酒香(bouquet) Sm	葡萄酒在发酵及陈酿中产生的香气
澄清透亮(bright、brilliant) S	葡萄酒中不含有悬浮物或胶体类物质。也指色泽流光溢彩而且澄清
极干(brut) T	法国术语,用于描述香槟中最干的等级,含糖量通常低于 0.5%。渐进的甜度等级为超干(extra-sec)、干(sec)、半干(demi-sec)。起初极干的香槟是不加糖的
特征(character) Sm T	与酒质、平衡及风格有关,更精确地是指葡萄酒的风格,如波特酒或雪利酒的特点
干净(clean) Sm T	没有任何外来的或不好的气息或味道,但它并不指葡萄酒一定具有高品质
不透明(cloudy) S	存在胶体混浊或有其他微粒存在
过甜(cloying) T	表示葡萄酒中糖过量而酸不足
粗糙(coarse) Sm T	表示葡萄酒发生氧化或者工艺处理不当,尤其是果皮过分浸渍、过度压榨以及和空气相接触,表现为酸味不细腻、后味苦。和法国术语 corsé(意为酒体丰满)不一样
状态(condition) S	主要指葡萄酒的澄清度。混浊和不透明的葡萄酒可以形容为不在状态
木塞味(corked, corky) Sm T	由不好的或长霉菌的软木塞带给葡萄酒的不良风味
酒垢(crust) S	陈年的葡萄酒主要是红酒中黏附于酒瓶内壁的沉淀。主要由色素和酒石酸晶体组成
半干(demi-sec) T	可在香槟的标签上见到,表示中等甜度
干(dry) T	表示不含糖,甜的反义词。干酒的含糖量少于 0.2%,但当酒中的含糖量达到约 0.5%时,口感依然表现为干

续表

混浊(dull) S	代表胶体混浊,很容易用一束强光进行检验,悬浮物颗粒会产生光反射
收结(finish) T	当葡萄酒离开口腔后,余下的口感,可用简短、中等或悠长来形容
菲洛(fino)S Sm T	西班牙术语,是指采用酒花酵母工艺酿造的一种精致的干雪利酒
平淡(flat) T	指起泡酒丧失了二氧化碳,或失去了清新感的低酸静酒
花香(flowery)Sm	让人联想起花朵的香气,由某些特定的果香型葡萄品种产生
狐臭(foxy)Sm T	美洲葡萄和葡萄酒具有的氨基苯甲酸或氨基苯乙酸的味道。澳大利亚葡萄酒很少有这种味道,过去偶尔在新西兰葡萄酒中出现
果香(fruity)Sm T	带有明显的品种特征的新酒中令人愉快的果香感,是糖、酸和葡萄风味综合作用产生的品尝特征
汽酒(gassy)S Sm T	充入二氧化碳的葡萄酒,见 sprizig
天竺葵味(geranium)Sm T	一种不愉快的气味,偶尔出现在含有山梨酸,并出现细菌侵染的佐餐红酒中。和压碎的天竺葵叶子的味道相似。产生这种气味的化合物是2-乙基-3,5-己二烯
生青(green)T	用于描述不平衡的新酒,含酸(大部分为苹果酸)量过大,由不成熟的葡萄酿制。也可以指某些年轻的白葡萄酒,由于来自葡萄的叶绿素而呈现发绿的颜色
硬、刺激(hard,harsh)T	单宁过强,不协调,是红酒的一种缺陷。也用于形容缺乏葡萄酒特征的,过酸的白葡萄酒
硫化氢(hydrogen sulphide)Sm	臭鸡蛋气味,在佐餐酒中偶尔发生,由二氧化硫或元素硫还原产生。低于 1×10^{-6} 即可被察觉
酒脚、酒脚味(lees)Sm T	发酵后葡萄酒在酒脚或沉淀上储存时间过长而产生的味道;也指倒罐和澄清过程中出现的固体沉淀
轻(light)Sm T	缺乏酒体,否则令人愉快
清澈(limpid)S	晶莹剔透,流光溢彩的同义词
马德拉化(maderised)S Sm T	通过延长葡萄酒在氧化条件下的热储时间,使白葡萄酒发生氧化变化,让葡萄酒的颜色和香气与马德拉葡萄酒相似
柔和(mellow) T	柔和、成熟度好;用于描述甜雪利酒,并与半甜和干雪利酒区分
硫醇(mercaptan)Sm	葡萄酒中类似洋葱的气味,由二氧化硫反应生成的乙硫醇和乙基硫化物所致;有时指有机硫化物的味道
金属感(metallic)T	尽管是不好的收结,但并不特别苦,有金属通常铁和铜的味道
霉味(mouldy)Sm T	由发霉的葡萄,或由于在发霉的橡木桶中储存而产生的令人不愉快的味道
鼠臭(mousy)T	由于细菌在甜酒或佐餐酒中生长,而产生的令人不快的味道且口感持久。在葡萄酒离开口腔时最为明显
中庸(neutral)Sm T	指葡萄酒缺乏典型性和可识别的特征
香气(nose) Sm	通过闻得到的特征
坚果味(nutty) Sm	雪利酒中典型的辛辣味,由于橡木桶陈酿以及乙醛含量超过约 100×10^{-6} 所致

续表

奥罗露索 (oloroso)S Sm T	西班牙术语，指陈年的、口味饱满的、半甜到甜型的、酒体丰满的雪利酒
氧化 (oxidised)S Sm T	葡萄酒暴露于氧气中，造成香气散失，产生粗糙感。发生氧化的葡萄酒通常含有较高水平的乙醛
乏味(poor)Sm T	虽说不是缺点，但也没有什么优点
早熟 (precocious) Sm T	指过快的(不健康的)发展
刺激 (pricked) Sm T	由于醋酸菌的生长，使葡萄酒中的挥发酸含量过高，并含有超过约150 mg/L的乙酸乙酯
尖锐 (pungent)Sm	果香非常浓郁的，常带有土壤味
陈旧 (rancio)Sm T	氧化的陈年甜酒加上高温储藏后的特殊味道
残糖 (residual sugar)T	适用于不是特干的葡萄酒。含糖量(葡萄糖和果糖)超过 5 g/L 即可被尝出
粗糙(rough)T	红葡萄酒中的收敛感、粗糙感以及单宁味，标志着葡萄酒的不平衡和不成熟
圆润(round)T	酒体和果实特征都非常平衡的葡萄酒
橡胶味 (rubbery)Sm	由于硫化氢引起的奇怪的味道，和有机硫类物质有关
干(sec)T	法国术语，一般用于含有少量但足以被感知的糖的起泡葡萄酒
柔和(soft)T	葡萄酒后味宜人，不粗硬也不过于咄咄逼人。一般用于描述含酸量低的稍带甜味的酒
酸(sour)Sm T	不愉快的酸，不用于形容葡萄酒含挥发酸。反义词是单调、平淡(flat)
果梗味 (stemmy)Sm T	酿造中葡萄酒与被压坏的果梗相接触，所产生的气味和口感。同义词为 stalky
起泡 (spritzig)S Sm T	德国术语，形容葡萄酒中有二氧化碳存在，但不足以在玻璃杯中形成气泡。大致含量为 2 g/L。最相似的法文为 petillant，意大利语为 frizzante
硫臭味 (sulphide)Sm	硫化氢和硫醇所引起的不愉快的气味，超过 0.1×10^{-6} 气味就很明显
二氧化硫味 (sulphur dioxide)Sm	由于向葡萄酒中添加过量的二氧化硫而产生窒息性硫味。加入酒中的二氧化硫有两种状态：游离态和结合态，只有游离态二氧化硫可以被闻到，通常其浓度为 40×10^{-6}，受葡萄酒酸度的影响
硫味 (sulphury)Sm	指二氧化硫的气味
甜(sweet) T	指由糖引起的甜味
单宁(tannin)T	一类复杂的有机化合物，在红葡萄酒中的含量高于白葡萄酒。在发酵后新酒的自我澄清过程中起重要作用。而且对葡萄酒的味道有很大影响。在干红中，可使酒体丰满，收敛性强；而在甜酒中，有助于平衡糖，使口感更容易让人接受。在轻型的干白葡萄酒中，太多的单宁会使酒体过大而且过于粗糙。单宁含量和酒的成熟有关，为达到相同的和谐程度，酒体丰满、单宁含量较高的葡萄酒要比酒体稍轻的酒需要更长的陈酿时间

续表

过酸(tart)T	酸度过高,含酸量高但有残糖平衡的葡萄酒口感不会过酸
茶色(tawny)T	用于描述在成熟过程中由红色转变成黄褐色的葡萄酒;也指一种在木桶中成熟的波特酒
风土(terroir)T	法国术语,指泥土气,尤指葡萄酒的风味。也指更广阔的环境因素,与品尝无关
单薄(thin)T	缺乏酒体,近水性
酒(vinosity)T	由葡萄酿酒所产生的总体特征,但没有品种的特征性。同义词有 vinous
流泪(weeper)	软木塞泄漏的瓶装酒
橡木味 (woody)Sm T	葡萄酒中的橡木芳香和气味。有时使用硬木会留下不良的特征
酵母味 (yeasty)Sm T	含有酵母气味或口感的物质,特别是乙醛。尤其适用于由氧化性酵母引起败坏的葡萄酒

如何在酒展上获奖(How to seek awards at wine shows)

这个主题在一本关于酿造的书中涉及可能有点出乎意料,但在葡萄酒展上的成功确实能够帮助葡萄酒进行成功的营销。如何获奖的最简单的答案是:酿造优质葡萄酒,但还远不止这些。

在酒展上葡萄酒被分成不同的类型和级别,展商要决定自己的产品将参加哪个级别的品评。所以,首先一定要了解分类的要求。一款优秀的葡萄酒如果误入其他组别,是不能获奖的。尽管评委们可能会决定将不符合该组要求的酒,转到合适的组别,但在展会中有大量的葡萄酒,碰到这种幸运处理的机会很少。有几种途径可以了解分组要求:学习展会组织者制定的分组目录,这里面通常包括分组的详细要求;参加展会的品酒,品尝感兴趣组别中那些获奖的葡萄酒;在决定前,和有经验的评委讨论适合参评的组别,确认自己的产品是否符合分组要求。

下一个要点是:要确保参评的葡萄酒必须没有技术上的缺陷。如果葡萄酒有缺陷,在评比中会提早出局(如今,在某些组别有太多的葡萄酒参评,评委们急于淘汰有缺陷的酒)根据组别的不同,实例会有所差异,但以下缺陷一定会使分数降低:酵母味、氧化、硫化氢、混浊、二氧化硫过多、挥发酸、细菌污染、软木塞味、不良气味和其他不良口感。在葡萄酒展览上,我们遇到过很多这类缺陷。如果展商不能识别某种缺陷,如硫化氢,就应该寻求他人的帮助。没有人的品评能力是完美无缺的,所以在参展前,应和有经验的品评者一起,试着对这些酒进行评价。

另一个需要知道的要点是:葡萄酒按外观、香气和口感 3 个方面进行评定,分值分别为 3,7 和 10,总分为 20 分。如果缺乏果香和酒香,甚至在酒入口品尝前,分数就已经被扣除。果香和酒香与很多因素有关:葡萄的品种和成熟度、酿造和陈酿工艺、储藏温度,等等,这儿不可能详细描述,但很多酒是因为储藏温度太热、操作处理过度或与空气接触时间过长而失去香气的。在这本书的其他章节有详细的介绍。

最后，避免对评委吹毛求疵——他们的任务是困难而辛苦的（而且是无偿的），在大的组别中他们往往不得不超负荷工作。另外，品评条件也常常不够理想，尽管展会组委会已经尽力提供了尽可能适宜的品评地点。

19 葡萄酒中存在的缺陷

Faults in wines

考虑到葡萄酒复杂的化学本质以及所经历的微生物转化过程，葡萄酒是容易出现各种缺陷的。酿酒师和品质控制人员需要了解这些，并知道应对措施，更重要的是知道如何防范缺陷的发生。下面我们主要考虑葡萄酒的金属混浊，其他类型的混浊和沉淀及其鉴别将在第 21 章中讨论。

金属混浊(Metal haze)

由某些痕量金属所造成的金属混浊曾是瓶装酒最严重的问题之一，现在仍时有发生。主要的问题金属是铁和铜，偶尔也有铝。令人吃惊的是，非常微量的金属就足以产生混浊，每升只要几毫克($\times10^{-6}$)，根据酒的不同会略有差异。

葡萄酒中的金属污染主要来源于金属设备——葡萄本身所含的金属非常少，不足以产生混浊。历史上，酒厂中曾广泛使用铁制设备和管道，后来为铜、青铜和黄铜所取代。这使得原来的铁污染变成了铜污染，而铜污染引起了更严重的潜在问题。随后引入了不锈钢、塑料和玻璃，这些材料的使用有效地解决了金属混浊问题。

铁污染的主要来源之一是使用未镀膜的铁制容器装运葡萄，这会使葡萄酒中的铁含量达到足以产生混浊的 20 倍。这样的铁含量会使白葡萄汁呈现出灰色至深褐色。在发酵过程中酵母会清除大量的金属污染，但剩余的铁仍然足以引起混浊。铁污染还可能来自葡萄酒与铁制设备的接触，膨润土、未清洗的过滤网也都可能引起铁污染。铁混浊通常由磷酸铁引起，在红酒中也有单宁酸铁，通气会使二价铁向三价铁转化，加速混浊的产生。事实上，在还原条件下很难或根本不产生混浊。另外，葡萄酒越酸，越容易形成铁混浊(有时也叫变质)。

在葡萄的处理过程中一般不会产生铜污染，铜污染通常在发酵后来源于葡萄酒与含铜设备的接触，未清洗的过滤片是铜和铁污染的来源，这些污染物被最先通过滤片的葡萄酒带走。因此，最先灌装的酒中可能含有足量的金属，从而产生混浊。铜混浊易在还原条件下形成，并具有潜在性，这样就会在葡萄酒灌装后，氧化还原电势降低时发生。如果葡萄酒中含有蛋白质，会更容易产生铜混浊，这是因为沉淀中含有硫化亚铜与蛋白质的复合物。如果葡萄酒中不含蛋白质，则可以耐受较多的铜而不致引起混浊。

葡萄酒中铁和铜含量的最大限度，与葡萄酒的类型及成分有关，但经验值一般为含铜量 0.5 mg/L，含铁量 6 mg/L。测定方法相对简单，可由化学法测得，原子吸收光谱法可以更快地测出其含量。可以使用氰亚铁酸钾去除酒中的金属，它会与金属反应生成蓝色絮状沉淀。这种处理只能由资深酿造学家或化学家实施，当然防止酒中出现金属混浊，比混浊发生后再治理要好得多。

尽管铝混浊很少发生，但还是有必要简单介绍一下。铝并非惰性金属，它可能形成不易处理的沉淀。铝和其合金对葡萄酒的侵蚀有一定的耐受力，有人凭这一点就认为它们适合制造酒厂设备。然而，这是不正确的，除非安装永久性的耐用镀膜，所有的铝制设备以及与酒直接接触的表面都是混浊产生的潜在来源。除了形成混浊，铝还有其他不良作用。它会使葡萄酒带有金属般的口感，也是能将二氧化硫还原成硫化氢的几种金属之一。另外，它还有漂白作用。

关于葡萄酒中铝的来源，葡萄中的铝含量是痕量的。当葡萄汁尤其是葡萄酒接触铝表面时，问题就产生了，葡萄酒或葡萄汁可以侵蚀、溶解铝。铝表面和葡萄或葡萄汁相接触的危害要小于和酒的接触。因为葡萄汁中 90%以上的铝在发酵过程中会被酵母所去除。正因为如此，有些时候推荐用铝制筐或器皿来运输葡萄，但这不是明智的选择。某些葡萄压榨机的滚筒是铝合金制的，但接触时间很短，不足以向葡萄汁中释放大量的铝。下胶剂是铝的另一个来源，尤其是膨润土是一种硅酸铝黏土。膨润土下胶可以使葡萄酒中的铝含量增加到 2 mg/L。其他的下胶材料和一些过滤助剂也是可能的来源。

葡萄酒中铝混浊的状态从淡淡的不透明到混浊且带有沉淀，这和铝污染的程度有关。显微镜下，混浊物呈现均一的无定形颗粒状，直径 1～2 μm。加入盐酸，沉淀溶解，但是加入过氧化氢或亚硫酸，不发生变化。用这种方法，可以将铝混浊与铁或铜混浊进行区分。其蛋白质实验呈阴性，加热或冷却都不会影响铝混浊的形成。

葡萄酒中铝含量的上限可设为 1 mg/L 左右。铝元素不是葡萄或葡萄酒加工过程中必要的营养成分，在发酵过程中也不具有生化活性。对铝的最大耐受量依葡萄酒而有所不同，其中 pH 值有重要影响，pH 值 3.8 时，混浊度最大，酸含量越高，结合态的铝就越多，也越不容易形成混浊。

酒中（和葡萄汁不同）铝污染的一个主要来源就是铝合金设备，尤其是内镀膜缺失或损坏的板筐式过滤机。因此，如果怀疑出现了铝混浊，它是不能通过蓝色下胶所去除的，一定要检查所有和葡萄酒发生接触的铝质表面都有良好的镀膜保护。

蛋白质混浊（Protein haze）

一个典型的实例可以说明蛋白质混浊的发生。酒厂中已经灌装了部分佐餐白葡萄酒，并将它们码放在一起，以备贴标和包装。如果这时发现堆在顶部的葡萄酒中出现了混浊，酿造师的担心可想而知，随着时间的推移，堆在下边的酒中也逐渐出现了这种混浊。混浊慢慢沉降成轻薄的无定形沉淀，如果按照后面介绍的方法进行检验的话，沉淀可溶于氢氧化钠。

这就是蛋白质混浊，产生的根源是酒中含有热不稳定葡萄蛋白，在葡萄酒温度上升时，蛋白质缓慢发生变性，形成沉淀。由于自然的温度分层(在第 8 章有所介绍)，堆积在顶部的葡萄酒温度较高，会最先形成沉淀。在澳大利亚的温热地区，蛋白质沉淀的发生较为常见，这些地区的葡萄中含有较多的可溶性蛋白。最常涉及的葡萄品种有：麝香葡萄、琼瑶浆和赛美蓉，含量的多少取决于气候和葡萄的成熟度，成熟度越高，蛋白质含量越高。

引起混浊的蛋白质的相对分子质量为 40 000～200 000，等电点为 pH4.8～5.7。葡萄酒中还含有很多其他的含氮化合物，如氨基酸、多肽，但它们不会形成蛋白质混浊。相关问题是，蛋白质和铜混浊有关，可形成硫酸亚铜-蛋白质复合物，和锡也发生相关的反应，但后者在澳大利亚比较罕见。

蛋白质混浊在本书中提到过多次。可参考的章节有膨润土和蛋白质稳定(第 10 章)、稳定性实验(第 21 章)和混浊与沉淀的鉴定(第 21 章)。

硫化氢(Hydrogen sulphide)

硫化氢(H_2S、臭鸡蛋味气体)是酿造过程中最棘手的几个问题之一。它有很多来源，很难搞清楚，这就是其不定时发生和难以预测的原因。

硫化氢是一种活性气体，在酒中形成后，能进一步转变成其他味道很大的物质，例如硫醇类、有机硫化物等，它们可以使葡萄酒产生蒜味或洋葱味，上述物质是沸点较高的液体，比硫化氢更难除去。因而，一旦发现酒中有硫化氢生成，要在它转变成其他物质之前，尽快将其除去。

硫化氢可由几种途径生成。

如果在发酵时有元素态硫存在，必然会被还原生成硫化氢。元素态硫可能来自葡萄园中使用的抑制真菌侵染的硫磺粉剂，或源于在橡木桶内燃烧硫磺片或硫磺芯进行灭菌的残留。鉴于这个原因，不提倡使用燃硫法进行木桶消毒。酒精发酵是强还原过程，在发酵高峰，其氧化还原电势小于 100 mV。这有利于硫还原生成硫化氢。

所有的酵母在发酵时都能将硫还原成硫化氢，但生成的量有所不同。硫磺的颗粒越小(比表面积越大)，硫化氢的产量就越高。葡萄园用硫磺粉抑制白粉病，如果施用时间接近收获期，就会成为硫化氢生成的重要原因，这是因为分散的细微的硫磺颗粒残留在叶片和果实上。它们随葡萄被引入到发酵中，就会生成硫化氢。因此，一定不要在葡萄采摘前的 4 周内喷洒硫磺粉剂。

在发酵过程中某些酵母可将二氧化硫还原成硫化氢。少数酵母甚至可以还原葡萄汁中的硫酸盐，由于需要多个化学还原步骤，这种情况发生得不是特别普遍。发酵应筛选不还原二氧化硫或硫酸盐的酵母进行。

如果葡萄汁中无机氮含量不足，不能满足酵母的营养需求，酵母就会分解葡萄汁中的葡萄蛋白质作为氮素来源。蛋白质中的含硫氨基酸，如甲硫氨酸、胱氨酸，就会随蛋白质的降解，以副产物的形式生成硫化氢。由于这个原因，在发酵前添加磷酸氢二铵，以增加可利用的无机氮源，同时也提供酵母所需的磷元素。如果没有其他途径产生硫化氢污染，这种增氮方法就可以阻止硫化氢的生成。所需加入的磷酸氢二铵的量，由葡萄汁中已有的无机氮（游离含氮氨基酸）含量决定。除非测得该数据，否则无法确定需要添加磷酸氢二铵的量。发酵前的常规添加量为 100～200 mg/L。

某些金属，如锌，能够通过直接的化学还原产生硫化氢。锌与葡萄酒中的酒石酸和苹果酸反应生成氢气，氢气还原二氧化硫产生硫化氢。这不是一个重要来源，因为锌制或镀锌设备不常和酒接触。然而，如果不锈钢容器没有事先经过酸洗处理，就有可能生成硫化氢。当不锈钢容器和酸性的酒相接触时，其表面就会形成硫酸锰，并释放出硫化氢。用柠檬酸或酒石酸进行预洗，可去除这层硫化物，从而阻止它接触葡萄酒。

去除葡萄酒中硫化氢的各种方法中，最简单快捷的是以硫酸铜的形式加入少量的铜，使铜含量达到 1 mg/L 左右，具体的添加量由葡萄酒中硫化氢的含量决定。实验室的预实验是必要的，加入一系列不同量的硫酸铜溶液，选择可去除硫化氢味道的最低量。通常使用的硫酸铜含量为 400 mg/L（蓝矾 $CuSO_4 \cdot 5H_2O$ 含量）的母液，向 100 mL 酒中加入 1 mL 该溶液，就相当于在每升葡萄酒中加入 1 mg 的铜。在酒厂中向每 1 000 L 葡萄酒中加入 4 g 蓝矾晶体，就相当于加入 1 mg/L 的铜。将这些晶体溶于少量水中，缓慢加入并搅拌葡萄酒。硫化氢和铜结合生成不溶的硫化铜，沉淀在容器底部，成为棕色的残渣。生成的量相当小，不需要额外的步骤加以去除。

在法国的一些酿酒实践中，预期会出现硫化氢的问题，实际上却没有出现，酿酒师们也说他们很少遇到这个问题。细致地检查他们的酒厂就能发现其中的奥秘，他们总是使用一些黄铜设备（阀门、管道、泵等）。黄铜与酒接触的地方都由于硫化铜的沉淀而变黑了。实际情况就是，确实产生了硫化氢，然后被黄铜设备清除了，这在原理上和现在添加硫酸铜的操作是一样的。这对我们有很好的启发。

挥发酸（Volatile acidity）

挥发酸是用于描述葡萄酒（一般为干红）被醋酸菌侵染，也可能被乳酸菌和某些酵母侵染，它们将酒精氧化生成醋酸和乙酸乙酯的术语。氧化形成的化合物的最低感受阈值，根据酒的类型有所不同，通常可接受的最大含量一般为醋酸 0.8 g/L，乙酸乙酯 0.15 g/L。酒精含量高的大酒，对挥发酸的耐受能力比酒体相对单薄的酒要高。澳大利亚葡萄酒中醋酸的法定最大含量为 1.5 g/L，而新西兰为 1.2 g/L。没有对乙酸乙酯含量的法定要求。对于红葡萄餐酒来说，挥发酸是一个古老的问题，一旦发生，就意味着需要检查酿造过程。如果葡萄酒中出现了挥发酸，想在不严重损害葡萄酒品质的前提下，对它进行去除或纠正都是不可能的，因此提前防范是非常重要的。

挥发酸的检测是通过品尝(闻起来是否有醋味)和化学测定醋酸含量进行的，在葡萄酒蒸汽中96%的挥发酸是醋酸。乙酸乙酯对口感的影响更大，但很难加以测定，因而一般都不会检测。乙酸乙酯往往和醋酸一起产生，并且其比例基本恒定，这与所涉及的微生物种类有关。某些酿酒酵母会产生大量的醋酸，却几乎不产生乙酸乙酯，所以葡萄酒可能有很高的挥发酸测定值，但对味觉影响不大。蒸汽蒸馏法测定乙酸并不像预期的那么简单，而酶法是替代性的选择。

从酿酒师的观点出发，导致产生挥发酸的条件如下：

- 有破败微生物存在——通常情况下，这类微生物的数量都很少，只有当环境条件设置不当时，才会引起它们的生长。
- 温暖的温度——醋酸菌在23℃时的生长和产生挥发酸的量是18℃时的2倍，而28℃时是18℃的4倍。
- 存有空气——醋酸菌的生长需要和空气相接触(它们是好氧微生物，尽管有时也可以在葡萄酒中发现醋酸菌)。因此，它可以在未装满的葡萄酒上生长，压榨前也可以在破碎的葡萄上生长，发酵过程中可以在干的果皮帽上生长。
- 二氧化硫浓度过低。
- 酸量过低(pH值高)——促进乳酸菌的生长，对醋酸菌也有较弱的促进作用。
- 酒精含量低——总体上有利于细菌的生长。然而，在实际生产中，提高酒精含量对抑制挥发酸的形成并不特别有效，因为要想显著减少细菌的生长，酒精的体积分数至少需要达到14%。

预防挥发酸产生的方法：

- 在葡萄酒酿造和澄清过程中，进行有效的消毒。
- 对顶部开口的红酒发酵罐，在发酵过程中，保证果皮帽浸入液体。
- 保持葡萄酒冷凉，(对佐餐酒而言)不和空气接触。对于红葡萄酒，要定期添桶或严格密封将橡木桶旋转至60°存放，维持恰当的pH值和二氧化硫含量。推荐值在第5章有所介绍。

装过带挥发酸的葡萄酒的桶，应该首先用热的1%的碳酸钠溶液处理，然后用1%的酒石酸或硫酸处理，随后冲洗干净并用亚硫酸处理。在不满的容器中，应该用惰性气体驱除上层空气，顶部空间的氧气含量应低于0.5%，以抑制好氧微生物的生长。

鼠味(Mousiness)(Geranium smell)

鼠味是描述某些葡萄酒出现特定微生物破败时的术语,破败后酒会产生特殊的令人不愉快的味道和口感,让人联想起老鼠。现在这不常发生,但在以前却经常出现。能品尝出这个缺陷的人不多,但能感知到它的人,都觉得它非常令人不悦。这是待散葡萄酒最为严重的微生物破败之一,并伴随着严重的乳酸菌破败。品评时,当酒离开口腔后,鼠臭味变得更明显,而且会持续一段时间。

其成因微生物是某些乳酸菌和(或)酒香酵母的酵母。这些细菌和酵母共生、共同造成影响。它们的存活都受二氧化硫的抑制,恰当的消毒和有效地使用二氧化硫可以达到预防鼠臭发生的目的。这需要很好地理解酿造工艺,因为它会影响白葡萄酒中微生物的生长,特别是:pH 值控制、早期倒罐和保持在酿造的全过程中佐餐白葡萄酒中的游离二氧化硫含量要维持在 20～40 mg/L,在甜酒中含量减半。将游离二氧化硫含量和 pH 值联系起来也非常重要,因为 pH 值越高,所需的游离二氧化硫的量也就越大。

直到最近人们才搞清楚了鼠味的化学本质。鼠味曾经是指(有时现在仍指)乙酰胺,不纯的乙酰胺有类似老鼠的味道,但纯的乙酰胺其实没有味道。本身具有鼠味的污染物是三甲基三嗪(trimethyl triazine),但是在发生鼠味的葡萄酒中并没有发现这类物质。造成葡萄酒中鼠味的化学物质的是 2-乙基-δ 哌啶。其纯化物的味道类似毒芹(化学本质也和毒芹有关),当暴露在空气中被氧化时,则产生强烈的老鼠味,持久而且难以从它接触的任何表面清除。这就意味着,如果葡萄酒被氧化,就会加重鼠味。

如果其成因微生物属酒香酵母属,就会涉及赖氨酸,但是细菌并不产生赖氨酸。使葡萄酒发生鼠味的必要条件是有某些败坏细菌和/或酵母的存在、酒精和空气。因而,抑制葡萄酒中微生物的生长,是防范鼠味发生的先决条件。

所有这些中的最后一个,也是最令人无奈的特征是一旦葡萄酒发生鼠臭,它就成为一个永久性缺点,不可能在不进一步破坏葡萄酒的前提下,将其去除。因此,我们要牢记防患于未然,远胜于发生后再治理。

天竺葵气味(Geranium smell)

这种不常见的气味和口感偶尔发生于干红葡萄酒中,是葡萄酒中可能发生的最糟糕的缺陷之一。有很多词汇可以描述这种气味,如:腐烂的、恶劣的,以及揉碎的天竺葵叶片般的气味。这种酒一般是无法上市的,而且这种气味也很难除去。它来自于细菌对山梨酸的分解,山梨酸作为一种真菌杀菌剂加入酒中,用于杀死酵母和霉菌。山梨酸也用于多种食品中。由于其杀菌性,允许向酒中添加山梨酸,基本只限于加入含有发酵糖的佐餐白葡萄酒中。山梨酸不是细菌杀菌剂,在加入酒中的剂量下,细菌仍可以生长。事实上细菌可以代谢山梨酸,把它转化为其他化合物,其中一种就是 2-乙基-3,5-己二烯,这种不饱和化合物具有葡萄酒中出现天竺葵败坏的气味特征。

由于乳酸菌的生长和山梨酸的存在是形成天竺葵特征的两个必要条件，因此可以通过抑制细菌的生长和不向佐餐红葡萄酒中添加山梨酸来防止它的发生。山梨酸只应添加于佐餐甜白葡萄酒中，而且使用时要保证游离二氧化硫的含量(20～30 mg/L)以抑制细菌的生长。

酵母破败(Yeast spoilage)

酵母破败是佐餐酒灌装中最为严重的技术问题之一。它在所有的葡萄酒生产国都发生，而且经常出乎意料地出现。有时，酿酒师会在没有预兆的情况下突然面对一批出现了混浊的瓶装酒，或由于气压而变形的“盒中袋”。当对混浊液进行显微镜检时，会发现有正在出芽的酵母细胞。考虑到这个问题的严重性，需要更细致地对其进行分析。另见第 15 章有关灌装的内容。

酵母败坏可能仅是无关痛痒的小问题，也可能造成惨重的财政损失。这是因为需要把已灌装的葡萄酒全部倒出，进行一定的处理，经过无菌过滤，再重新灌装到清洗并消毒过的酒瓶中。所有这些再处理过程，都是对时间和金钱的白白浪费，而且葡萄酒的品质也会因此降低。

破败的本质

在白葡萄餐酒中发生的酵母生长多于红葡萄餐酒，而且可以分为两种宽泛的类型。如果葡萄酒中含有残糖，通常会有二氧化碳的产生，混浊的葡萄酒会含有气体。二氧化碳的压力可能将软木塞顶出瓶子，或使“盒中袋”膨胀成足球。这种类型的败坏是糖的再发酵过程，根据所涉及的酵母种类的不同，有时会有而有时没有不良气味的产生。

如果存在非发酵酵母，或葡萄酒中不含可发酵的糖，就只形成混浊或沉淀，而不产生可被观察到的气体。这种类型的败坏比较少见，但是如果含有抗性的非发酵酵母菌株，败坏也是相当严重的。由于产生了醋酸、乙酸乙酯和其他令人不愉悦的代谢产物，葡萄酒往往出现不好的气味。

瓶装葡萄酒的外观不一定能指示酵母破败。沉淀物在外观上可能为细沙状，摇动时很容易分散形成混浊，也可能呈现为离散的球状颗粒，沉入瓶底，而且摇动时不会散开。不管什么情况在显微镜下(放大 600 倍)，都可以辨认混浊或沉淀为酵母细胞，它们呈:圆形、卵圆形或圆柱形。如果除酵母之外还有其他物质存在，则败坏可能不止一种原因，例如:蛋白质混浊、金属混浊，等等。

相关酵母

在澳大利亚，多种酵母可引起佐餐酒的败坏，败坏特征通常和酵母的特征有关。通常这些酵母是酿酒酵母属(*Saccharomyces*)的,最常见的是葡萄酒酵母(*S. cerevisiae*)、贝酵母(*S. bayanus*)、拜丽酵母(*S. bailii*)、好望角酵母(*S. capensis*)、二孢子酵母(*S. bisporus*)和鲁氏酵母(*S. rouxii*)。当然,葡萄酒酵母和好望角酵母分别被广泛用于葡萄酒的酒精发酵和非洛型雪利酒的生产。事实上,从败坏的葡萄酒中分离出来的酵母,常常就是用于一次发酵的酵母。

除了酿酒酵母属外,弱发酵和非发酵型酵母也可能引起败坏,如膜醭毕赤氏酵母(*Pichia membranaefaciens*)、球拟酵母(*Torulopsis bacillaris*)、深红酵母(*Rhodotorula rubra*)、假丝酵母(*Candida mycoderma*)、清酒假丝酵母(*C. sake*)、粗状假丝酵母(*C. valida*)和近平滑假丝酵母(*C. parapsilosis*)。其他国家有酒香酵母引起败坏的报道,但在澳大利亚很少发生。有时也分离到别的酵母,尤其是形成粉红色菌落的酵母,如红酵母属的一些酵母,但它们似乎不会在酒中繁殖,因此重要性不大。

破败酵母的特征

从破败的瓶装酒中分离出来的酵母,在不同条件下的生长能力有很大差异。最大的酒精耐受力可达 17%(*v* /*v*),二氧化硫耐受力超过 200 mg/L,山梨酸耐受力可达 200 mg/L,糖浓度分布于 0~10%,生长温度 15~30℃。酵母所需的主要营养物质为糖类,但有些酵母也可以在其他碳源上生长,例如酒石酸、柠檬酸、苹果酸、乳酸、琥珀酸和甘油。对真菌杀菌剂耐受能力最强的菌种是贝酵母和拜丽酵母,后者有时在参考书中被称为产酸酵母(*S. acidifaciens*)。

污染的酵母是否能在瓶装酒中生长,与很多因素有关,例如:菌株(不仅和属与种相关)、细胞数量、温度条件以及酒精、糖、二氧化硫和其他杀菌剂的含量、生长因子和各种含氮化合物。有些葡萄酒可以及时有效地进行自我灭菌,有些葡萄酒可能在一段时间内含有少量的活酵母,但不会产生实际的危害,但有些葡萄酒会促进酵母的生长,使葡萄酒迅速变得混浊。因而,在没用充分了解所涉及的具体酵母和葡萄酒时,不可能确定包装时某种酒可耐受的酵母的最大数量。根据经验值,有人认为所含酵母的最大限额为 10 个/瓶,但这与酵母和葡萄酒的具体情况有关,而最理想的状态是不含酵母。

在含有可发酵糖时通常会促进酵母的生长,而某些菌种可以在只含 0.1%左右的非发酵性戊糖的葡萄酒中快速生长。它们可以利用酒中的其他物质(如酸)作为碳源,进行氧化型生长。已经证实贝酵母、拜丽酵母和膜醭毕赤氏酵母都具有这个特点。在南非和欧洲,有报道说其他酵母,如酒香酵母需要酒中存在硫胺素和生物素作为生长因子。如果葡萄酒中缺乏这两种 B 组维生素,污染的酒香酵母就会生长缓慢,甚至根本不会生长。

和产孢的细菌相比,酵母整体上并不特别耐热。总体上说,70℃湿热条件持续 20 min,就能杀灭酵母,因此灌装设备的加热灭菌处理一般是,让所有和葡萄酒接触的设备在这个温度或更高温度下持续至少 20 min。

破败酵母的来源

尽管酵母污染可能来自各种途径，例如空气、空酒瓶、软木塞和灌装设备等，但最主要的来源还是葡萄酒本身，而且在灌装前的过滤中并没有能完全去除它们。这类酵母已经在前文列出了，如果破败涉及酿酒酵母菌株，那它们可能来源于葡萄酒一次发酵的残留。

抑制酵母的生长

由于在包装好的葡萄酒中发生的酵母败坏是由包装后酵母的生长所引起的，因此最好的处理方法就是无菌过滤、热灌装或使用合适的杀菌剂。还有很多其他的方法在世界各地使用，如电解质加热、高频杀菌、紫外辐照除菌以及交流电除菌等，但不能完全替代以上方法。

无菌过滤

这一部分应该和第 15 章有关装瓶的内容对应阅读。假设制造商的除菌滤芯处于正常的运转状态，则可以除去葡萄酒中的酵母。正常运转状态是指足够的加热消毒、低于最大压力差过滤、防止瞬间压力过大，并且滤芯的使用时间不能过长——最佳时间仅为 1 d。对于当前使用的大多数灭菌级过滤芯，最大推荐压降为 21 psig(磅/平方英寸)(1.46 kg/cm^2，15 m 水柱或 145 kPa)。由于存在滤芯破损的潜在可能，尽量不要使滤片发生弯曲。由于多种原因会导致压力冲击的发生，例如：突然停止或开始过滤，以及水或葡萄酒突然涌入充满蒸汽的滤器中，这时由于蒸汽压缩会引起局部真空，或不经过对已过滤的葡萄酒进行有效的再循环而突然停止过滤操作。这些压力冲击不需要太大就能引起损伤，制造商表示当压力的急剧改变达到约 11 psig 时，就可能造成滤床破损。

除了不稳定的压力冲击，由于快速的开关引起的突然或反复的冲击，也会缩短过滤板的使用寿命。这些操作会引起滤芯的振动，而最终结果是导致酵母细胞漏过滤芯。葡萄酒中存有空气或会释放二氧化碳时，也会引起滤芯的破损，而在灌装起泡酒时，需要足够的反向压力，以使二氧化碳保持溶于酒中的状态。

考虑无菌过滤时，了解要清除的酵母数量是非常重要的。以白葡萄餐酒为例，可能看起来是清澈透明的，但往往含有大量的酵母。无菌过滤级滤芯制造商建议在无菌过滤前，葡萄酒中的酵母数不应超过 500 个/mL。

安装了滤板的板筐式过滤机需要用蒸汽或热水进行灭菌，经过滤机的出口进行循环，直到蒸汽和热水从温度最低的滤片排出时仍能达到 70℃以上的温度。当达到这个温度后，要至少循环 20 min。过滤机上温度最低的排出口是底部的排气阀。所需的蒸汽量依不同过滤机有很大差异，两种不同的过滤机，要使温度最低的阀门排出超过70℃的冷凝水，所需的时间分别为25 min和45 min。制造商会提供对过滤机进行蒸汽灭菌的说明，使用者要牢记在心并严格遵守。

所有过滤机的下游设备，包括薄膜滤器和灌装设备，都需要加热灭菌。使用为加热灭菌而设计的旋转式灌装机，最好将蒸汽注入到在装酒头正确放置的空瓶中，这样蒸汽可以流经灌装机的所有管道。酒瓶偶尔也会引起酵母污染，因此应该经常进行检查。在符合工业卫生标准的条件下，包括在玻璃制造时进行甲醛处理，将酒瓶包装于热缩塑料中等，只要热缩塑料没有破损，理论上就可以达到酿造学的无菌标准。然而，事实证明储藏于自然环境中的包在热缩塑料里的新瓶子并不是处于无菌状态的，这是由于塑料封套上有裂口，而瓶子里有凝结水。清洗旧酒瓶可能比清洗前产生更多的微生物污染，最好用二氧化硫气体或溶液进行处理，然后用无菌空气吹干或用无菌水清洗。打塞机有可能变成次级的污染源，由于溢出的葡萄酒可能附着在压塞机的夹钳上，酵母就从一个酒瓶传到另一个酒瓶。这种情况在酒瓶装得过满时尤其容易发生。只要软木塞不会因加热而损坏，对夹钳进行加热是非常有效的预防措施。

另一个重要的污染源是不干净的压力表，使用时葡萄酒可能进入感应压力的波登管。在第14章提到过这些。污染很容易发生于死角，例如通入安全阀的支路、压力表和温度探头。除非支路上有放气旋塞，以保证灭菌时蒸汽可以通过管道，否则这些死角往往会不定期对产品造成污染。

常规无菌过滤后，膜过滤作为最后一道安全性过滤，是非常重要的。假设滤膜的滤孔小于最小的酵母细胞，过滤后的葡萄酒就应该是无菌的。在此后的步骤上污染依然可能发生。滤芯过滤后采用膜过滤的优点是如果滤芯过滤不合格，膜过滤可以保护葡萄酒不被酵母污染。在膜过滤前，葡萄酒必须是澄清透亮的，因为滤膜没有缓冲，很容易被阻塞。事实上，如果膜过滤器被迅速堵塞，恰恰指示了前面的过滤芯存在泄漏。

一个明智的做法是在滤芯和膜过滤后，在葡萄酒生产线的适当位置设置取样点(橡胶膜)。可以用取样器定时吸取葡萄酒样品，然后在实验室通过膜过滤检测是否存有酵母。通过这个方法，可对过滤设备的有效性进行常规检测。

不能依赖二氧化硫来抑制发酵型酵母，有些酵母对二氧化硫有很高的耐受性。酒精和糖的含量影响酵母对二氧化硫的耐受，曾经发现过在二氧化硫浓度高达600 mg/L的葡萄酒中，出现酵母败坏的实例。曾经从正在发酵的含有1 200 mg/L二氧化硫的黑加仑汁中分离出活跃生长的酵母(*Torulopsis bacillaris*)，而此时游离二氧化硫的含量超过100 mg/L。

山梨酸在法定最高限量200 mg/L或以下时(以山梨酸计，而非山梨酸钾，但山梨酸往往以更易溶的山梨酸钾盐的形式加入)，可以有效地抑制酵母生长。然而，有些酵母可以在较高的山梨酸含量条件下发酵，从而影响葡萄酒的质量。加入葡萄酒中的山梨酸的法定剂量不能有效抑制细菌的生长，在有山梨酸存在的条件下,细菌的生长可能使葡萄酒产生不良的风味(见前面的天竺葵气味章节)。因此,当加入山梨酸后,必须保证存在游离的二氧化硫。因此,灌装时冷无菌过滤是现在清除微生物败坏,保证葡萄酒品质的最佳方法。其实用性已经被广泛证实,但相关设备比较昂贵,正确使用这些设备,外加灌装前良好的微生物控制,对确保产品质量十分重要。

有些酿酒师认为空气中传播的酵母是部分瓶装酒发生酵母破败的原因,但是能在葡萄酒中生长的这类酵母并不多。尽管通过对罐装室的空气进行灭菌,并使罐装室处于正压状态,能起到防止污染的作用,并有利于为罐装提供一个卫生的环境,但从空气传播酵母的角度看,这样的防护性措施并不必要。但它确实具有优点:起到风障的作用,保持无关人员远离过滤、灌装、压塞设备,直到酒瓶完成打塞、密封步骤。通常只允许很少的人在这个车间中,他们也许没有经过正式的微生物训练,但他们必须了解这个工艺过程的特殊要求。

无菌灌装需要无菌封口材料,而对原本多孔的软木塞进行灭菌却存在一些问题。以前,酒厂用二氧化硫溶液浸泡软木塞进行消毒,如今有些地方还在使用这种方法,而另一些酒厂改用经预消毒的软木塞。不同的软木塞和灌装设备供应商推荐使用的二氧化硫水溶液浓度、处理时间和处理温度并不一致。二氧化硫溶液的推荐浓度为1%～2%,时间从10 min到过夜,而温度从室温到49℃。总体上讲,不应对软木塞进行热浸泡,而二氧化硫的浓度也不宜过高,以防止软木塞变脆。室温下,在含有少量甘油、不含铁离子的1%的二氧化硫中浸泡几小时是最优方案。在澳大利亚,预消毒的软木塞已广泛使用,软木塞装于塑料包装中,当使用时才打开。预消毒软木塞的优点是可以不经进一步的处理而直接使用。经γ射线处理的软木塞是无菌的,这种处理已经达到了商业规模的应用。

品质控制工艺

灌装佐餐酒时,尤其是含有发酵糖的餐酒,为检测酵母的存在,必须进行某些品质控制。使用薄膜过滤有一个很大的好处:可以将膜直接铺在营养物培养基上,培养一段时间后可以直接看到酵母菌落。缺点是,这个过程需要至少一夜(如果需要计算菌落数),这就需要一种快速简单的方法检测酵母数,监测限需达到每瓶酒中酵母细胞为10个或者更少。如果在1 h以内可以得到检测结果,就可以在大体系中有效控制酵母引起的破败。各种的染色方法和紫外光显微镜的应用为此提供了前景。

最后,瓶装酒的酵母败坏是个很严重的问题,尤其对含有可发酵糖的葡萄酒。涉及的酵母种类很多,既有发酵型的也有非发酵型的,而其中的一些对目前的法定杀菌剂(二氧化硫和山梨酸)有很强的耐受能力。按照说明书正确使用灭菌级过滤器,就可以去除葡萄酒中的酵母。此后仍可能从以下途径产生污染,如非灭菌压力表、污染的酒瓶和压塞机。来自空气的酵母污染相对并不严重。为检测瓶装酒中的酵母，必须进行经常性的微生物控制取样，这些程序加上良好的卫生条件、设计良好的过滤、灌装和压塞设备对无菌灌装都是必须的。

其他污染和异味(Other taints and off-flavours)

葡萄酒中还可能出现各种各样的污染和异味，痕量的外源物质就能造成这样的污染，我们在这里只讨论那些最严重的问题。对消费者来说幸运的是，这些问题很少发生在包装好的葡萄酒中，但它们往往给酿酒师们制造麻烦。

其中一个严重的问题是氯酚类的污染。在极低的浓度下，这类物质就会使食品和饮料带上药味、消毒剂味、酚类或防腐剂味。葡萄酒中氯酚类物质的最可能的来源就是氯基消毒剂和果汁、发酵醪以及葡萄酒中本来就含有的多酚类物质反应而来。在酿造过程中，发酵醪和葡萄酒与橡胶产品、油漆类及树脂类相接触，会不经意地引入这些酚类化合物。由于某些氯酚化合物的污染程度比生成它们的游离态多酚类高 1 000 倍以上，因此抑制氯酚的形成是非常重要的。在某些情况下这类化合物，如邻 6-氯甲酚，在极低的浓度就能污染食品和饮料，浓度低到小于分析检测的阈值。

要避免葡萄酒中的氯酚污染，最重要的建议是评估那些由有机树脂类制造或具有有机树脂涂层的设备所带来的潜在威胁。树脂衬层、油漆、橡胶或塑料软管和垫圈等，应该用普通的含氯消毒剂处理，同时要格外注意在处理过程中是否有类似消毒剂的味道产生。如果有任何异味产生，就应停止使用含氯消毒剂。

另一个问题是软木塞中污染的萘对瓶装酒造成的萘污染。由于软木塞具有吸附性，是导致很多类似问题产生的常见原因。在软木塞的储存运输过程中，接触或与某些化学物质混装，就会吸收化学物质的蒸汽，并在装瓶后，将这些物质带到酒中，造成污染。

相对容易识别和防止的污染物包括：黏性物和工业油。后者可能由于过滤时机械变速箱漏油，以及葡萄采收机的水压系统而被带入葡萄酒中。还有可能碰到其他的污染，例如：稀释白兰地至灌装浓度的水被污染、被污染的二氧化碳、制冷剂泄漏，等等。具体细节可询问澳大利亚葡萄酒研究所。

常常直到葡萄酒灌装后，才发现存在污染，代价可能是巨大的。进一步说，污染往往是由极低浓度的污染物所引起的，所以处理往往不起作用。因而，对酿酒师来说，了解并除去可能的污染源是非常重要的。

20　葡萄酒的成分

The composition of wines

葡萄酒是由葡萄汁发酵而成的酒精饮料，是一种复杂的天然饮料。其成分取决于葡萄、原料在发酵中的变化以及随后的处理和陈酿技术等。葡萄个体因品种、生长的气候和土壤条件、成熟度和健康程度有很大的差异。发酵过程中发生了复杂的化学反应，生成了很多葡萄本身所没有的挥发性和非挥发性的化合物。

因此，葡萄酒是一种化学成分非常复杂的饮料。从葡萄酒中，已经鉴别出 900 多种化学成分，随着分析方法的改进，我们期待会发现更多的物质。在澳大利亚和新西兰，佐餐酒的生产比例很高，但是，甜酒也在大量地生产，它们的成分在几个重要的方面有很大的差异。这是因为：甜酒生产里需要强化酒精，强化酒精对其他成分不同的稀释作用以及不同的陈酿方法等。这些可以在以下数据中体现出来。

葡萄酒中某些成分的含量，如酒精和糖，与葡萄酒的类型直接相关，大致分类如下（澳大利亚）：

- 干佐餐酒：红、白和桃红葡萄酒，酒精含量为 8%～14%（v/v），含糖量小于7.5 g/L。
- 甜佐餐酒：主要为白和桃红葡萄酒，酒精含量为 8%～14%（v/v），含糖量高达 10%。
- 甜酒：红和白葡萄酒，酒精含量为 17%～20%（v/v），含糖量可达 20%。
- 起泡酒：红、白和桃红葡萄酒，酒精含量为 8%～12%（v/v），含糖量相差较大，并且含有二氧化碳。
- 雪利酒：酒精含量为 17%～20%（v/v），含糖量为 0～15%。干雪利酒乙醛含量较高。
- 加香葡萄酒（味美斯酒、马沙拉酒等）：酒精含量为 17%～20%，含糖量为 0～15%，并含有草药和其他香料。

基本分类为：佐餐酒，酒精含量为 8%～14%（v/v）；加强甜酒和开胃酒，通过添加葡萄酒精而增加酒精含量。用葡萄基酒调制的低醇饮料不包含在内。

葡萄酒中各种化合物的含量大致如下：

水	70%～90%（v/v）
酒精	8%～20%（v/v）

糖	0.1%～20%(w/v)
酸	0.3%～1%(w/v)
无机物	0.1%～0.3%(w/v)
酚类、单宁	0.1%～0.4%(w/v)
挥发性物质	0.1%～0.2%(w/v)
其他非挥发性物质	0.5%～1%(w/v)

葡萄酒成分表(Table of wine composition)

下列表格详细地列出了葡萄酒的成分,数据是在借鉴了世界酒类研究者的著作,并通过分析澳大利亚葡萄酒而得到的。到目前为止,这是唯一的记载澳大利亚葡萄酒成分含量的有效数字。要想得到可靠而有效的数据,就要做大量的分析,否则,仅仅只是列举数字而已。这些数据适用于一般的葡萄酒,在世界特定区域酿造出来的特种酒的成分可能不在以下数据包含的范围内,例如:在欧洲的法定产区,采用灰霉侵染过的葡萄酒酿制的贵腐酒,其葡萄糖酸的含量高达 9 g/L,并具有非常高的含糖量。一些特殊的葡萄酒处理方法,如离子交换技术和某些澄清工艺,也会改变葡萄酒中的化合物含量,但是下面的表格已经考虑了这些因素的影响。

酸/(g/L)	酒石酸	2～5
	苹果酸	tr.～5
	柠檬酸	tr.～1
	琥珀酸	0.5～1.5
	乳酸	0.4～3
	蚁酸	0.05
	乙酸	0.3～1.5
	丙酸	tr.
	丁酸	0.02
	丙酮酸	tr.～0.13
	α-酮戊二酸	tr.～0.12
	pH 值	3.0～4.3

还有大约 16 种含量很低的酸类已经被检测出来。抗坏血酸在葡萄中存在,但是在发酵过程中,被大量地破坏掉了。

糖/(g/L)	葡萄糖	tr.～100
	果糖	tr.～100
	阿拉伯糖	0.3～1
	木糖	tr.～0.05

此外，还有12种低含量的糖类被检测出来。蔗糖只是痕量存在，但是为了增加起泡酒的甜度，添加蔗糖是被允许的，因此根据甜度的需要，起泡酒中有不同的蔗糖含量。蔗糖添加到葡萄酒里后，被水解成葡萄糖和果糖。

醇类/(g/L)	甲醇	tr.～0.6
	乙醇	60～160
	正丙醇	tr.～0.01
	异丙醇	tr.～0.25
	异丁醇	tr.～0.1
	异戊醇和新戊醇	0.1～0.6
	2-苯乙醇	tr.～0.08
	己醇	tr.～0.01

另有18种低含量的醇类在葡萄酒中被检测出来。丙醇、丁醇和戊醇都被认为是高级醇或杂醇油，而且有时可以看到相关报道。

酯类、碳酰类、醛类/(g/L)	乙酸乙酯	0.05～0.15
	乙醛	0.02～0.4
	甲乙醚	tr.～0.08
	双乙酰	tr.～0.007
	乙缩醛	tr.～0.01
	羟甲基糠醛	tr.～0.3

此外，还检测出大约8种酯类、7种醛类。这些酯类是上述酸和醇的化合物。

多羟基化合物/(g/L)	甘油	1～15
	2,3-丁二醇	0.1～1.6
	肌醇	0.2～0.7
	山梨醇	tr.～0.1

阴离子/(g/L)	酒石酸根	0.5～4
	硫酸根	0.1～3
	氯离子	0.02～0.4
	磷酸根	0.05～1
	亚硫酸氢根	0～0.3
	氟离子	tr.～0.005
	溴离子	tr.～0.002
	碘离子	tr.～0.000 2
	硼酸根	tr.～0.1

此外，还有好多微量的阴离子被检测出来。

阳离子/(g/L)	钾离子	tr. ～2.5
	钠离子	0.02～2.5
	钙离子	0.01～0.15
	镁离子	0.01～0.2
	铁离子	tr. ～0.015
	铜离子	tr. ～0.002
	铝离子	tr. ～0.005
	锌离子	tr. ～0.005
	锰离子	tr. ～0.001
	砷离子	tr. ～0.000 1
	铅离子	tr. ～0.000 5

另有 15 种痕量金属元素被检出。

酚类/(g/L)	花青素	0～1
	单宁	0.2～4
	其他酚类	0.1～1

其他酚类包括：儿茶酚、黄酮、黄酮醇、苯乙烯酸以及其他相关物质。澳大利亚干红葡萄酒已经被证实含有花青素、翠雀苷、锦葵色素、芍药酚、矮牵牛酚，这些都是由香豆酸和咖啡酸的 3-葡糖苷酰基化生成的，3-葡糖苷锦葵色素是主要成分，其他成分随葡萄酒陈年的增加而增加。

含氮化合物/(g/L)	蛋白质	tr. ～0.04
	氨基酸：	
	丙氨酸	0.07
	丁氨酸	0.03
	精氨酸	0.02～0.1
	天冬酰氨酸	0.05
	天冬氨酸	0.01～0.1
	胱氨酸	0.01～0.1
	谷氨酸	0.09～0.4
	谷氨酸盐	0.03
	甘氨酸	0.01～0.07
	组氨酸	0.005～0.04
	亮氨酸和异亮氨酸	0.01～0.06
	赖氨酸	0.02～0.07
	甲琉氨酸	0.002～0.05
	苯丙氨酸	0.01～0.03
	脯氨酸	0.05～0.7

续表

	丝氨酸	0.01～0.07
	苏氨酸	0.02～0.4
	色氨酸	tr.～0.005
	酪氨酸	0.005～0.04
	缬氨酸	0.01～0.08

葡萄酒中含氮化合物的含量0.15～0.9 g/L不等，这些含氮化合物包括蛋白质、多肽、寡肽、蛋白胨、氨基化合物、氨基酸和其他化合物。上表中列出的氨基酸含量为游离氨基酸的含量。

维生素/(mg/L)	硫氨素	tr.～0.01
	核黄素	tr.～0.3
	泛酸	0.5～2
	维生素 B_6	0.2～0.8
	烟酸	1～3
	维生素 H	tr.～0.002
	内消旋肌醇	200～700
	维生素 B_1	7～40
	p-氨基丙酸	tr.～0.2
	叶酸	tr.～0.004

葡萄酒中还有其他多种化合物，如果胶类、胶原纤维、萜类、某些具有生理活性的组氨酸类似物、痕量的挥发性硫化物和可溶性气体。

葡萄酒中的甘油(Glycerine in wine)

葡萄酒中甘油的含量引起很多人的兴趣，这也是在美食美酒俱乐部里，酿酒师们谈论很多的一个话题。

甘油是葡萄酒中的一种主要成分。其含量在不同种类的葡萄酒中也各不相同，大概为1～10 g/L(0.1%～1%)，但是，贵腐酒中甘油的含量一般会远高于这个值。事实上，葡萄酒中除了水和乙醇，甘油的含量最高，但是这却往往被人忽略。澳大利亚干红葡萄酒的甘油含量一般为7～10 g/L(平均7.8 g/L)，白葡萄酒为4～8 g/L(平均5.5 g/L)，茶色波特酒为3～9 g/L(平均6.7 g/L)，菲洛雪利酒为1～8 g/L(平均3.4 g/L)。

甘油通过影响葡萄酒的柔和性和黏稠度而影响葡萄酒的质量。纯净的甘油是一种无色、甘甜的黏稠液体。在一些由发霉的葡萄发酵而成的酒中，甘油的含量会显著增加，可达3%。这是因为引起贵腐病的灰霉的代谢作用，大大提高了甘油在葡萄中的含量。然后进入葡萄醪，经过发酵过程而不发生改变，并最终进入葡萄酒中。传统的法国苏黛白葡萄酒、德国的果穗精选、果粒精选和干化果粒精选贵腐葡萄酒独特的高黏稠度就是由甘油和高含糖量所产生的。

在由新鲜葡萄发酵而成的葡萄酒中，甘油是发酵过程中，酵母利用糖生成酒精时的副产物。它是通过发酵早期的一条支路生产的，葡萄糖通过磷酸化后生成磷酸甘油醛，磷酸甘油醛进一步反应生成甘油。这看起来复杂，但是很显然，甘油是糖类通过一系列反应而生成的，其含量由发酵醪的含糖量和酵母的种类所决定，而且在发酵初期就已经生成。

考虑到酵母，我们期望酵母可以改变葡萄酒中的甘油含量，而且它们也的确做到了。不同种类的酵母生成的甘油的数量也各不相同。在对比试验中，控制试验条件，在相同的发酵醪里添加不同的酵母，生成的甘油从 5.5 ~ 9 g/L 不等，这完全是由酵母决定的。

当然我们也考虑了其他因素的影响：葡萄中的含糖量越高，甘油的产量也就越高；二氧化硫的添加量越多，甘油的产量也随着升高。事实上，在第一次世界大战期间，德国的炸药厂就利用酵母生产工业甘油，酵母在高浓度的亚硫酸处理过的碱性培养基中，以糖为底物发酵就生成甘油。

正如我们所知道的，澳大利亚的葡萄酒一般都是由新鲜无病害的葡萄酿造的，红葡萄酒中的甘油含量会高于白葡萄酒中的，菲洛雪利酒中的甘油含量很低，这是因为只有一部分酒花酵母能够代谢生成甘油。以灰霉侵染过的葡萄酿成的酒中，甘油含量较高，由于目前在澳大利亚和新西兰，这是被鼓励的，所以我们将看到越来越多的甘油含量较高的葡萄酒。

有几种方法可以测得葡萄酒中的甘油含量。高碘酸盐氧化法非常麻烦而又不够精确。酶法是一种快速准确的办法，但是酶法需要紫外分光光度计和特定的酶。高效液相色谱法（HPLC）可以快速测出甘油含量，同时也测出其他成分的含量。

最后要说的是，葡萄酒在酒杯中的挂杯现象是由酒精、糖和包括甘油在内的其他化合物引起的，其成分并不是甘油。

21 品质控制

Quality control

读者可以从前面的章节中知道，对于现代化的酒厂来说，品质控制是一项基本要求。品质控制从葡萄园开始一直到消费者把成品酒消费掉。其意图在于有效地利用有限的资源：葡萄、设备和劳动者，生产出符合标准的葡萄酒。纵观澳大利亚和新西兰的葡萄酒产业，从很小的细节到高效的现代化机器，品质控制系统广泛存在。简要地说，缺乏恰当的品质控制就意味着低品质的葡萄酒和不稳定的质量。

品质控制存在于酿酒的每一个基本环节，包含于所有的而不仅仅是部分操作之中。在产品和包装标准确立后，生产的技术手段是由产品决定的，品质控制贯穿其中，并严格地保证产品的生产过程符合其标准。理想情况下，品质控制的理念应该牢记在每个人的心中，而不是只有一个人或者一个部门关心。酒厂里的每一个人都应该是自己岗位上的品质控制员。如同在日本的摩托车生产，如果产品出现不合格的地方，生产线上的任何一个工人都可以停止生产线的运转。

酿酒(Winemaking)

下面我们将了解品质控制的各个方面和职责。

品质控制的职责是确保产品和操作符合公司制定的标准。例如：为预防产品或操作出现问题，它有权停止一条正在运行的灌装线。原则上，生产是在符合标准的前提下，追求更高的产量，而品质控制则是在不降低产量的前提下，追求更高的质量。

分析方法的改进是品质控制职责的另一个方面。分析方法必须有效地衡量每一个公司认为必需的品质特征和产品属性。这些分析手段必须能够满足现行的食品和卫生法、海关和税务的要求以及包装法和相应的规定等。

抽样手段是品质控制措施的一个重要组成部分，这是因为完全检查是不可行也不必要的，抽样手段的改进也是品质控制的职责。验收品质等级时，需要的抽样方案应该是参考最新版的澳大利亚品质检测抽样法及细则表(Australian Standard Sampling Procedures and Tables for Inspection Attributes，AS 1199—1972)制定的。

记录和公布检查结果是更进一步的品质控制。最常用的办法就是制作表格，因为表格可以迅速地检查出不符合条件的状况。

解决问题也是品质控制职责的一个重要部分。品质控制部门应该和生产部门一起发现问题、分析问题并解决问题。这涉及到不同学科不同领域的专业问题。原则上，当研发在寻找新事物新思路时，品质控制应该不断地评估当前的状况。如果碰巧有受过专门训练的员工，研发和品质控制就会强强联合，但是一定要牢记，一个人不可能组成一个团队。

品质控制的本质是为公司的运转准备技术交流和指导。这一般和生产相结合。例如：给酒窖员工的酿酒指令应该做成表格，应该有生产责任人的签字。在每道工序完成时，操作员或其领班都应该签字，最终将此表交给酿酒师，并且在品质控制部门备份，同时提供一份标记好的样品给实验室做测定用。

和生产协同的品质控制体系需要得到管理部门的认可。为了系统正常运行，就要有清楚的人员管理体系，并且每个人的职责都应该明确。从一个公司对这些责任的划定，就可以看出在该公司品质职能的深入程度，更重要的是，这并不只是对品质控制人员的保护。为建立起一套品质控制体系，很可能需要修改现存的管理结构，需要注意的是，要确保其他部门履行自己的任务。品质控制不应该单独存在，而应该与整个体系融为一体。

品质控制应该对管理负责，而不是对生产负责。很多权威的文献资料表明它不应屈从于生产。品质控制必须和生产及营销协同发展，而且对管理负责。

实验室是酿酒的必备条件，也是品质控制的一个重要组成部分。实验室基本上是通过测量化学成分的含量来评估、计算和批准（或者反对）某些指标，以确保产品符合要求。实验室中使用的测定方法应该经过验证，而且定时进行准确性检查。

以灌装为例，我们简要地看一下品质控制在关键步骤的作用，以下是需要进行的工艺：

1 生产和市场部决定包装的各个方面，例如：葡萄酒的种类，酒瓶的大小、形状及使用的模具，封口塞，标签的选用以及所用的纸箱，等等。所有材料的购买在付款前都应该经过品质控制的同意。灌装前，所要灌装的葡萄酒也应该经过品质控制的认可。

2 品质控制部门要确保灌装程序的正确，例如：灌装正确的葡萄酒、灌装高度、澄清度和包装方案的正确性等。这些都应该按照既定的抽样方案，定时进行抽样和检测。

3 在大型葡萄酒厂，负责品质控制的人员会以口头或者书面形式向灌装线负责人和品质控制监督人汇报检测结果，而且每个灌装程序都应该有一份品质控制的图表。这份图表应该包括和灌装相关的必要数据、定时的抽样检测次数、每次抽查的结果以及任何不符合已定标准的东西。这份图表会作为一个报告存档。

消费者的抱怨对酒厂也是很重要的，因为它表明了葡萄酒的质量或瑕疵，以及购买者对产品的评价。只有不到10%的消费者抱怨是合理的。这些合理的不满应该由负责品质控制的经理进行处理，他(她)负责监控公司产品的性能，收集公众的反应和认可度。进一步说，消费者的抱怨让品质控制以提高产品的适应性为目的，来检测已定标准的合理性。最终，对所有的消费者抱怨，都应该以书面形式予以回复。

在葡萄酒产业中，技术操作的多样化决定了记录品质控制信息表格的多样性。这些表格是酒厂的内部资料。不论酒厂规模的大小，建立档案都是十分重要的，这些文件是品质控制操作的前期条件，也是公司运行和生产情况的历史记录。

总而言之，如果品质控制不成功，公司的利润就会下降，甚至导致公司的破产，这绝不是危言耸听。

实验室(Laboratory)

正如我们已经了解的，实验室是品质控制的一个必要组成部分，它可以提供各种指标的评估和数据。例如：葡萄酒的化学分析是现代化酒厂的一个强有力的工具，恰当的理化测量可以监控现代化酿酒的各个方面。

实验室的大小和设施配备情况由所需测定的数据决定。实验室的最低配置会在第22章介绍，其配置可根据酒厂的不同需求而增加，但最好不要降低。如果同样的分析需要做很多次，就最好配备自动化的分析仪器。

不同情况下，对测量的精确度有不同的要求；例如：测定散装佐餐白葡萄酒的游离二氧化硫含量的精确度要求就低于瓶装酒的。一般情况下，pH值的测量误差应控制在±0.02之内。

数据分析不仅在酿酒过程中需要，而且也用于法律目的，例如：醇类、二氧化硫、挥发酸以及对法定禁用化合物的检测。总之，化学分析应该满足实际需要，而非表面文章。下面的章节，我们将介绍一些基本的实验方法。

葡萄酒的稳定性测试(Wine stability tests)

消费者希望葡萄酒(陈酿红酒除外)在适当的储存条件下有一个合理的保质期，并且保持良好的澄清度和稳定性。在澳大利亚，葡萄酒灌装后要经过长途运输才能到达消费者手中，途中可能会遇到较大的温度变化，为了生产出符合消费者期望的葡萄酒，就需要健全的品质控制程序，在灌装前核查葡萄酒的稳定性。出口的散装或瓶装葡萄酒也需要相似的核查，尤其是向加拿大这样的寒冷国家出口，葡萄酒在严寒条件下的稳定性显得尤为重要。

下面介绍几种可行的测试葡萄酒保质期的方法。这些方法综合考虑了可操作性和实验成本，需要指出的是，追求过于精确的稳定度会造成不必要的支出。葡萄酒的稳定性是个相对的指标，没有葡萄酒可以在任何条件下都保持稳定。事实上，一款稳定的散装或瓶装葡萄酒在合理的期限内、正常的运输和储存条件下，也会发生人们所不期望的物理和感官变化。这儿使用的词是“正常”和“合理”，而这由葡萄酒的类型和它面向的市场所决定。

基本上，新酒都是不稳定的。新酒中的酒石酸氢钾的含量一般都是饱和或过饱和的。而且含有不定量的蛋白质和其他高分子胶体化合物，还悬浮着一定数量的微生物和无生命的粒子。在人类不干预的情况下，葡萄酒会自发地进行澄清，在这个过程中，悬浮粒子会慢慢沉降，酒石酸盐将结晶，不稳定的胶体会析出。加热、冷却、和空气接触、从橡木桶进入的单宁和从金属设备中溶入的金属离子都可能会加快或阻碍这些变化的进行。经过这些沉淀和凝聚，葡萄酒变得澄清，而且具有一定的稳定性。有时候，酿酒师会对葡萄酒做进一步的稳定处理，但是并不总会这样做，酿酒师清楚地了解过度稳定对葡萄酒的品质也有一定的影响。然而，如果葡萄酒在灌装后或散装出口后还是不稳定的，这些变化就会继续发生，可能出现严重的不稳定问题。

今天葡萄酒的稳定性变得比过去更加重要是因为：消费者对葡萄酒澄清度的要求；尽早灌装的趋势（尤其是对白葡萄酒）；室内冰箱的储藏条件；产地和销售地气候条件的不同。因此，需要进行稳定性测试，来保证葡萄酒在常规的不稳定诱因下可以保持稳定。

稳定性测试必须针对最终的勾兑好的酒，而非最终勾兑中的单独成分，因为即使这些物质都是稳定的，它们的混合物也不一定稳定。这对酒石酸氢钾的沉积尤其重要。

冷稳定性

这主要考虑到当葡萄酒受冷时，酒石酸氢钾结晶析出，形成沉淀。尽管这种沉淀是无关紧要的，但是消费者的反应会很强烈。葡萄酒中有时也含有酒石酸钙，但是酒石酸钙的溶解度受温度影响不大。色素和多酚类化合物也会沉淀，尽管温度升高时这种沉淀会重新溶解。

最严格的冷稳定性测试方法是：在几乎全满的葡萄酒瓶中加入 1 mg 的酒石酸氢钾粉末作为晶种，然后在大约 −12℃下冷冻过夜。次日早上，将酒瓶移入冷藏冰箱，让葡萄酒慢慢解冻，但不过度加热。如果出现结晶，那么葡萄酒就是不稳定的。这个实验中有一个假设的前提条件，它适用于对向寒冷国家（如加拿大）出口的葡萄酒的测定。一般情况下，可以将葡萄酒放入普通冰箱的冷冻室，大约 −5℃条件，保存 2 d，然后检测结晶的形成情况。一般的家用冷藏箱的温度是 3～5℃，这个温度不够低，短时间的冷藏不足以得出可靠的结果。

最小接触过程可用于测试葡萄酒的冷稳定性。为了判断葡萄酒是否需要冷稳定处理，分析葡萄酒里的酒石酸含量，可先将 100 mL 葡萄酒冷却至 0℃，加入 0.4 g 酒石酸氢钾粉末，在 0℃的摇床或搅拌器上摇动或搅拌 2 h。然后过滤（保持冷却),测定酒石酸的含量。如果酒石酸含量的减少不超过 100 mg/L,就可以认为葡萄酒是稳定的。还有另外一种更简单的方法是比较葡萄酒降温时电导率的变化。向待测的葡萄酒样品中加入 2 g/L 的酒石酸氢钾,搅拌 20 min。如果葡萄酒电导率的降低超过 5%,葡萄酒就是不稳定的。这种方法简单迅速,而且在常规的冷稳定性检测中有可靠的可信度。

仅通过分析测定来预测酒石酸氢钾在葡萄酒中的稳定性,可利用适当的分析数据来实现。先测定并计算葡萄酒中酒石酸氢钾的含量,如果低于特定的经验值,就可以认为这种葡萄酒是稳定的,该方式在澳大利亚被广泛使用,还需要更多的数据来评估它的可靠性。

顺便提一下白兰地和其他烈酒的冷稳定性测试。很多烈酒遇冷不稳定,当在家用或宾馆里的冰箱中储存时,就变得混浊不清。烈酒中不含酒石酸氢钾,其混浊的原因是含有成熟时从木制容器中浸提出的单宁类物质。最合适的烈酒冷稳定性的测试方法是,在−5℃时过夜保存,然后检查其混浊度。这种方法更适用于商业白兰地,而对于一般不需要冷藏的陈年利口白兰地较少使用。

热稳定性

引起葡萄酒热不稳定性的主要原因是葡萄中的蛋白质,不同热稳定性测试方法的加热温度和时间有很大差异。其中最有效的测试方法是先将葡萄酒过滤,然后放入水浴锅或微波炉在 80℃下温浴 6 h。为了使实验更严谨,加入 0.5 g/L 的单宁酸,模拟和软木塞接触的真实情况。如果在冷却时不出现混浊,那么葡萄酒则具有热稳定性。蛋白质变性在白葡萄酒中发生得较为频繁,尤其是用白麝香葡萄酿造的葡萄酒,有些红葡萄酒,如果凝胶澄清过度或其他蛋白质澄清剂下胶过度,也会出现这种缺陷。

对白葡萄酒进行蛋白质稳定性测试的另一种方法是 Bentotest 试剂法(一种专用的磷钼酸试剂盒)。这种快速的化学测定法比加热法更准确。操作过程也很简单:向 10 mL 葡萄酒中加入 1 mL 的 Bentotest 试剂,然后检测溶液的混浊情况。如果不出现混浊,那么葡萄酒的蛋白质就是稳定的。

还有几种化学测试法可以使用,如一些酒厂使用的三氯醋酸法。这种方法耗时较长,并且需要使用浊度计。按照简单易行、经济省时的原则,加热法和 Bentotest 试剂法是最佳选择。

金属

铜和铁是造成葡萄酒混浊和沉淀的两大主要金属元素,铝和钙偶然也会引起混浊和沉淀,另外,影响烈酒稳定的可能还有锌和锡。铜元素能形成一种亚硫酸亚铜-蛋白质复合物,使白葡萄酒出现红棕色混浊和沉淀。这种复合物只在还原性条件下生成,经常在灌装后出现。另一方面,在氧化条件下,铁元素可能形成磷酸铁,使白葡萄酒出现白色混浊;在红葡萄酒中,铁元素会形成蓝色的单宁酸铁,影响红葡萄酒的色泽。

造成这两种金属污染的来源可能包括:处理葡萄和酿酒过程中的机器、皂土(主要含铁)、滤板等。为了防止出现上述混浊或化合物,使葡萄酒可以在比较宽泛的条件下储存,铜和铁的最高限度分别是 0.5 mg/L 和 6 mg/L。金属元素的测定方法有化学法和原子吸收光谱法。

氧化倾向

一些葡萄酒含有氧化酶,氧化酶可以使暴露在空气中的葡萄酒迅速变成棕色。一个简单的试验就是把少量葡萄酒,30～50 mL,放入一个透明的玻璃瓶中(瓶子不要装满),塞住然后在阳光处放置几小时。和装满葡萄酒的对照瓶相比,试验组的葡萄酒不应该变棕。这个试验也可以检验铁元素引起的混浊,因为由铁元素引起的混浊,在温热的氧化条件下会被催化加速。如果出现混浊,就要检测葡萄酒的铁污染情况。

微生物稳定性

在一些瓶装葡萄酒中,酵母或细菌的存在会引起严重的问题,因此灌装前应该对葡萄酒进行膜过滤试验,以确定灌装后的葡萄酒是无菌的。将过滤葡萄酒的滤膜放在经灭菌的培养基平板上培养。酵母和细菌细胞长成小的菌落,通过菌落的个数就可以知道葡萄酒里的微生物含量。也可以将滤膜恰当染色后,对微生物进行直接计数,尽管这种方法比较费力,而且可能还要用到电子计数法。由于细节过于复杂,这里就不做介绍了,过滤膜的说明书上一般会有详细说明。

多糖

葡萄酒中含有很多碳水化合物的多聚体,其中对过滤影响最大的是灰霉孢子感染葡萄果实时生成的葡聚糖。葡萄酒中的多糖是可溶性的,非常低浓度(每升约几毫克)的多糖就可以影响过滤和其他成分的稳定性。对多糖的检测如下:

将 10 mL 葡萄酒和 10 mL 96%的乙醇混合,静置 30 min,离心,弃上清,将沉淀重悬于 2 mL 水中,加 1 mL 96%的乙醇。有沉淀出现,就表明有多糖。一种敏感度相对较低的方法是向 2 mL 的葡萄酒中加入 3 mL 96%的乙醇。有沉淀出现就说明多糖的浓度约为 10 mg/L。向葡萄酒中添加葡聚糖酶可以除去其中的葡聚糖。

其他分析

其他特定的分析也可以反映葡萄酒的稳定性,如二氧化硫(和 pH 值相关)、还原糖和苹果酸。二氧化硫不足是白葡萄酒氧化的一个主要原因，游离二氧化硫的推荐量在第5章讲述二氧化硫的部分有所介绍。

如果佐餐葡萄酒中含有残糖和苹果酸（干红葡萄酒中），就可能引起酵母和细菌的生长。要严格检查过滤和灌装过程，以确保灌装后葡萄酒中没有微生物。

用于稳定性测验的葡萄酒用量与冰箱和其他需要仪器的大小、操作的方便性有关。一些需要处理很多样品的酒厂使用30 mL的麦卡锡拧口瓶，但是这不够大，最好用更大些的瓶子。不管使用多大的瓶子，在所有的试验中都应该使用相同大小的瓶子，并且在葡萄酒放入之前仔细清洗，否则由于瓶中的异物引起的沉淀可能造成错误的结果。

混浊和沉淀的鉴别（Identification of hazes and deposits）

如今，消费者要求葡萄酒澄清透亮（陈酿的老酒除外），所以，对混浊和沉淀的鉴别非常重要。葡萄酒是种非常复杂的饮料，因此“合格”的定义、混浊物质的组成、结晶和微结晶的发生以及非结晶的沉淀等都会存在不同。

酿造过程中大量的葡萄酒常常不够澄清（发酵后悬浮的酵母、下胶剂的存在，等等），但是不合要求的瓶装酒对酿酒者来说是个很严重的问题。如果不合格的葡萄酒进入市场，问题就非常严重，包括酒厂声誉的降低、召回所需的成本和召回后的处理等。最经常发生的混浊和沉淀是蛋白质不稳定、微生物污染和金属性混浊。陈年的红葡萄酒中常发生色素沉淀，但是这不是问题。下面就介绍鉴别这些问题的方法。

仪器和材料

鉴别葡萄酒中的混浊和沉淀时，需要用到如下仪器：

离心机——可容纳4～6个15 mL的离心管，可以达到4 000 r/min的转速。水平转头优于角转头，因为沉淀可以聚集在离心管中很小的区域。这在检测混浊时尤其适用，因为材料可以被反复浓缩，以收集更多的悬浮物用于鉴别。锥形底的玻璃离心管在浓缩沉淀时更为适用。

滤器——可使用直径47 mm的滤膜。塑料和玻璃的都可以使用，两者的功能是一样的。滤器上部和一个漏斗相连，下部和一个连有真空管的耐压烧瓶相连，葡萄酒先经过漏斗粗滤后，再通过滤器进行过滤。

双目显微镜——15×目镜，10×和40×物镜（100×物镜可能用到，但不是必需），亮度可调的照明，它可以使所有材料在不染色的条件下得以观察，载玻片和盖玻片都应该是干净的，而且可自由涂片。显微镜应该被固定在一个小桌子上（不是长凳），以便使用者可以坐下观察，不用时应该用护套遮盖。在常规的微生物试验中，显微镜和膜过滤器会联合使用。

其他相关用品——如玻璃器皿、酒精灯和各种试剂等。

葡萄酒的检查

葡萄酒应该被观察和品尝，记录以下要点：

颜色以及混浊和沉淀的出现情况，如果混浊是均匀和分散的，就可能是金属物质和微生物。如果是不匀和结晶状的，就可能是酒石酸氢钾或酒石酸钙。非结晶的沉淀可能是细菌、酵母、蛋白质或金属复合物，测定二氧化碳的含量就可以知道由微生物引起的发酵情况，酵母和乳酸菌都可能在酒中存在，它们的发酵产物都是二氧化碳。

芳香物质和品尝特征应该被记录。细菌性败坏会带来鼠臭和其他细菌性气味，在加强型葡萄酒中尤其明显，酵母可能引起含残糖的佐餐酒的再发酵。对酒的发酵过程进行了解，有助于发现造成问题的根本原因。在酿造、澄清和灌装过程中，葡萄酒接触非不锈钢（铜、黄铜、铁和铝）的金属设备可能造成金属性混浊。在水泥池中储藏，就可能产生钙盐的污染，蛋白质沉淀不足可能造成葡萄酒中存在不稳定的蛋白质等。

收集用于检验的沉淀

对葡萄酒进行离心或者过滤，收集需要检验的沉淀。如果葡萄酒是混浊的，但没有自然的沉淀物，就要在 4 000 r/min 的转速下，离心 20 min 以上，以收集足够的沉淀物用于试验。然而，如果瓶装酒中有沉淀，就只需要小心地把沉淀分离出来，如果需要，可以通过离心或过滤分离葡萄酒。可以用刮铲转移过滤膜上的沉淀物，也可以用过滤水将其冲洗到离心管里。

沉淀物的检验

显微观察应该是确定沉淀物性质的第一步。取少量沉淀放于载玻片上，滴一滴过滤水，盖上盖玻片。在大约 600 倍的放大倍数下观察，确定沉淀物的大概分类。沉淀可以分为：微生物、结晶盐、非结晶盐。

微生物沉淀可能是酵母、细菌或者极少数的霉菌。只有酵母、醋酸菌和乳酸菌可以在葡萄酒中生长。霉菌可以在水稀释过的葡萄酒中生长，例如被冲洗过的滤器或者离子交换柱。可以通过大小和形状对酵母和细菌进行区分，但是种的鉴定则需要深入研究，在葡萄酒厂的实验室中，一般不做这样的研究。

酵母细胞是圆形、椭圆形、柠檬形或圆柱形的。有时候，很多细胞形成树枝状。酵母细胞的大小在 2～6 μm（1 μm＝0.001 mm）。大多数活跃生长的酵母进行出芽生殖，另外有一类葡萄酒中不常见的裂殖酵母（*Schizosaccharomyces*）进行一分为二的分裂生殖。

细菌细胞比酵母细胞小，形状和大小有很大差异：杆状（2～10）μm×（0.4～1.2）μm、球杆状（1～2）μm×（0.6～0.8）μm、球状，直径 0.6～0.8 μm）。细胞可单个存在、也能成对、成簇或者形成长短不一的链状。醋酸菌通常为短杆状，两端为圆棒状，通过这样的特征可以把醋酸菌和乳酸菌分开。

如果沉淀中含有多边形，且形状规则的颗粒，那就是**晶体**。在这种情况下，用冷水或者10%的酒精水溶液(v/v)洗涤沉淀。再离心或者过滤，然后在约80℃下烘干。葡萄酒中的晶体通常是钾盐或者钙盐，可以通过如下步骤分析沉淀物成分：

1 将少量晶体沉淀重溶于几毫升冰醋酸中，向溶液中滴加草酸的标准溶液，如果有白色的草酸钙沉淀析出，就说明沉淀中含有钙盐。

2 将沉淀重溶于水中，然后用镍丝或铂丝蘸取少量溶液，在煤气灯的火焰上进行焰火反应。钙的焰火反应颜色为砖红色，钾为紫色。

3 在晶体沉淀中滴入几滴硫酸溶液(1∶9的水溶液)，加热至溶解，然后冷却。有沉淀析出则为硫酸钙(硫酸钾可溶)。

4 在用少量冷水洗过的沉淀中，加入一滴硫酸溶液(1∶9的水溶液)。然后加入一滴3%的偏钒酸钠溶液，如果含有酒石酸盐，就会出现橘黄色沉淀。

非晶体沉淀一般有个体小、形状和大小不规则的特征。不过，有些具有这些特征的沉淀可能是微晶体，也就是说，具有晶体的显微结构，但不具有其表观特征。可溶性试验一般可以检验沉淀的大概性质。取4只装有沉淀的离心管(除去上清液)，分别加入已过滤的下列试剂：蒸馏水、50%(v/v)的酒精溶液、盐酸溶液(1∶3的水溶液)和2N的氢氧化钠溶液。摇动离心管，在强光下观察，视线与离心管垂直。这可以明显看出悬浮的沉淀，是一种快速检验沉淀物是否可溶的方法。可溶性试验的辨别如下：

溶于50%(v/v)的酒精溶液——多酚类(色素和单宁)

溶于盐酸溶液——金属盐

溶于氢氧化钠溶液——蛋白质

沉淀物可能是单一组分也可能是混合物，为了辨别其性质，需要做进一步的试验。

色素和单宁 向含少量沉淀的离心管中加入1 mL浓硫酸，然后缓慢加热。如果含有单宁，溶液就会变为鲜红色。另一种检验方法是：加入一滴稀释10倍的Folin-Ciocalteau试剂(可从试剂公司购买)，部分单宁或色素类物质会出现不溶现象，溶液会变成蓝灰色或深蓝色。

金属盐混浊 将沉淀重溶于几毫升盐酸(1∶3的水溶液)中，逐滴加入氨水溶液。出现蓝色则含有铜离子。向盐酸溶液中，加入几滴1%的氰亚铁酸钾溶液和1%的铁氰化钾溶液的混合物，呈现蓝绿色说明含有铁离子，呈红棕色则含铜离子，呈白色则含锌离子。要想直接检验混浊不清的葡萄酒中是否含有金属化合物，可以加入几滴30%(体积比)的过氧化氢溶液。如果葡萄酒变清，就说明含有铜离子，如果变得更混浊，就说明有铁离子存在。向待测的混浊葡萄酒中，加入少许硫代硫酸钠，摇动至溶解，观察其表观。如果葡萄酒变得更加混浊，就说明含有铜离子,如果变清,则含铁离子。

蛋白质 向离心得到的沉淀中,加几滴 2N 的氢氧化钠溶液,使之溶解,加热已知含有蛋白质的葡萄酒至 80℃,持续 6 h,冷却,分离析出的沉淀。将这些沉淀重新溶解在少量氢氧化钠溶液中,形成标准溶液,作为辨别未知溶液时的比对。

在一张滤纸的不同位置分别滴几滴待测液和标准液,用吹风机将其吹干,将滤纸放在盛有苯胺黑染液(1 L 溶液中含苯胺黑 125 mg,甲醇 483 mL,冰醋酸 86 mL,水 430mL)的培养皿里,染色 15 min。倒掉培养皿中染液,加更多的这种染液再浸泡 5 min,直到滤纸几乎变为全白。把滤纸放在通风处风干,然后观察。如果沉淀物是蛋白质,滤纸上的斑点呈蓝灰色,可以和标准蛋白质溶液形成的斑点相比较。

另一种蛋白质检验方法是用聚碳酸酯滤膜过滤葡萄酒中的沉淀,用染液(将 0.2 g 酰胺黑 10B 或萘黑 12B 溶于 10 mL 甲醇：醋酸＝9：1 的溶液中)润湿滤膜。10 min 后,在封闭的环境中,用 9：1 的甲醇醋酸溶液冲洗滤膜,直至颜色全部洗脱。蛋白质会被染成黑色或深蓝色。

其他类型的沉淀

上述方法应该可以满足葡萄酒中常见沉淀的辨别。然而,如果有某种沉淀或混浊用上述方法无法识别,就需要用到更多的精密检测方法,如红外线分析、X 射线衍射、气相色谱分析、质谱分析和核磁共振。对葡萄酒厂的实验室来说,这些技术过于专业和昂贵,因此最好把样品送到专业实验室进行分析。通过以下方法可以把沉淀大致分为有机物或无机物:将少许样品放在一个金属药勺上,然后用小火缓慢加热,如果材料烧焦,则是有机物,否则为无机物。希望酒厂用这些方法检验出现问题的葡萄酒,大多数时候可以对混浊和沉淀进行成功鉴定。

22 葡萄酒分析

Wine analysis

正如我们所了解的，葡萄酒是种复杂的天然产品，已知成分已达900多种。对其中的一些进行测定，从而了解总体组分，并进行品质控制，已经成为惯例。以我们现有的知识水平，用化学方法测定葡萄酒的品质是不可能的，因为葡萄酒含有很多成分，这些成分以及它们之间的相互作用都非常复杂。需要用感官和品尝测试来评价其品质，并且用恰当的化学分析进行补充和修正。

对某些要素的准确测定被认为是品质控制的基础。包括：可溶性固形物含量、pH值、可滴定酸含量、二氧化硫含量、醋酸含量、还原糖含量、酒精度和纸色谱分析（指示苹果酸乳酸转换）等。其他成分可能也会被测量。上述成分的推荐含量是综合了化学原理和酿造经验得来的。需要指出的很重要的一点是，要做到具体情况具体对待，并不是所有的葡萄酒都要完美地符合分析参数，会有一定的例外。由于这些经过化学分析得来的数据，是酿造过程中各种决策的基础，因此掌握和选择正确的检验方法，通过正确的操作以保证测得的数据准确客观是非常重要的。

下面将从化学概念的角度出发，介绍构建酒厂品质控制体系的各种化学方法，这有助于确立针对每种分析方法的参考数据范围和建立有利于测定准确的操作技巧。

总可溶性固形物（Total soluble solids）

发酵醪里可溶性固形物的含量基本上可以代表含糖量，这是因为成熟葡萄汁中90%～94%的可溶性固形物是糖类。发酵醪中主要含有葡萄糖和果糖（都是还原糖），还有极少量的蔗糖（非还原糖）。

可以通过液体比重测定法、比重分析法和折光法测定可溶性固形物的含量。这些都是物理方法，而且只是对含糖量的估计。准确的还原糖含量可以通过化学方法测得，如斐林试剂法（后面介绍）、莱柏林分析法或酶学分析法。

液体比重测定法是最方便和快捷的测定发酵醪中含糖量的方法。液体比重计可直接测得液体的比重，对发酵醪来说，其比重和可溶性固形物的总量相关。比重可以表示成一定温度（通常为20℃）下的不同单位：比重（或奥氏度）、白利度、白令度或波美度等。如果测量在其他温度下进行，就要对数值进行校正，下面会介绍。这些比重单位的定义、背景和相互换算已经在第 5 章有过介绍。

推荐的可溶性固形物的含量有比较大的范围，和 pH 值、可滴定酸以及果汁中芳香物质的积累有关。在葡萄成熟的后期，含糖量变化很小，但是香气会有很大的提高。如果 pH 值和含糖量都不是很高，不需要进行酸度调整，在成酒酒精度偏高的地方，在确定采收日期时，还是应该优先考虑香气。

液体比重计测定法

取一个大小合适的量筒，装入待测果汁，控制果汁和量筒口相距 10 cm，注意果汁中不要悬浮大块固体，轻轻地将比重计插入量筒，并且转动去除附着的气泡。读出比重计的读数，要和凹液面的底部相切。向果汁中插入温度计，测量果汁温度。按如下方法对读数进行校正：

对波美比重计——高于或低于 20℃，每摄氏度分别在读数上加上或者减去0.03 °Bé。

对白利或白令比重计——高于或低于 20℃，每摄氏度分别在读数上加上或减去 0.06。

误差来源：

- 比重计不准。检查比重计：在比重计的校正温度下，将其插入已知浓度的蔗糖水溶液中。例如：将 20 g 蔗糖加入 80 g 蒸馏水中，混匀至溶解，即可得到 20 °Brix 的溶液。
- 误测果汁的温度，进行合适的温度校正。
- 比重计没有自由漂浮。由于发酵醪或果汁中悬浮固体清除不完全，或者使用的量筒太细。

还原糖(Reducing sugar)

欧洲种酿酒葡萄中的糖主要是葡萄糖和果糖，还有少量的蔗糖和其他糖类。在有些美洲种葡萄和其杂交种（澳大利亚已经没有种植，新西兰有一些）中，蔗糖的含量可占总含糖量的 25%。发酵过程中，葡萄糖变为酒精和二氧化碳，还有少量其他物质。随着果汁的发酵，酒精的生成降低了发酵醪的比重，从而影响比重计读数。因此，在发酵接近完成的葡萄酒中，比重计的读数会低于 0 °Brix 或 Baume或者 1.000 比重。当比重计读数不再随时间变化时，就标志着发酵的完成。干酒中的还原糖含量低于 0.1%，而且很多是不发酵的戊糖。糖的品尝阈值和葡萄酒有关，一般低酒精度的佐餐白葡萄酒为 0.4%，而红葡萄酒则为 1.0%或者更多。在酒厂操作中，含糖量的测定是决定发酵终止的依据，是生产符合法定或商业要求的前提，在品质控制中以及起泡酒基酒的生产过程中都有着重要的意义。

斐林试剂法

这种经常使用的方法其基本原理是还原糖和碱性的硫酸铜溶液的反应，并且使用已知浓度的糖溶液作为标准试剂。具体步骤如下。

需要准备以下试剂和溶液：

- 0.5%的葡萄糖溶液——准确称取 5 g 葡萄糖，用蒸馏水溶解，定容至 1 000 mL。
- 斐林试剂 A 液——称取 36.64 g 硫酸铜（$CuSO_4 \cdot 5H_2O$），用蒸馏水溶解，定容至 500 mL。
- 斐林试剂 B 液——称取 173 g 酒石酸钾钠和 50 g 氢氧化钠，用大约 400 mL 蒸馏水溶解（小心，氢氧化钠溶解时放热），冷却后定容至 500 mL。
- 1%的亚甲基蓝指示液——称取 1 g 亚甲基蓝，用 100 mL 蒸馏水溶解。
- 脱色用活性炭。

待测样品的准备：用 100 mL 容量瓶准确量取 100 mL 葡萄酒，然后移入 250 mL的烧杯中。加入沸石，加热蒸发至体积减半，去除酒精。如果葡萄酒是红色的，加热前向烧杯中加入约 0.5 g 活性炭（脱色）。冷却后用 Whatman 5 号滤纸过滤。将经过脱色和脱醇的葡萄酒样品全部移入一个 100 mL 的容量瓶中，加蒸馏水至刻度，混匀。

标定斐林试剂：取 A，B 液各 10 mL 于 250 mL 的三角瓶中，加入 2～3 片碎瓷片或沸石，加热至沸腾，立即用制备好的 0.5%的葡萄糖溶液进行滴定。此时溶液是蓝色的。沸腾状态下，继续滴定至蓝色即将消失，加入 5 滴 1%的亚甲基蓝指示剂，蓝色会加深。继续在沸腾状态下滴定，直到溶液中的蓝色消失。当溶液变成无色透明时，会迅速生成砖红色的氧化亚铜沉淀，这不易观察，但通过观察溶液中蓝色的消失会容易一些。这就是滴定终点（要严格控制时间，从开始加热到滴定结束约耗时 3 min，记录消耗标准溶液的体积数）。

葡萄酒中还原糖含量的测定：取斐林试剂 A，B 液各 10 mL，以及经过脱醇脱色处理的样品 20 mL，放于 250 mL 的三角瓶中。并加入沸石，和标定时一样，在沸腾状态用 0.5%的葡萄糖溶液滴定，观测颜色变化。记录滴定消耗的葡萄糖溶液的体积（mL）。

结论：当样品体积为 20 mL 时，还原糖的含量（g/L）就等于两次滴定的差乘以 0.25。如果样品体积有所改变，结果的计算方法也随之改变。

误差来源：

- 0.5%的葡萄糖溶液浓度不准确。0.5%的葡萄糖溶液是不稳定的，因此需要新配制的，或者准确配制后，用小体积（如 200 mL）的塑料瓶分装后冰冻保存，用时解冻。
- 混合很久的斐林试剂。不要将 A，B 液混合放置，因为其混合物是不稳定的。

• 不正确的加热时间。反应条件应该标准化，滴定要在 3 min 完成。

酸度(Acidity)

过去，酿酒师通常测定葡萄酒中可滴定酸的含量，而非 pH 值，这是因为可滴定酸含量的测定比 pH 值的测定容易、成本低，而且所得的数据可以指示葡萄酒的酸度。即使在有 pH 计的情况下，可滴定酸仍是酿酒师重要的考虑指标。然而，随着人们对酸度及其重要性的正确认识和理解，pH 值的重要性渐渐被重视。如今，pH 值是分析葡萄酒的非常重要的指标之一，每个葡萄酒厂都应该有准确的 pH 计，并且知道怎么使用。

起初，用 pH 值表示葡萄酒的酸度总让人误解，因为它是一个概念而不是一种组分，你不可能买 1 kg 的 pH 但你可以买 1 kg 的可滴定酸。其次，pH 值越低，含酸量越高，这和可滴定酸含量恰恰相反。下面我们给出一些不同物质的 pH 值(大多数葡萄酒的 pH 值为 3～4)。无机强酸，如硫酸和盐酸，pH 值很低，为 0～1；而强碱，如氢氧化钠，pH 值为 13～14，随浓度不同有所差异。血液的 pH 值约 7.3 或者接近中性(pH 值 7.0 是 0 和 14 的中点)，牛奶的 pH 值通常为 6～7，啤酒的大约为 4。

要理解可滴定酸(有时候被误作总酸)和 pH 值之间的区别，就需要借助葡萄酒中弱酸部分电离的理论。这些弱酸(如酒石酸、苹果酸、琥珀酸和乳酸等)不像强酸那样完全电离成氢离子或者质子。酸以两种形式存在，非电离的和电离的，非电离的酸只是简单的溶解，而电离的酸，其氢离子离解出来，可以被单独测定。

溶液中氢离子的含量决定着有效酸度。pH 计就测定氢离子的含量。1909 年索润森将 pH 定义为氢离子浓度对数的负数。因此，0～14 的 pH 值是对数值，也就是说，pH 值为 3 的葡萄酒的氢离子含量是 pH 值为 4 的葡萄酒的 10 倍。

从另一方面说，可滴定酸测得的是游离和结合态氢离子的总数，而不将它们区分开，是由需要中和这些氢离子的碱的量决定的。测定值用酒石酸(法国用硫酸)含量(g/L)来表示，大概的正常数值 4～9 g/L，而不能表示出特定的酸，但是这在商业酒的分析中不常用到，葡萄酒的品尝酸度既和可滴定酸，也和 pH 值有关。

可滴定酸不够精确的另一个原因是，它测定葡萄酒中总酸(酒石酸、苹果酸、乳酸等)含量，包括游离态和结合态的酸，并且都计算成酒石酸的含量。如果想得到精确的总酸度，就要测得每种酸的含量。所以，在酿造研究中，可滴定酸含量不如 pH 值重要。举例来说，强酸是完全电离或离解的，而弱酸只有 2%离解。以硫酸和酒石酸为例，具有相同可滴定酸含量的这两种溶液的 pH 值是不同的，强酸的 pH 值会更低。

因此，可滴定酸的含量和 pH 值不直接相关，只能大致认为可滴定酸越高，pH 值就越低。例如：不可能准确地知道可滴定酸含量为 6 g/L 的葡萄酒的 pH 值。葡萄酒中的酸的种类和缓冲体系都非常复杂，很难在可滴定酸含量和 pH 值之间确立一个简单的关系。

发酵过程中，白葡萄酒的 pH 值一般不会发生显著的变化，而红葡萄酒的 pH 值有可能出现很大的上升。造成这种效应的原因有：酒精的积累会降低有机酸的电离；苹果酸转变成更弱的酸；从葡萄的固体部分浸提出钾离子等。在发酵的不同时期都应该对 pH 值进行监控和调整，例如：红葡萄酒的果皮浸提期、主发酵后、苹果酸乳酸发酵后和灌装时。

pH 值(pH)

pH 值一般由精确度为±0.02 的 pH 计测得，pH 计应经过 pH 值覆盖葡萄酒 pH 值范围的两种标准缓冲溶液的校准。适合的缓冲液有饱和酒石酸氢钾溶液(20℃时，pH 值为 3.55；25℃时，pH 值为 3.56)、邻苯二甲酸氢钾溶液(20℃时，pH 值为 4.01)和 pH 值为 7.00 的商业缓冲液。测定时，应该使用未经稀释的葡萄汁或葡萄酒。

pH 计的校准：

1 温度调节：将温度控制旋钮转至标准缓冲液的温度(通常情况下为室温)。

2 将灵敏度旋钮转至 100%的位置。

3 初调：将电极浸入 pH 值 7.00 的标准溶液中，轻轻搅动，转动调节旋钮，使读数为 7.00。

4 灵敏度调整：将电极浸入 pH 值 4.01 的缓冲液(或其他 pH 值 3.00～4.01 的标准缓冲液)中，转动灵敏度旋钮，使读数为所用标准缓冲液的 pH 值。

5 微调：将电极浸入 pH 值 7.00 的缓冲液中，转动调节旋钮，使读数为7.00。在电极浸入缓冲液或葡萄酒后，用清水冲洗电极。

6 不用时，将电极浸入制造商推荐的储存溶液中。

测定葡萄汁或葡萄酒的 pH 值：

1 按上述方法校准 pH 计。

2 用少量待测溶液冲洗电极，保证待测样品的温度和标准缓冲液的温度一致。

3 将电极浸入样品中，缓缓搅动溶液。显示屏上将显示样品的 pH 值，等读数稳定后记数。

4 用蒸馏水冲洗电极，并将电极置于储存溶液中。

误差来源：

- 不合适的 pH 计。所用 pH 计应该具有以下特征：精确度为±0.02 个单位；重复精度为±0.02 个单位；缓冲液校准，灵敏度和温度控制；数字显示。
- pH 计校准不正确。pH 计应该用标准酒石酸氢钾溶液校准，酒石酸氢钾的配制方法如下：向 100 mL 蒸馏水中加入 0.5 g 酒石酸氢钾，搅动至晶体不再溶解，再加入少量酒石酸氢钾，加热溶液，然后冷却至室温。析出固体的酒石酸氢钾。过滤，所得的澄清溶液即为 pH 缓冲液。其 pH 值应该为 3.56±0.02。这种标准缓冲液需要每隔几天重新配制，可以作为 pH 值为 4.01 的缓冲液的替代品。

- 不标准的缓冲液。缓冲液应该储藏在密封的玻璃瓶或塑料瓶中，并置于冰箱中。在校准 pH 计前，取出适量标准液，使之升温至室温。如果 1 d 内要反复使用同一缓冲液，需要用塑料膜覆盖装有缓冲液的小烧杯。
- 温度调节不准确。温度旋钮要转到标准缓冲液的温度，而且发酵醪和葡萄酒样品的温度也要和缓冲液的温度相一致。
- 测量过程中搅拌不充分。最好用磁力搅拌器搅拌，同时用手小心旋转烧杯以充分搅拌溶液。
- 电极损坏或不灵敏。如果灵敏度调整不能达到缓冲液的标准值，就说明所用电极不够灵敏。可以尝试用 0.1 mol 的稀盐酸浸泡 24 h 后，再用 pH 值为 4.01 的缓冲液浸泡 24 h，然后检查是否灵敏。如果仍然不够灵敏，就需要更换电极。

可滴定酸

用于测量的葡萄汁或葡萄酒应进行脱气处理，去除溶解的二氧化碳，以免干扰测量。取 100 mL 葡萄酒于 250 mL 的 Buchner 厚壁烧瓶中，塞上带孔橡胶塞，并和真空泵相连，在真空下，轻轻摇动烧瓶 3 min。然后以 pH 计为指示，用标准碱溶液滴定脱气样品至 pH 值达到 8.4。具体方法如下：

1 校准 pH 计，用蒸馏水冲洗电极，向小烧杯中加入足量的蒸馏水，确保待测液可以没过电极。

2 将电极插入蒸馏水中，并用滴管逐滴加入 0.1 mol 的氢氧化钠溶液，使蒸馏水 pH 值升至 8.4。在调整 pH 时，要不停地搅拌溶液。这可以中和蒸馏水中的任何酸。

3 准确吸取 10 mL 经过脱气的葡萄酒样品，加到 pH 值调整后的蒸馏水中。

4 用标准氢氧化钠溶液滴定至 pH 值为 8.4。滴定时，搅动溶液，在加入氢氧化钠后稍等片刻，保证充分混合、反应。在接近滴定终点时，逐滴加入氢氧化钠溶液。

5 记录消耗的标准氢氧化钠溶液的体积。

6 计算：当使用 10 mL 样品并用 0.1 mol 的氢氧化钠溶液滴定时，可滴定酸的含量(g/L)等于消耗的氢氧化钠的体积乘以 0.75。

误差来源：

- 标准氢氧化钠溶液的配制不正确。标准氢氧化钠溶液的配制应该非常准确，最后使用试剂公司的标准溶液。
- 测量前，葡萄酒的脱气处理不充分。

二氧化硫的测定(Determination of sulphur dioxide)

在发酵醪或葡萄酒中，二氧化硫作为抗氧化剂，并且抑止微生物的生长。它以两种形式存在：游离态和结合态，如图 22.1 所示。

图 22.1 游离和结合态的二氧化硫

例如，将二氧化硫加入佐餐白葡萄酒中，它以分子态、亚硫酸氢根、亚硫酸根 3 种形式存在，而且三者之间存在动态平衡。这 3 种形式都属于游离态，每种形式的数量与 pH 值有关。在葡萄酒中，游离的二氧化硫主要以亚硫酸氢根的形式存在，有少量以分子态存在，没有亚硫酸根的存在。不同 pH 值下，游离态二氧化硫中分子形式存在的比例如下：

pH 值	分子态二氧化硫的百分比
3.0	6.0
3.3	3.0
3.6	1.5
4.0	0.5

分子态二氧化硫对酵母和细菌有很强的抑制作用，例如：在白葡萄酒中，浓度为 0.8 mg/L 的分子态二氧化硫可抑制酒香酵母属和乳酸菌的生长。酿造中非常重要的一条理论是，在生产的整个过程，要定期调整分子态二氧化硫的量，使其浓度维持在 0.8 mg/L 以上。

在第 5 章关于二氧化硫的部分已经介绍了 pH 值和需要使分子态二氧化硫达到临界值的游离二氧化硫的量之间的关系。pH 值越低，达到抑菌效果所需的二氧化硫的量就越少。事实上，游离态二氧化硫含量的测定是酿造过程中重要的测定数据之一。

在白葡萄发酵醪或白葡萄酒中，部分二氧化硫会和糖及乙醛结合。在发酵末期，所有的二氧化硫都会和乙醛结合。压榨时添加的二氧化硫的量越多，发酵末期结合的量也就越多。在这个阶段（发酵刚刚结束时），一定要调整游离二氧化硫的含量，使之达到所需的数值，并尽可能地使二氧化硫的总量维持在最少。在酒窖操作（如倒罐）中，由于氧化反应，二氧化硫的量会减少，因此，在这些操作前后都要检测游离二氧化硫的量，并且根据上述方针调整含量。

抗坏血酸经常和二氧化硫一起被添加到葡萄酒中。这种情况下，二氧化硫和由抗坏血酸生成的过氧化氢反应，从而阻止由过氧化氢引起的进一步的氧化反应。过氧化氢和二氧化硫的反应可能会耗尽葡萄酒中游离二氧化硫的含量，因而要监测并相应调整葡萄酒中游离二氧化硫的含量。

在红葡萄酒中，二氧化硫和乙醛紧密结合，而和花青素结合松散。用吹气法(或其他测定方法)测得的游离二氧化硫的含量包括了和花青素松散结合的部分，因而，测定值比真实值要高。

下面介绍测定二氧化硫的氧化测定法。其基本原理是通过气流，使葡萄酒样品中二氧化硫通过冷凝柱(收集挥发酸)，进入到过氧化氢溶液中，二氧化硫和过氧化氢反应，生成硫酸，然后用标准的氢氧化钠滴定。在低温下通过气流，测得的是游离二氧化硫的量，而在加热时操作，就可以测得总二氧化硫的量。

所需试剂：0.3%的过氧化氢溶液(冷藏)、25%的磷酸溶液、0.01 mol 的氢氧化钠溶液、混合指示剂(0.1 g 甲基红和 0.05 g 甲基蓝溶于 100 mL 50%的乙醇中)。

游离二氧化硫的测定：

1 按图 22.2 所示，将装置连接妥当，控制气流通过两个烧瓶的速度为大约1 L/min。

2 向梨形瓶中加入 10 mL 0.3%的过氧化氢溶液，然后加入 3 滴混合指示剂，用 0.01 mol 的氢氧化钠溶液滴定至橄榄绿色。重新连接仪器。

3 向圆底烧瓶中加入 10 mL 磷酸溶液和 20 mL 葡萄酒样品，重新连接仪器，开启真空泵，按设定好的气流速度抽气 12 min。

4 取下梨形瓶，并用蒸馏水冲洗浸入的玻璃管，用 0.01 mol 的氢氧化钠滴定至步骤 2 中的橄榄绿。

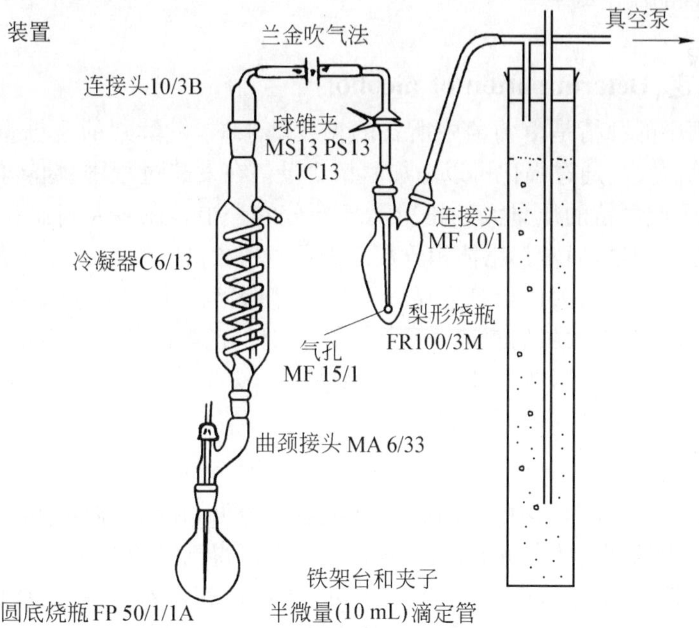

图 22.2 葡萄酒中二氧化硫的测定

总二氧化硫的测定：

1 完成上述步骤4后，将梨形瓶重新放好，或者更换一个新的，并做上述步骤2中的相同处理。

2 检测气流速度是否正确，然后将测过游离二氧化硫的圆底烧瓶重新连接，开启冷凝水，并加热圆底烧瓶，使样品保持微沸。再抽气10 min。

3 停止加热，取下梨形瓶，同样用0.01 mol的氢氧化钠滴定。如果只需要总二氧化硫的量，那么可以不测游离二氧化硫。

4 计算如下：

游离二氧化硫(mg/L)＝0.01 mol的氢氧化钠的体积(mL)×16

结合二氧化硫：计算方法同上。

总二氧化硫＝游离二氧化硫＋结合二氧化硫

误差来源：

- 氢氧化钠浓度不准确，应该每周配制新鲜的标准溶液。
- 过氧化氢放置时间过长，0.3%的过氧化氢溶液应该在冰箱中保存，并且每月更换。
- 气流速度和持续时间不正确。为确定不同装置所需的抽气时间，用一系列不同的抽气时间测同一葡萄酒中的二氧化硫含量，选择二氧化硫回收率最高而用时最少的处理。
- 错误的滴定终点。

酒精的测定(Determination of alcohol)

葡萄酒中的酒精是由葡萄中所含的糖发酵来的，发酵醪的含糖量在15%～24%(质量分数)。通过强化可以增加酒精含量。在发酵过程中，糖转化成酒精和二氧化碳，生成酒精的质量大约是所消耗糖分的一半。在澳大利亚和新西兰，不管用什么方法测量，通常都用体积分数来表示酒精含量。用在20℃下的酒精度代替15.56℃(60℉)的酒精含量遵循以下规定：澳大利亚海关实验室规定，从1972年7月1日起，所有饮料的酒精含量都用20℃时的乙醇体积分数表示。不论技术需要，还是法定要求，酒精含量都是必须测定的。

蒸馏法

通过蒸馏，将葡萄酒中的酒精和不挥发物质分开，在已知温度下，用酒精比重计测得馏分中的酒精体积分数，按表加以校正即可得到酒精度。

所需仪器：蒸馏装置(图22.3)、250 mL容量瓶、恒温水浴锅、酒精比重计(0～10%，*v*/*v*；10%～20%，*v*/*v*)、密度与酒精度的对照表，如果使用密度比重计，还需要温度计、比重量筒和其他玻璃器皿。

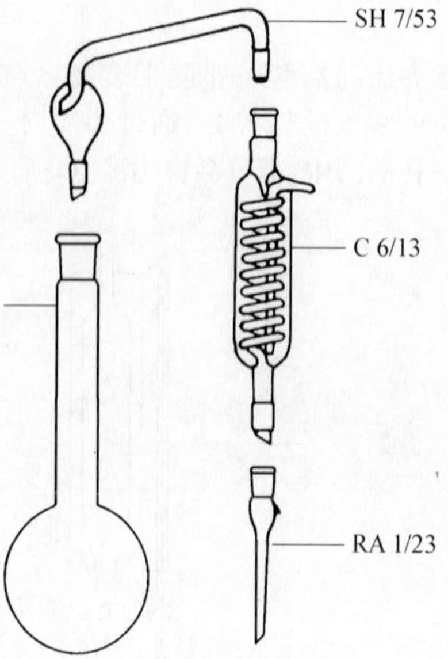

图 22.3 蒸馏法测酒精度装置

测量方法如下：

1 用 250 mL 刻度烧瓶准确取出 250 mL 葡萄酒，将其放入 20℃ 的水浴锅中 20 min，使样品温度为 20℃，用滴管加减样品，使其体积精确。将样品倒入蒸馏瓶中，用约 200 mL 清水分几次冲洗刻度烧瓶，洗液并入蒸馏瓶中。

2 如果葡萄酒中的挥发酸含量超过 1 g/L，或者二氧化硫含量超过 200 mg/L，就需要用氢氧化钠溶液中和。加入沸石或者碎瓷片，防止加热时暴沸。按图 22.3 连接试验装置。保证出液管恰好在接收瓶的瓶口处（外加冰浴）。检查所有的连接头，缓慢加热。

3 用 250 mL 的刻度烧瓶收集约 220 mL 的馏出物，用少量水洗涤出液管，把洗液并入馏出物，注意不要超过刻度，将刻度烧瓶放于 20℃ 的水浴锅中 20 min，用滴管加入相同温度的水使液面达到刻度线。反复颠倒烧瓶，使溶液充分混匀。

4 用少量馏出物清洗量筒，然后将馏出物小心转移到量筒中。放入量程合适的酒精计，保证酒精计可以自由悬浮，轻轻按一下酒精计，等其静止后读数，主要是保证酒精计的温度和被测溶液的温度相一致，另外，酒精计一般比较贵重，所以操作一定要轻柔。

误差来源：

- 体积误差。收集馏分时，保证温度一致。用取葡萄酒样品的刻度烧瓶收集馏出物。
- 不正确的蒸馏操作。蒸馏过程中不能有任何漏气，冷凝管的末端应该在收集瓶液面以下。冷却装置要切实有效。
- 没有测量温度，并将读数校对到 20℃ 的数值。

沸点测定计法

这种测定酒精度方法的基本原理是:混合物沸点降低。沸点测定计是一种可以准确测定液体沸点的装置(图 22.4),通过葡萄酒和纯水沸点的差异,就可以知道干酒中的酒精度。在甜酒中,糖分会影响沸点,所以测得的数值要经过校正。

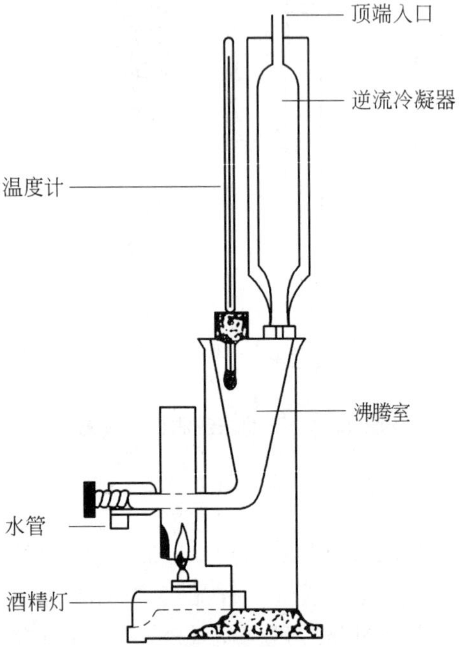

图 22.4 Dujardin 和 Salleror 沸点测定计

所需材料:沸点测定计、特定温度计和酒精灯、沸点和酒精度的对照表、甜酒校对表(邱吉沃德表)、温度计、波美计(0～10 °Bé)、量筒。

测定方法如下:

1 用少量待测样品冲洗沸腾室,从出口排出后关闭阀门。取 50 mL 倒入沸腾室,插入温度计。灌入冷凝水,同时用酒精灯加热。

2 当开始沸腾,观察温度计的水银柱,当温度保持稳定 30 s 时,记录此时的温度,精确度为 0.02℃,测定佐餐酒和甜酒,都要保持这种精确度。

3 使用相同的温度计,用蒸馏水代替葡萄酒样品作相同的测试。小心清洗沸腾室,排水后用移液管吸取 50 mL 蒸馏水加入沸腾室。在这个试验中,不加冷凝水。保持水沸腾,直到水蒸气挥发至冷凝管顶部,再读数。

4 两次读数的差值(摄氏度)即为沸点度。如果葡萄酒的液体比重计的读数小于 0.5°B,可以直接在表 22.1 中读数。对于波美度超过 0.5 °Bé 的甜酒,从表 22.1 中得到的读数,再乘以表 22.2 中该波美度下的校正因子得到准确的酒精度。

表 22.1 邱吉沃德沸点和酒精度对照表

(ACI Jnrl. & Proc. ,1940 年 1 月) %v/v

沸点差	酒精度	沸点差	酒精度	沸点差	酒精度	沸点差	酒精度	沸点差	酒精度
6.15	7.4	8.50	11.4	10.85	16.5	11.82	19.1	12.76	22.0
6.20	7.5	8.55	11.5	10.90	16.6	11.84	19.2	12.78	22.0
6.25	7.6	8.60	11.6	10.92	16.7	11.86	19.2	12.80	22.1
6.30	7.6	8.65	11.7	10.94	16.7	11.88	19.3	12.82	22.2
6.35	7.7	8.70	11.8	10.96	16.8	11.90	19.4	12.84	22.2
6.40	7.8	8.75	11.9	10.98	16.8	11.92	19.4	12.86	22.3
6.45	7.9	8.80	12.0	11.00	16.9	11.94	19.5	12.88	22.4
6.50	7.9	8.85	12.1	11.02	16.9	11.96	19.5	12.90	22.4
6.55	8.0	8.90	12.2	11.04	17.0	11.98	19.6	12.92	22.5
6.60	8.1	8.95	12.3	11.06	17.1	12.00	19.6	12.94	22.5
6.65	8.2	9.00	12.4	11.08	17.1	12.02	19.7	12.96	22.6
6.70	8.3	9.05	12.5	11.10	17.2	12.04	19.8	12.98	22.7
6.75	8.3	9.10	12.6	11.12	17.2	12.06	19.8	13.00	22.8
6.80	8.4	9.15	12.7	11.14	17.3	12.08	19.9	13.02	22.8
6.85	8.5	9.20	12.8	11.16	17.3	12.10	19.9	13.04	22.9
6.90	8.6	9.25	12.9	11.18	17.3	12.12	20.0	13.06	22.9
6.95	8.7	9.30	13.0	11.20	17.4	12.14	20.1	13.08	23.0
7.00	8.8	9.35	13.1	11.22	17.4	12.16	20.1	13.10	23.1
7.05	8.8	9.40	13.2	11.24	17.5	12.18	20.2	13.12	23.2
7.10	8.9	9.45	13.3	11.26	17.6	12.20	20.2	13.14	23.2
7.15	9.0	9.50	13.4	11.28	17.6	12.22	20.3	13.16	23.3
7.20	9.1	9.55	13.5	11.30	17.7	12.24	20.3	13.18	23.3
7.25	9.2	9.60	13.6	11.32	17.7	12.26	20.4	13.20	23.4
7.30	9.3	9.65	13.8	11.34	17.7	12.28	20.5	13.22	23.5
7.35	9.3	9.70	13.9	11.36	17.8	12.30	20.5	13.24	23.6
7.40	9.4	9.75	13.9	11.38	17.9	12.32	20.6	13.26	23.6
7.45	9.5	9.80	14.0	11.40	17.9	12.34	20.6	13.28	23.7
7.50	9.6	9.85	14.2	11.42	18.0	12.36	20.7	13.30	23.8
7.55	9.7	9.90	14.3	11.44	18.0	12.38	20.8	13.32	23.8
7.60	9.8	9.95	14.4	11.46	18.1	12.40	20.8	13.34	23.9
7.65	9.8	10.00	14.5	11.48	18.1	12.42	20.9	13.36	23.9
7.70	10.0	10.05	14.6	11.50	18.2	12.44	20.9	13.38	24.1
7.75	10.0	10.10	14.7	11.52	18.3	12.46	21.0	13.40	24.2
7.80	10.1	10.15	14.8	11.54	18.3	12.48	21.1	13.44	24.2
7.85	10.2	10.20	14.9	11.56	18.4	12.50	21.2	13.46	24.3
7.90	10.2	10.25	15.1	11.58	18.4	12.52	21.2	13.48	24.4
7.95	10.4	10.30	15.2	11.60	18.5	12.54	21.3	13.50	24.5
8.00	10.5	10.35	15.3	11.62	18.5	12.56	21.3	13.52	24.5
8.05	10.6	10.40	15.4	11.64	18.6	12.58	21.3	13.54	24.6
8.10	10.7	10.45	15.5	11.66	18.7	12.60	21.4	13.56	24.7
8.15	10.8	10.50	15.6	11.68	18.8	12.62	21.5	13.58	24.7
8.20	10.9	10.55	15.8	11.70	18.8	12.64	21.6	13.60	24.8
8.25	10.9	10.60	15.9	11.72	18.8	12.66	21.7	13.62	24.9
8.30	11.0	10.65	16.0	11.74	18.9	12.68	21.7	13.64	25.0
8.35	11.1	10.70	16.1	11.76	19.0	12.70	21.8	13.66	25.0
8.40	11.2	10.75	16.3	11.78	19.0	12.72	21.8	13.68	25.1
8.45	11.3	10.80	16.4	11.80	19.1	12.74	21.9		

表 22.2

波美度	校正因子	波美度	校正因子	波美度	校正因子	波美度	校正因子
0.1	0.998	2.8	0.958	5.5	0.917	8.2	0.877
0.2	0.997	2.9	0.956	5.6	0.916	8.3	0.875
0.3	0.995	3	0.955	5.7	0.914	8.4	0.874
0.4	0.994	3.1	0.953	5.8	0.913	8.5	0.872
0.5	0.992	3.2	0.952	5.9	0.911	8.6	0.871
0.6	0.991	3.3	0.95	6	0.91	8.7	0.869
0.7	0.989	3.4	0.949	6.1	0.908	8.8	0.868
0.8	0.988	3.5	0.947	6.2	0.907	8.9	0.866
0.9	0.986	3.6	0.946	6.3	0.905	9	0.865
1	0.985	3.7	0.944	6.4	0.904	9.1	0.863
1.1	0.983	3.8	0.943	6.5	0.902	9.2	0.862
1.2	0.982	3.9	0.941	6.6	0.901	9.3	0.86
1.3	0.98	4	0.94	6.7	0.899	9.4	0.859
1.4	0.979	4.1	0.938	6.8	0.898	9.5	0.857
1.5	0.977	4.2	0.937	6.9	0.896	9.6	0.856
1.6	0.976	4.3	0.935	7	0.895	9.7	0.854
1.7	0.974	4.4	0.933	7.1	0.893	9.8	0.853
1.8	0.973	4.5	0.932	7.2	0.892	9.9	0.851
1.9	0.971	4.6	0.931	7.3	0.89	10	0.85
2	0.97	4.7	0.929	7.4	0.889	10.1	0.848
2.1	0.968	4.8	0.928	7.5	0.887	10.2	0.847
2.2	0.967	4.9	0.926	7.6	0.886	10.3	0.845
2.3	0.965	5	0.925	7.7	0.884	10.4	0.844
2.4	0.964	5.1	0.923	7.8	0.883	10.5	0.842
2.5	0.962	5.2	0.922	7.9	0.881		
2.6	0.961	5.3	0.92	8	0.88		
2.7	0.959	5.4	0.919	8.1	0.878		

注：波美度为 20℃时的数值。

使用沸点测定计时，要注意以下要点：从热的溶液中取出温度计时，要把它放在柔软的衬垫上使之冷却。酒精灯灯芯烧焦时，要及时更换。定期用热的稀苛性钠溶液清洗沸腾室，然后仔细用清水全面清洗。

误差来源：

- 未针对甜酒中的含糖量加以校正。
- 温度测量不正确。测葡萄酒和蒸馏水的沸点时，当温度计读数稳定时，必须尽快读数。
- 没有注意以下要点：葡萄酒和清水对照每次都要相同的液体量；用同一温度计测量蒸馏水和样品的温度；测量葡萄酒时每次测完后都要清空冷凝器，并重新注入冷水；当进行一系列的测定时，每小时都要测定蒸馏水的沸点，因为 4 mm 的大气压变化不会被测到，但会引起酒精体积 0.5%的误差。

挥发酸的测定(Determination of volatile acidity)

挥发酸主要由醋酸菌代谢生成，它以酒精为底物生成乙酸和乙酸乙酯。葡萄酒中的挥发酸通常以醋酸计，在酵母发酵过程中，很少有细菌存在，挥发酸生成量一般小于 0.5 g/L。而发酵结束后，由于细菌和氧化性酵母的生长，可能生成更多的挥发酸。乙酸乙酯和醋酸一起生成，比例大概为 1∶5(乙酸乙酯∶醋酸)。通过感官，很容易察觉乙酸乙酯的存在，但却很难测量它的含量。

挥发酸含量过高是令人不快的，这暗示了腐败和不正确的酿造工艺。这也是少数几个有法定限量的成分之一(在澳大利亚，挥发酸的最高含量为 1.5 g/L；在新西兰，最高含量为 1.2 g/L)。监控挥发酸的变化对发现败坏的端倪非常重要，尤其是在酒桶不满的储存条件下。

测定挥发酸的基本原理是通过水蒸气蒸馏，分离葡萄酒中的挥发酸，然后用标准碱溶液滴定。具体方法如下：

1 在 5 L 的烧瓶(图 22.5)中，装入 3/4 的蒸馏水，煮沸 10 min，去除溶于水中的二氧化碳。

2 连接真空仪后，轻轻摇动葡萄酒样品，进行脱气处理。

3 准备一个 250 mL 的接收瓶，装入 50 mL 蒸馏水，滴入 2 滴酚酞，用 0.01 N 的氢氧化钠溶液滴定至粉红色。

4 准确吸取 10.0 mL 脱气后的样品，装入蒸馏器(图 22.5A)，加入 1 mL 0.3%的过氧化氢溶液(将 1 mL 体积百分数为 30%的过氧化氢加入到 100 mL 蒸馏水中)，用少量蒸馏水冲洗。

5 开始蒸汽蒸馏，从 250 mL 的烧瓶迅速蒸出 100 mL 馏分，注意保持导管口在液面以下。

6 在停止水蒸气供应之前移走烧瓶，用 0.01 N 的氢氧化钠滴定至粉红色。

7 重复步骤 4～6，直到得到稳定的结果。

8 用 10 mL 蒸馏水代替葡萄酒，重复上述步骤，做空白试验。

9 结果计算：

挥发酸含量(g/L)＝(样品滴定耗碱量－空白滴定耗碱量)×0.06

误差来源：

- 未加过氧化氢，没有消除二氧化硫的干扰。
- 没有脱去二氧化碳。
- 没有中和接收瓶里的蒸馏水。
- 没有用蒸馏水作空白试验。
- 酚酞滴定终点的判断不同。
- 0.01 M 的氢氧化钠浓度不准确，需每周重新配制氢氧化钠溶液，并保存在密封的塑料瓶中。

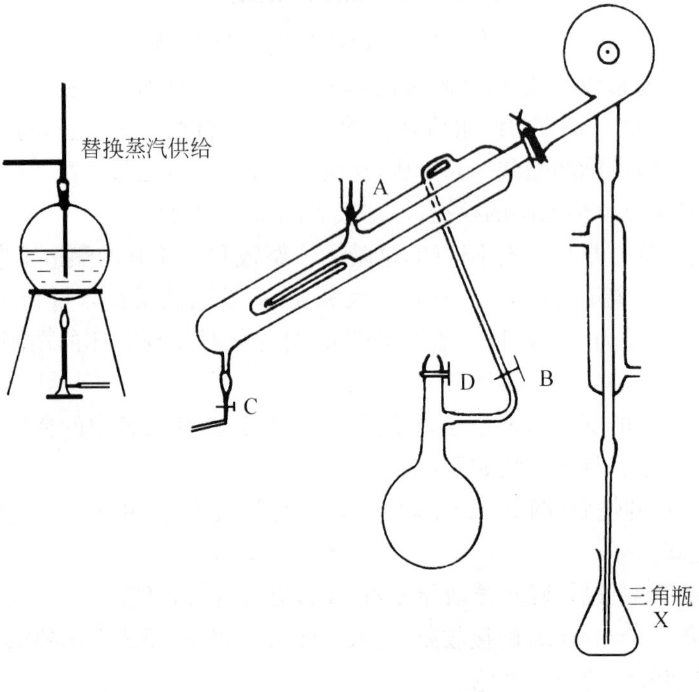

图 22.5 Markhan 蒸馏装置

操作 Markham 蒸馏装置的步骤如下：

1 水蒸气准备：打开 D，关闭 B，煮沸 10 min。

2 初始洗涤：打开 B，关闭 D，在 A 中放入 10 mL 水，当蒸馏器烧热时，打开 A，关闭 C，使水流入，短暂通气后，打开 D，关闭 B，打开 C 排水。

3 样品添加：打开 B，关闭 D，吸取 10 mL 样品加于 A 中，打开 A，用少许蒸馏水清洗入口。

4 样品蒸馏：关闭 A 和 C。

5 重置样品：打开 X，D，关闭 B，当溶液吸出后打开 C，排出。

6 洗涤：关闭 C，从 A 加入蒸馏水，关闭 A，打开 C。

纸层析法监控苹果酸乳酸发酵（Monitoring malo-lactic fermentation by paper chromatography）

苹果酸乳酸发酵的本质是乳酸菌把 *L*-苹果酸转化成 *L*-乳酸和二氧化碳，乳酸菌有可能是人工添加的，也可能是原本存在于葡萄汁或葡萄酒中的。乳酸菌发酵可导致 pH 值升高 0.05～0.45 个单位，以及可滴定酸含量的降低，降低的程度是由苹果酸乳酸发酵前葡萄酒的初始 pH 值和苹果酸的含量决定的。

苹果酸乳酸发酵中，红葡萄酒的颜色可能变浅，这是由于 pH 值的增加和某些细菌对乙醛的代谢引起的。这时，和乙醛结合的二氧化硫就会释放到葡萄酒中，然后和色素结合引起退色。由于发酵过程中 pH 值的上升，二氧化硫的效应也会降低。pH 值较高，苹果酸含量不高的红葡萄酒不会得益于苹果酸乳酸发酵，因此最好阻止苹果酸向乳酸的转化。总体来说，在苹果酸乳酸发酵前，要把红葡萄酒的 pH 值调整到 3.5 或者更低。

下面介绍一种操作简单而且不需要昂贵仪器的纸层析法：

1 溶液配制。在 100 mL 的分液漏斗中加入 33 mL 正丁醇、33 mL 蒸馏水、3.6 mL 乙酸和 5 mL 1%的溴甲酚绿指示剂溶液。充分摇动几分钟后，静置至分层。弃去下层。用几层滤纸过滤，除去所含的少量水分，装入密封的玻璃容器，在冰箱中储藏。

2 点样。取一张大小约为 50 cm×25 cm 的沃特曼(Waterman)的层析滤纸，放在干净的台面上，注意手指尽量只拿滤纸的最上边。用铅笔在距滤纸底 2 cm 处画一条平行于滤纸底边的直线，在这条线上每隔 2.5 cm 做一个十字标记。用铅笔在直线下写上标准样品和葡萄酒样品的代号。

用玻璃棒或者铅笔将层析滤纸架起，用毛细管或镍环分别吸少量待测样品、标准苹果酸、乳酸溶液(2 g/L)点于标记位置，点样斑点要尽可能地小，用吹风机稍加吹干后再点一次，重复 4 次。每个样品用一支新的毛细管，如果使用镍环，每次点样时要用蒸馏水洗干净，然后灼烧干燥。待斑点干燥后，将层析纸卷成圆筒状，在顶端把两边固定住。

3 层析。在层析缸里加入足量的溶剂，使液层厚度约为 0.5 cm。把准备好的层析滤纸小心放入层析缸中，注意不要碰到容器壁。盖上盖子，直到溶液前沿上升约 20 cm 时取出。这个过程大概需要 3 h。

4 结果分析。取出层析滤纸后，放于通风处晾干，注意不要被酸或碱蒸汽污染。滤纸会变成绿色，上面会出现黄色的斑点。观察每个斑点的位置，和标准溶液的斑点相比，鉴定样品葡萄酒中酸的种类。如图 22.6 所示，通过是否存在苹果酸的斑点可以判断，样品 1 尚未完成苹果酸乳酸发酵，而样品 2 已经完成。

乳酸和琥珀酸在酵母的初级发酵中也会生成，因此它们的存在不能作为发生苹果酸乳酸发酵的依据。苹果酸乳酸发酵完成的判断标准是苹果酸斑点的缺失和乳酸斑点的加重。

操作要点：

- 层析液可以重复使用几次。每次使用时，水会从溶液中减少，加入几滴蚁酸使层析液恢复，将层析液重新放于分液漏斗中，按以前的操作分离过滤层析液。层析液至少可以使用 1 个月。
- 层析液中所含水分多少可以从层析图上看出来。如果滤纸底部的黄色区域太大，就说明溶剂中所含的水分过多。如果层析液扩展分离不好就需要重新制备。

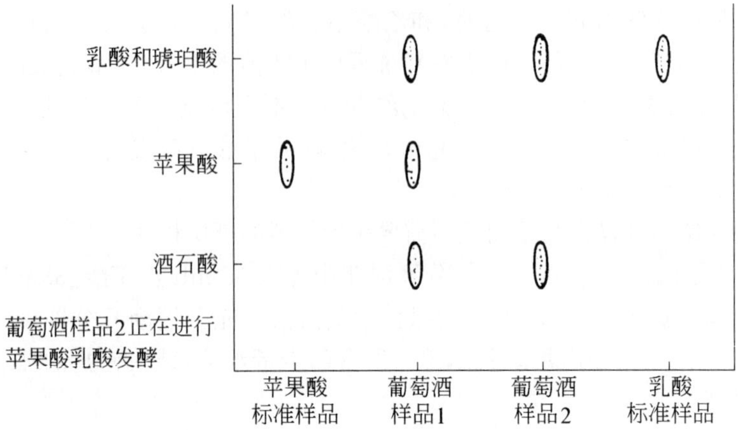

图 22.6 纸层析分析图

- 由于葡萄酒中色素的影响,基线处会显现蓝色。
- 每次使用前要清洗并干燥层析缸。
- 注意不要让其他样品污染点样的毛细管或者镍环,造成误差。

23 海外葡萄酒之旅

Overseas wine visits

由于澳大利亚和新西兰距主要酿酒国很远，而且酿造的葡萄酒的类型很多，所以对于酿酒师和葡萄酒爱好者来说，了解国外正在发生的变化，品尝国外生产的葡萄酒是非常重要的。一次经过充分准备和组织的海外葡萄酒之旅不仅非常有趣，而且会使人受益匪浅，而如果准备不充分，就会变得收获不大，同时也是对金钱的很大浪费。经常有组织开展各种“葡萄酒旅行”，而且有些组织得很好，他们可以根据旅行者的要求制定旅行方案，还会安排一个合适的见多识广的导游。

最值得去的地区有西欧、美国西部和南非。西欧是各种经典葡萄酒类型（非常昂贵，尤其在法国）的发源地，而后两个地区的气候条件和葡萄酒风格与澳大利亚非常相像，而且和我们使用相同的语言。

下面是几点建议：

首先，自己要非常明确此次旅行的目的是什么，并且知道其中哪些是最重要的。想了解什么？想品尝哪种类型的葡萄酒？想和哪些人交流？想见到哪些东西？应该把这些重要的问题列成详单。

如果要进行一次不是由他人组织的旅行，而是自己去一些关系不错的地方参观，则要提前 2 个月通知对方，并且告知预定的日期、持续的时间及旅行目的等。在出发前确认到达的日期，如果行程中有所改变一定要及时通知对方。最好可以简要地告诉对方自己的兴趣、经历、技能及其他有关信息，可以让主人更好地安排合适的会议或参观。

如果要去非英语国家，最好预先学习一点当地的语言，这对建立友好关系和深入交流有很大的帮助。很难找到合适的精通专业术语的翻译，非专业的导游往往不能胜任这项工作。

要了解所去国家的基本情况，例如：葡萄种植区、葡萄酒生产情况和葡萄酒类型、消费时尚、市场及历史背景等。参考休·约翰逊的《世界葡萄酒地图》（World Atlas of Wine）和其他资料。携带要去的地方的地图。法国的米其林指南（红版和绿版）是非常棒的。

同样，要熟悉澳大利亚和新西兰葡萄酒产业的各个方面，最好能记录相关的统计数据以备快速查找。如果可以，就带上最新版的澳大利亚澳大利亚葡萄酒和白兰地机构与澳大利亚酿酒师联盟的年度报告(或新西兰同类资料)作为参考。

如果找旅行社安排旅行路线,他们会综合考虑时间和经费,制定出最经济的路线,而且经常会提出一些很好的建议。要详细告诉他们你打算去的地方,以便他们可以更好地制定路线、安排食宿和车辆。然而需要提醒的是,在欧洲 8 月份是假期,道路会很拥挤,所以火车是很好的选择。

在行程上要安排出机动时间,如果可能,每周空余一个工作日。尤其要在旅行的最后留出一些空余时间收拾行李准备返程。可能的话,周末可以游玩、熟悉外国风情。

有两个负责人比只有一个好,两个负责人可以更好地联系兴趣相似或互补的人,这对于去非英语国家更有帮助。

如果可能,少选几个地方而在每个地方多待些时间,而不是在很多地方停留很短的时间。在长时间的飞行后,拿出一天时间调整状态。

旅行时,箱子尽可能轻,穿免熨的衣服。如果收集到一些文献资料,最好把它们邮寄回去。带一根轻便的可以卷起的晾衣绳是非常有用的。

如果需要写报告,要在当天晚上完成。在口袋里装一个小的活页本,每页只记录一条意见或想法。稍后,将这些想法汇集起来,报告就初步成形了。拍摄重点事物的照片作为记忆的辅助。扁平形状、大小能够放在口袋里的照相机使用方便,而且便于携带。轻便的录音机会很有用,录音带寄回家,以后再整理,当然整理起来需要时间。

询问词汇的准确含义,对讨论的话题要求看相应的实物。这尤其适用于讲不同语言的国家,也包括其他英语国家或地区,那里同样的词汇可能有不同的含义。

如果可能,在返回前和主人或导游一起检查确认。询问自己的理解是否正确,是否遗漏了某些要点。可能会发现曲解或疏漏,它们会影响你的评估和建议。

运用一些社交技巧,适时为主人提出建议,写致谢信感谢他们的帮助。如果需要,见面时送上一份小礼物。送给女主人一束花代表自己的礼貌和谢意。记住你代表的不仅仅是你自己。

回来后,如果需要,要在记忆清晰时,尽快完成报告,如果可能在回来前就要开始撰写。包括简单的摘要,记录要点和推荐。然后将细节充实到报告的主体内容或附录里。

最后,如果需要报销或减税,询问专家的意见,并保留所有的记录和发票。

索 引

Index

E

F

H

I

M

N

O

T

U

V

Z

图书在版编目(CIP)数据

酿造优质葡萄酒/[澳]兰金著;马会勤等主译. —北京:中国农业大学出版社,2008.4(2017.8 重印)

书名原文:MAKING GOOD WINE

ISBN 978-7-81117-265-2

Ⅰ. 酿… Ⅱ. ①兰…②马… Ⅲ. 葡萄酒—酿造 Ⅳ. TS262.6

中国版本图书馆 CIP 数据核字(2007)第 174961 号

书　　名 酿造优质葡萄酒

作　　者 [澳]BRYCE RANKINE 著　马会勤　邵学东　陈尚武　主译

策划编辑 宋俊果　　**责任编辑** 李丽君

封面设计 郑　川　　**责任校对** 王晓凤　陈　莹

出版发行 中国农业大学出版社

社　　址 北京市海淀区圆明园西路 2 号　　**邮政编码** 100193

电　　话 发行部 010-62818525,8625　　读者服务部 010-62732336

编辑部 010-62732617,2618　　出　版　部 010-62733440

网　　址 http://www.cau.edu.cn/caup　　e-mail cbsszs@cau.edu.cn

经　　销 新华书店

印　　刷 涿州市星河印刷有限公司

版　　次 2008 年 4 月第 1 版　2017 年 8 月第 4 次印刷

规　　格 787×1 092　16 开本　20.75 印张　396 千字　插页 8

定　　价 50.00 元